图灵程序设计丛书

图解人工智能

[日] 多田智史 著 [日] 石井一夫 审校 张弥 译

人民邮电出版社
北京

图书在版编目（CIP）数据

图解人工智能 /（日）多田智史著；张弥译. -- 北京：人民邮电出版社，2021.4

（图灵程序设计丛书）

ISBN 978-7-115-55851-0

Ⅰ. ①图… Ⅱ. ①多… ②张… Ⅲ. ①人工智能一图解 Ⅳ. ①TP18-64

中国版本图书馆CIP数据核字(2021)第000264号

内 容 提 要

近年，人工智能热潮席卷而来。本书以图解的方式网罗了人工智能开发必备的基础知识，内容涉及机器学习、深度学习、强化学习、图像和语音的模式识别、自然语言处理、分布式计算等热门技术。本书以图配文，深入浅出，是一本兼顾理论和技术的人工智能入门教材，旨在帮助读者建立对人工智能技术的整体印象，为今后深入探索该领域打下基础。另外，书中设有专栏和“小贴士”，介绍了相关术语的背景知识，可帮助读者扩充知识面，进一步理解相关技术。

本书适合从事人工智能产品和服务开发的工程师，如程序员、数据库工程师、嵌入式工程师等，以及所有对人工智能和数据分析感兴趣的人阅读。

◆ 著　［日］多田智史
审　校　［日］石井一夫
译　张　弥
责任编辑　高宇涵
责任印制　周昇亮

◆ 人民邮电出版社出版发行　北京市丰台区成寿寺路11号
邮编　100164　电子邮件　315@ptpress.com.cn
网址　https://www.ptpress.com.cn
涿州市般润文化传播有限公司印刷

◆ 开本：880×1230　1/32
印张：10.75　2021年4月第1版
字数：331千字　2025年4月河北第21次印刷

著作权合同登记号　图字：01-2017-3643号

定价：79.00元

读者服务热线：(010)84084456-6009　印装质量热线：(010)81055316
反盗版热线：(010)81055315

FOREWORD 序

最近几年，媒体频繁报道人工智能的相关信息。从使用了深度学习的图像处理和语音识别，到汽车自动驾驶和机器人等领域，人工智能已经为人们所熟知。特别是 Google 旗下的 DeepMind 公司在 2016 年开发的人工智能围棋系统 AlphaGo（阿尔法围棋）击败了专业围棋选手一事，进一步提升了公众对于人工智能的认知。技术奇点（singularity）来临一事被频繁提及。

2003 年，我因为工作需要开始接触数据分析。当时人工智能这一术语已经存在了很长一段时间，我也使用过神经网络等机器学习方法，但并不觉得有多么智能。当时几乎没有日文版的 R 语言教程，我只能根据 S-PLUS 的使用手册来安装 R，然后基于 SOM 和 *K*-means 进行数据分析。

在 2012 年左右，一股大数据热潮席卷而来，使用分布式文件系统和并行分布处理等方法的大规模数据分析变得广为人知，数据科学家成为热门职业。再加上后来的物联网（Internet of Things，IoT）以及机器学习和深度学习，人工智能迎来了一次热潮。

如果站在 2003 年看 10 年后的变化，会有一种恍如隔世的感觉。机器学习和深度学习取得了突飞猛进的发展，人工智能和数据科学的前沿技术以非常快的速度更新着。这时候，我们需要停下脚步，从整体上审视人工智能，看看它到底会发展到什么地步，究竟可以为我们做些什么。

本书就在这样的背景下应运而生。书中涵盖人工智能各方面的内容，阅读本书的读者不需要有多么深厚的知识储备。另外，作者不惜笔墨对新技术进行了介绍，希望读者能在多个方面有所斩获，也希望本书能够成为读者深入探索人工智能领域的起点。

本书适用于所有对人工智能和数据分析感兴趣的人。

东京农工大学农学府农学部　特任教授

信息处理学会 IT 论坛“大数据应用论坛”代表

石井一夫

2016 年 12 月吉日

PREFACE 前言

自 2010 年以来，得益于深度学习（deep learning）的应用，图像识别技术取得了飞速发展，日本也迎来了第三次人工智能（Artificial Intelligence，AI）热潮。

在开发人工智能系统时，我们需要掌握机器学习的相关知识，其中包括线性代数、数学分析和一部分统计学知识等。本书就涵盖了这些内容，涉及范围之广是其他图书无法相提并论的。

另外，因为本书面向的读者群体是 IT 工程师，所以笔者并未深入解说那些数据科学家才能看懂的公式证明过程，对书中的一些内容，也只停留在介绍概要的程度。不过，本书中提到了很多应用程序开发者关心的算法和技术。

在本书的写作过程中，使用深度学习技术开发的各种应用程序层出不穷，所以很多信息无法纳入书中。对于本书未涉及的信息，感兴趣的读者可以参考其他图书。

希望本书能帮助读者理解难度较大的图书内容和技术说明，引导读者进行数据分析。

最后，感谢本书的审校者石井一夫教授以及给本书原稿提出宝贵意见的各位。

多田智史

2016 年 12 月吉日

INTRODUCTION

关于本书

内容简介

本书是一本兼顾理论和技术的人工智能入门教材，为从事人工智能相关产品和服务开发的 IT 工程师精心筛选了技术开发必备的知识。

本书通过概念图与实际案例，以简单易懂的方式对人工智能和机器学习、深度学习、物联网、大数据之间的关系进行了说明。

目标读者

本书的目标读者是从事人工智能相关产品和服务开发的 IT 工程师，如程序员、数据库工程师、嵌入式工程师等。此外，本书中使用了一些数学公式，所以读者需要具备一定程度的数学知识。

下载文件

读者可以从图灵社区本书主页下载示例文件。

URL ituring.cn/book/1968

※ 本书中出现的网址可能会发生变更。

※ 本书在出版时尽可能地确保了内容的正确性，但对运用本书内容或示例程序的一切结果，本书作译者和出版社概不负责。

※ 本书中出现的示例程序、脚本以及运行结果画面等都是在特定环境下再现的实例。

※ 本书中出现的系统、商品名分别是各公司的商标及注册商标。

※ 本书内容基于 2016 年 11 月执笔时的情况。

CONTENTS 目录

第1章 人工智能的过去、现在和未来 1

01 人工智能 2
02 人工智能的黎明时期 4
03 人工智能的发展 9

第2章 规则系统及其变体 21

01 规则系统 22
02 知识库 26
03 专家系统 30
04 推荐引擎 37

第3章 自动机和人工生命程序 43

01 人工生命模型 44
02 有限自动机 50

03 马尔可夫模型 55
04 状态驱动智能体 59

第4章 权重和寻找最优解 65

01 线性问题和非线性问题 66
02 回归分析 70
03 加权回归分析 78
04 相似度的计算 82

第5章 权重和优化程序 93

01 图论 94
02 图谱搜索和最优化 98
03 遗传算法 106
04 神经网络 114

第6章 统计机器学习（概率分布和建模） 125

01 统计模型和概率分布 126
02 贝叶斯统计学和贝叶斯估计 142

03 MCMC 方法 153
04 HMM 和贝叶斯网络 158

第7章 统计机器学习（无监督学习和有监督学习） 161

01 无监督学习 162
02 有监督学习 169

第8章 强化学习和分布式人工智能 179

01 集成学习 180
02 强化学习 185
03 迁移学习 193
04 分布式人工智能 197

第9章 深度学习 199

01 多层神经网络 200
02 受限玻尔兹曼机 206
03 深度神经网络 208
04 卷积神经网络 212

05 循环神经网络 215

第10章 图像和语音的模式识别 219

01 模式识别 220
02 特征提取方法 222
03 图像识别 230
04 语音识别 236

第11章 自然语言处理和机器学习 243

01 句子的结构和理解 244
02 知识获取和统计语义学 248
03 结构分析 252
04 文本生成 255

第12章 知识表示和数据结构 263

01 数据库 264
02 检索 271
03 语义网络和语义网 277

第13章 分布式计算 285

01 分布式计算和并行计算 286
02 硬件配置 287
03 软件配置 293
04 机器学习平台和深度学习平台 304

第14章 人工智能与海量数据和物联网 311

01 数据膨胀 312
02 物联网和分布式人工智能 317
03 脑功能分析和机器人 322
04 创新系统 327

第1章 人工智能的过去、现在和未来

过去人们对人工智能做过哪些研究？人工智能今后又将走向何方？本章着眼于人工智能整体，在全书中起着提纲挈领的作用。

人工智能

人工智能在很多领域得到应用。本节，笔者将对普遍意义上的人工智能进行说明。

人工智能已遍布街头巷尾

近年来，大量与人工智能有关的图书出版，信息量逐渐膨胀。一些书也给出了人工智能的定义，这些定义本身并无对错之分，因为每个人对人工智能的理解不尽相同。

以模式识别为代表的程序是从什么时候开始进入智能时代的？对于这个问题的答案，每个人都有自己的理解，理解方式也因时代而异，而且在未来也可能会发生变化。

那么，人工智能到底是什么呢？

我们可以把人工智能理解为“人为地使设备或软件模仿人类的行为”。在此基础上发展而来的设备能够根据程序独立进行判断。另外，人工智能还包括设备按照自己的意志采取某种行动的情况（图 1-1）。

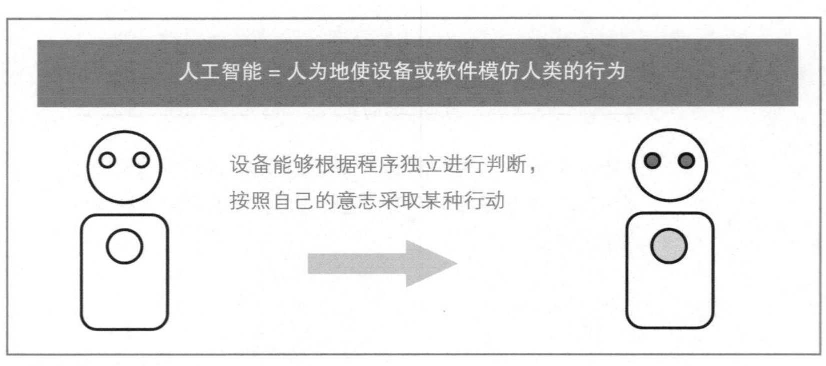

图 1-1 人工智能

人工智能本身并没有生物学方面的含义，在过去的人工智能热潮中也不曾涉及生物学。

过去，在表现某种智能行动方面，人工智能的实现方法和生物智能完全不同。人工智能实际输出的，也就是最终呈现在我们面前的，是自动控制的结果（图 1-2）。

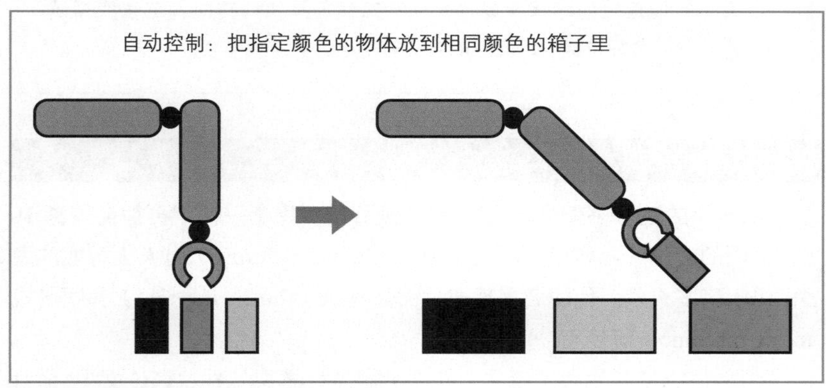

图 1-2　**自动控制的典型示例**

人工智能随着时代的变化而发展。例如，在计算机出现的早期，简单的条件分支就是自动控制的主要功能，而现在，即便应用了复杂的理论，有些程序也无法称为人工智能（图 1-3）。

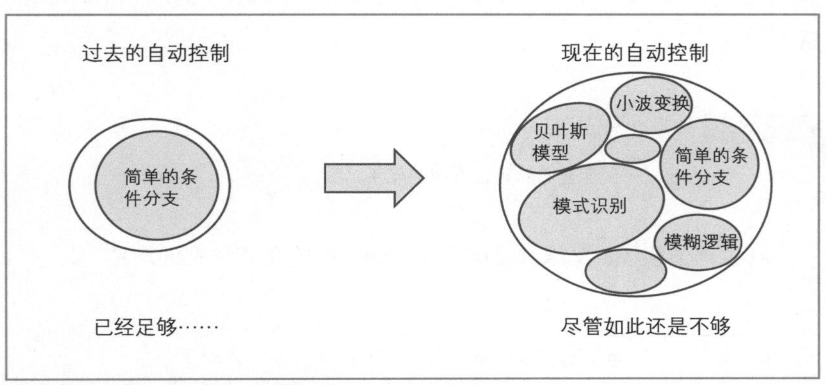

图 1-3　**人工智能和自动控制的关系**

人工智能的黎明时期

人工智能诞生的时代背景是什么？工程师是如何转向人工智能领域的？本节，笔者将讲解人工智能的黎明时期。

人工智能的诞生

1956 年的达特茅斯会议上首次出现了人工智能一词。再往前追溯 10 年，英国的艾伦·麦席森·图灵（Alan Mathison Turing）对人工智能的发展做出了诸多贡献。他的名字也通过图灵测试（the turing test）和图灵机（turing machine）流传至今。

图灵在 1950 年发表了论文《计算机器与智能》[①]。在这篇论文中，他对人工智能的发展与人工智能的哲学进行了深刻的讨论。事实上，图灵早在 1940 年左右就已经开始了对机器和智能的深入研究。

在数学和计算机科学理论得到发展的同时，生理学领域的研究也取得了很大的进展。整合了生理学、机械工程和控制工程的控制论（参考小贴士）有了重大突破。把 cyber[②] 译为计算机就是因为控制论（cybernetic）这个词。

小贴士 控制论

cybernetic 一词源自希腊语，意思是舵手。

在生理学领域，支撑神经网络算法的基础研究可分成两大类。

---

① 原论文名为“Computing Machinery and Intelligence”。——译者注

② cyber 现在作为前缀，代表与互联网相关或计算机相关的事物，即采用电子工具或计算机进行的控制。——译者注

第一类是 all-or-none 型的信息传递模型[①]的相关理论。

第二类是提倡突触可塑性（synaptic plasticity）的赫布理论（或赫布定律）。

突触可塑性

突触可塑性是指在通过突触传递神经递质时，突触的连接强度会因神经递质活动的强弱而改变的特性（图 1-4）。特别是在儿童的发育过程中，突触可塑性被认为与记忆和学习紧密相关。这些发现对人工智能的研究也产生了影响。

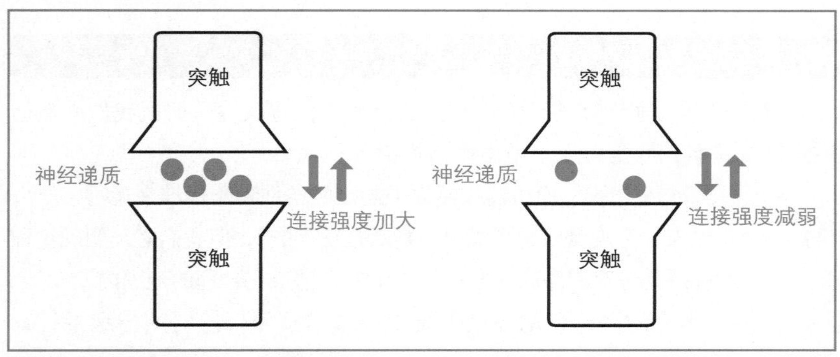

图 1-4　**突触可塑性**

当时刚出现的电子计算机以“辅助和代替人类”为目的，除了进行科学计算，还会对内容进行判断。

最初的人工智能程序通过二分类的堆叠来输出自动判断结果（图 1-5）。

① 出自沃伦·麦卡洛克和沃尔特·皮茨所著的论文“A logical calculus of the ideas immanent in nervous activity”。其实就是 M-P 模型，它是一种利用神经元网络对信息进行处理的数学模型。——译者注

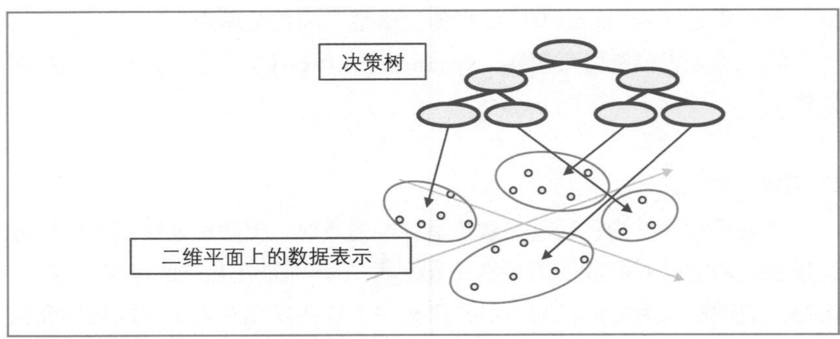

图 1-5 **决策树**

人工智能和图灵测试

既然机器根据计算结果给出答案的目的是代替人类，那么我们必然会质疑这个答案到底是由人还是由机器给出的。

每个人都会犯错误，而机器按照人类制定的条件判断标准来运行，所以机器也会犯错误。有观点认为“机器的判断是正确的”，但我们必须明确这种观点成立的前提是“对程序的性能进行测试后，结果在合理的范围内”。

例如，飞机的飞行自动控制系统现在基本按照传感器的指示进行操作，由人类进行判断有时反而会发生事故（图 1-6）。

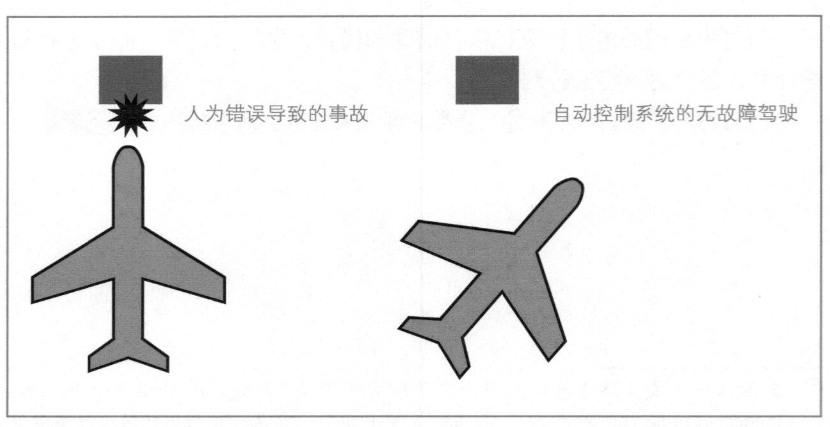

图 1-6 **人为错误和自动驾驶**

在人工智能研究的初期阶段，机器只能在有限的范围内进行判断和回答，但图灵认为终有一天，机器代替人类给出的回答将无法与人类自身的回答区分开来。简单来说，就是机器具备了思考的能力。这些都反映到了图灵测试中。

图灵把图灵测试中的问题换成了“机器能否实现人类的行为（思考行为）”。

图灵测试

图灵测试的过程如下所示。

测试者分别与一个人和一台机器进行对话，如果测试者不能确定对方是人还是机器，那么这台机器就通过了测试（图 1-7）。

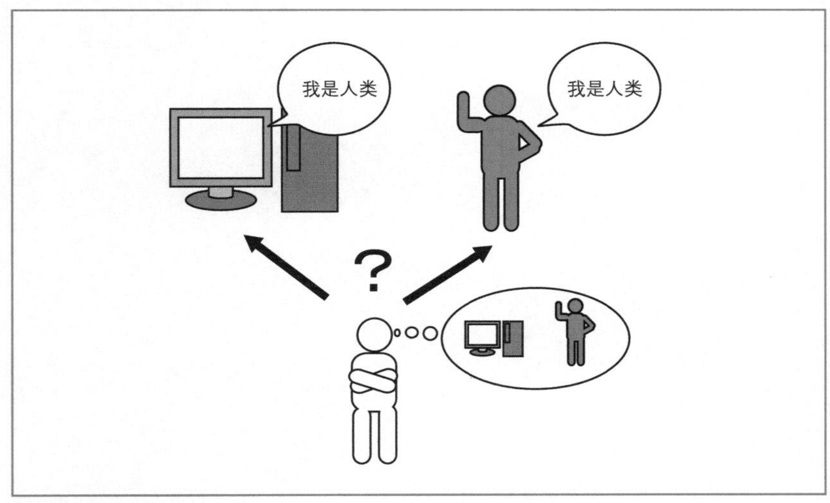

图 1-7　**图灵测试**

将测试者与被测试者隔离，为了避免机器的声音影响测试结果，测试者只通过键盘和显示器等设备以文字形式向被测试者提问，然后判断对方是人还是机器。

在 2014 年的图灵测试大会上，一台俄罗斯的超级计算机伪装成 13 岁的男孩，回答了测试者输入的所有问题。其中有 33% 的测试者认为与自己对话的是人而非机器，这台计算机也成为有史以来首台通过图灵测试的计算机。在此之前人类已经开发了各种各样的人工智能程序，其中最接近图灵测试合格标准的是 ELIZA（1966 年）和 PARRY（1972 年）。两个程序都模仿了特定的人群。ELIZA 模仿的是心理治疗师，PARRY 模仿的是妄想型精神分裂症患者。

关于上述内容，我们需要注意的是，图灵测试用于测试机器模仿人类行为的能力，它不一定能测试出机器是否具有掌控思维的能力。例如，对于在解决需要具备创新能力的课题时所采取的智能行为，图灵测试就无法奏效了。另外，如果机器没有像人一样给出反应，即使它再“智能”，也无法通过测试。

人工智能的发展

人工智能领域发生了很多里程碑事件。下面，我们来看看人工智能的历史发展过程（图 1-8）。

1960～1980年：
专家系统和第一次人工智能热潮

1980～2000年：
第二次人工智能热潮和神经网络的寒冬期

2000～2010年：
统计机器学习方法的发展和分布式处理技术的发展

2010年以后：
深度神经网络带来图像识别性能的飞跃性提高，
第三次人工智能热潮

图 1-8 1960 ~ 2010 年的人工智能历史

1960～1980 年：专家系统和第一次人工智能热潮

20 世纪 50 年代以来，基于使用了多个条件分支的自动判断程序，搭载了推理机的问题处理系统相继问世。专家系统就是其中之一，程序内部包含专家（expert）提供的知识与经验。

早期开发的专家系统 DENDRAL 能够利用物质的质谱分析结果，来识别有机化合物的分子结构（参照小贴士）。由此掀起了第一次人工智能热潮。

小贴士 DENDRAL

DENDRAL 是由斯坦福大学的爱德华·费根鲍姆（Edward Albert Feigenbaum）教授等人于 1965 年开始开发的专家系统。该专家系统能像化学家一样工作，即使用质谱分析法分析未知的有机化合物的质谱实验数据，并判断出该有机化合物的分子结构。DENDRAL 是世界上第一个专家系统。

在专家系统的基础上，当时相当于人工智能的自动判断处理程序又得到了进一步发展。

随着人工智能热潮的出现，人工智能框架问题（参照小贴士）也不可避免地成了人们讨论的焦点。框架问题是约翰·麦卡锡（John McCarthy）和帕特里克·海耶斯（Patrick J. Hayes）于 1969 年提出的。在信息有限的情况下，程序筛选所需信息的计算量非常庞大，这就导致原本可以解决的问题变得无法解决——即便在当下，这个问题也很难找到一个有效的解决方法。

在 20 世纪 70 年代，专家系统被引入制造系统。由此问世的医疗专家系统 MYCIN（参照小贴士）等开始试运行。

小贴士 框架问题

只能在有限范围内处理信息的机器人，无法处理所有实际发生的问题。

小贴士 MYCIN

MYCIN 系统是在 20 世纪 70 年代由布鲁斯·布坎南（Bruce Buchanan）和爱德华·肖特利夫（Edward Shortliffe）开发的专家系统。该专家系统由 DENDRAL 衍生而来。

1980～2000 年：第二次人工智能热潮和神经网络的寒冬期

进入 20 世纪 80 年代后，随着计算机硬件成本的不断下降，复杂的大规模集成电路得以实现，计算机的计算能力由此实现指数级增长。这就是摩尔定律（参照小贴士）。

小贴士 摩尔定律

1965 年，美国英特尔公司的戈登·摩尔（Gordon Moore）在他的论文中指出，大规模集成电路上可容纳的元器件数量每隔 18~24 个月便会增加一倍。

随着集成电路上可容纳的元器件数量的增加，计算机的存储区域持续呈爆炸式增长，主存储器中可存储的数据类型越来越多样化。人工智能领域的研究也因此受益，并发展到以国家为主导的持续提升计算机计算能力的阶段。人工智能迎来第二次热潮。

在此期间，神经网络也得到了快速发展。20 世纪 60 年代提出的单层感知器因为无法处理非线性分类问题而陷入低谷，由多个感知器（参照小贴士）堆叠组成的多层感知器则解决了非线性分类问题。

但随后，因计算机性能方面的限制，第二次人工智能热潮遇到了瓶颈。自 20 世纪 90 年代开始，人工智能的研究陷入低谷，进入寒冬期。

小贴士 感知器

感知器由弗兰克·罗森布拉特（Frank Rosenblatt）于 1957 年提出，是一种人工神经元和神经网络。

2000～2010 年：统计机器学习方法和分布式处理技术的发展

以 20 世纪 80 年代发展起来的神经网络（参照小贴士）为基础的人工智能研究，虽然在后期陷入了低谷，但是基于统计模型的机器学习算法等取得了稳步发展。

20 世纪 90 年代，基于贝叶斯定理（参照小贴士）的贝叶斯统计学被重新定义。21 世纪以后，开始出现了使用贝叶斯过滤器的机器学习系统，并逐渐普及（图 1-9）。贝叶斯过滤器的典型应用示例就是垃圾邮件过滤系统。除此之外，它还可用于语音输入系统中的降噪和语音识别处理。

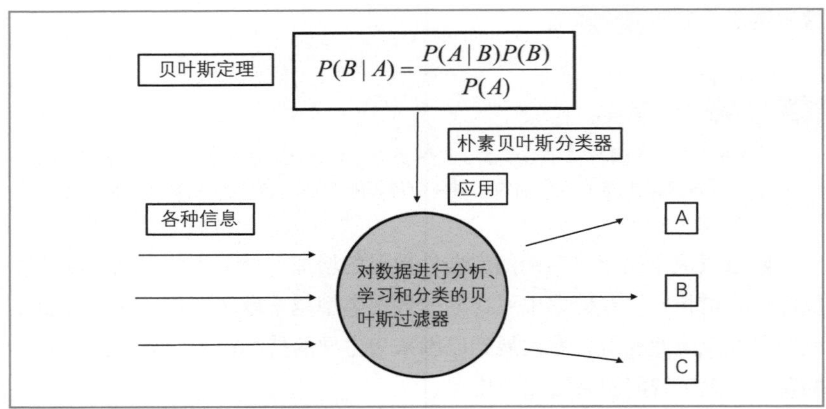

图 1-9 贝叶斯定理和贝叶斯过滤器

小贴士 神经网络

神经网络的作用在于参考人脑，通过计算机仿真方法模拟其部分功能。

小贴士 贝叶斯定理

贝叶斯定理是皮埃尔 – 西蒙・拉普拉斯（Pierre-Simon marquis de Laplace）提出的关于条件概率成立的定理。对于通常情况下的概率和条件概率，下面的恒等式成立。

$$P(B \mid A) = \frac{P(A \mid B)P(B)}{P(A)}$$

使用统计学方法解决的课题可以分为两大类：分类和预测。机器学习利用程序自动计算输入数据，以此来推导特征值，实现分类和预测的功能（图 1-10）。在多数情况下，这些特征值还需要数据科学家检测它们的构成要素和贡献率并进行深入分析，不过我们也可以通过构建模型使处理自动化。

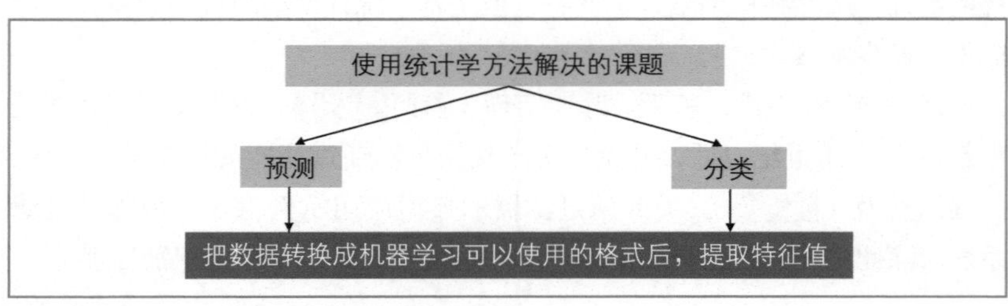

图 1-10 机器学习的典型功能：分类和预测

机器学习的应用示例包括推荐引擎，以及使用了日志数据及在线数据的异常检测系统。

20 世纪 90 年代后期，随着互联网的普及，多媒体数据等大容量数据的应用变得越来越广泛（图 1-11）。因此，提高图像数据和音频数据处理效率的需求应运而生。

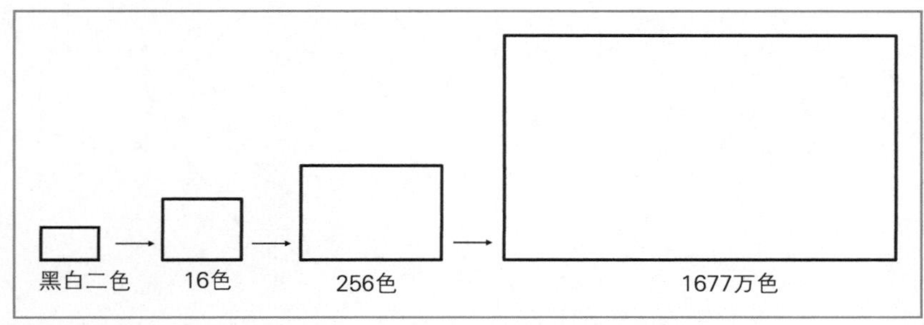

图 1-11　黑白二色→16 色→256 色→1677 万色的图画和动画

FPGA（Field-Programmable Gate Array，现场可编程门阵列）等嵌入式技术可以迅速实现视频等多媒体数据的压缩和转换等处理，但是需要根据处理对象的内容进行优化，这与面向普通计算机 CPU 的编程方法不同，需要我们另行学习。

为了灵活处理数据，过去人们使用的，是用于科学计算等领域的大型计算机（超级计算机）所提供的分布式计算环境。但 2000 年以后出现了 OpenMP（参照小贴士）和与 GPGPU（General-Purpose computing on Graphics Processing Units，通用图形处理器）相关的技术 CUDA（Compute Unified Device Architecture，统一计算设备架构），它们提供的是多核计算环境和异构计算环境，像计算机一样可以由个人来操作（当时还比较昂贵）。

小贴士 OpenMP
OpenMP 是进行并行处理的基础。

与按照指令执行的分布式处理机制一样，一些软件中也添加了分布式处理的管理机制。例如 Google 以 Google 文件系统（Google File System）

为开端开发的 MapReduce 架构（图 1-12），还有 Yahoo! 在 MapReduce 的基础上开发的 Hadoop。分布式系统不仅可以为每个任务预定义计算资源，还能通过网络线路进行任务管理，所以能够随意地增减资源。

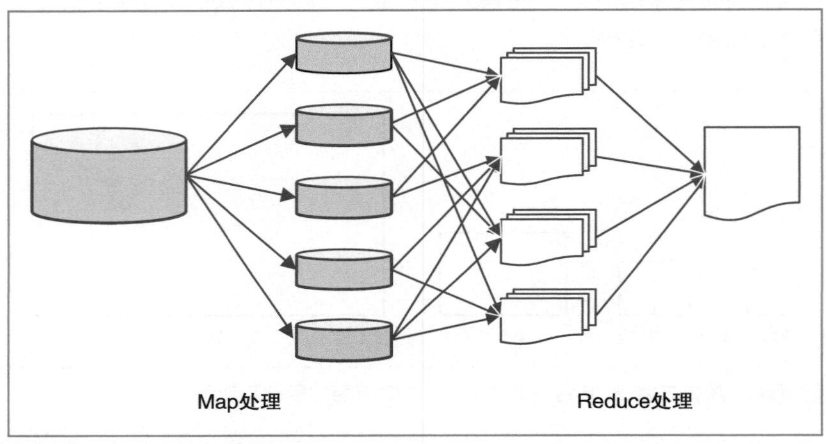

图 1-12　MapReduce 架构

从 2005 年左右开始，高效的分布式处理和摩尔定律所带来的计算机硬件的性能提升推动了神经网络研究的再次兴起。

2006 年，随着自编码器（参照小贴士）的出现，人工智能的发展进入了深度学习（参照小贴士）时代。

深度神经网络（Deep Neural Network，DNN）是一种支持深度学习的多层神经网络。当时，超过 5 层的神经网络就称为深度神经网络，因为受到计算机性能的限制，很难构建更多的层。到了 2010 年以后，就已经能构建出 100 多层的深度神经网络了。

小贴士　自编码器

自编码器是在 2006 年由杰弗里・辛顿（Geoffrey Hinton）提出的一种使用神经网络进行数据维度压缩的算法，可在机器学习中使用。

小贴士　深度学习

深度学习指计算机程序通过学习各种数据的特性，对数据进行分类和判别。深度学习的概念最初由辛顿等人提出，现在的深度学习远比当时的复杂。

2010 年以后：深度神经网络带来图像识别性能的飞跃性提高，第三次人工智能热潮

以前，在图像识别精度方面，基于统计模型的机器学习要优于基于神经网络的机器学习，但在某个阶段之后，这种优势出现了颠覆性的逆转。最典型的示例就是 2012 年 ImageNet 大规模视觉识别挑战赛 ILSVRC 2012（IMAGENET Large Scale Visual Recognition Challenge）的图像分类任务。加拿大多伦多大学团队开发的基于深度学习的图像识别算法摘得桂冠（图 1-13）。

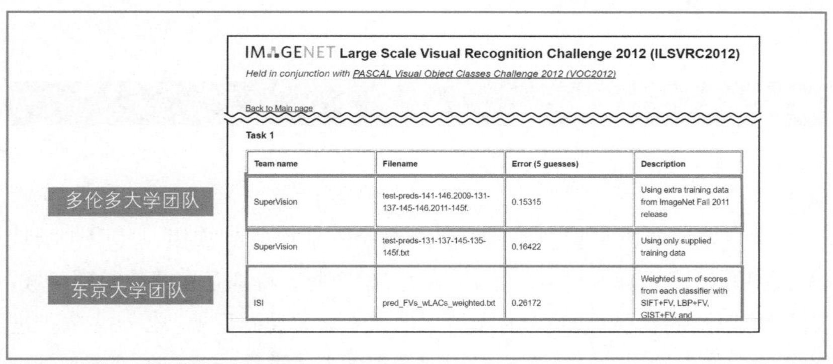
IMAGENET Large Scale Visual Recognition Challenge 2012 (ILSVRC2012)

Held in conjunction with PASCAL Visual Object Classes Challenge 2012 (VOC2012)

Back to Main page

Task 1

Team name	Filename	Error (5 guesses)	Description
SuperVision	test-preds-141-146.2009-131-137-145-146.2011-145f.	0.15315	Using extra training data from ImageNet Fall 2011 release
SuperVision	test-preds-131-137-145-135-145f.txt	0.16422	Using only supplied training data
ISI	pred_FVs_wLACs_weighted.txt	0.26172	Weighted sum of scores from each classifier with SIFT+FV, LBP+FV, GIST+FV, and

图 1-13　ILSVRC 2012 的图像分类任务结果

和第三名东京大学团队使用的统计机器学习算法相比，多伦多大学团队使用的深度学习算法将错误识别率降低了 10%，在业界引起轰动。人类的错误识别率约为 5%，而在 2015 年出现了错误识别率低于 5% 的算法。

基于深度学习的图像识别算法的有效性迅速得到认可。人们建立大型数据库来存储图像和元数据之间的关联，并提供给用户使用，因此在汽车上装载图像识别引擎的研究也逐渐活跃起来（图 1-14）。除了图像识别领域，深度学习在语音识别领域和自然语言处理领域也取得了一定成效，逐渐被应用到聊天机器人程序中。

图 1-14 **图像识别引擎的应用领域**

加速产业上的应用

汽车产业

快速发展的人工智能研究已经在各个产业中得到应用，其中包括从20世纪开始成为日本支柱产业之一的汽车产业。特别是在图像识别领域，人工智能作为自动驾驶技术必不可少的要素之一受到重视。以往主要推进的是除图像识别以外的汽车内置传感器和埋入式道路传感器装置等基础设施一体机的开发，后来图像识别精度的提高使汽车产业取得了飞跃性的发展。今后我们将不再局限于从单台车辆获得数据，而是收集多台车辆的加速度传感器采集的数据，预测全国范围的交通量，收集事故多发路段的信息，然后通过大数据分析，不断推动自动驾驶的实现。

广告产业

目前很多网站使用基于机器学习的推荐系统，向网站用户推送相关广告和新闻，以及优化广告投放。

我们可以把其中的推荐引擎理解为机器学习所做的预测结果。为了更加有效地对用户进行推荐，除用户访问的网站之外，购物网站的推荐引擎还会利用用户的购买记录等信息构建统计模型，实现有效推荐。

另外，网站上显示的相关信息也是推荐引擎的一种处理形态。在对主要内容和相关内容进行信息的相似度分析，并根据相似度来判断如何有效利用或限制这些信息（相同的话题没有意义，但也不能过度偏离），以及如何最大程度提升用户回流率（引导用户访问网站和促进用户购买）方面，优化处理显得尤为重要。

广告产业对系统的要求是提供有效的广告时间策略以及呈现高度相关的内容。预计今后包括深度学习在内的机器学习算法会在构建此类系统方面逐步得到应用。另外，开发出既能处理文本和数值数据，又能涵盖图像、视频和音频等多媒体数据（原始数据，而非艺术家的名字等标签或类别）资源的推荐引擎，将有助于提高推荐内容与用户喜好的匹配度。

BI 工具

企业在制定经营战略时必须预测销售额和利润。在此过程中，BI（Business Intelligence，商业智能）工具不可或缺。最初的 BI 工具可以追溯到 20 世纪 70 年代的计算机辅助决策支持系统。

随着可处理数据量的增加和计算机处理能力的提高，再加上为了迎合企业需求，BI 工具的预测准确率越来越高。

缩短统计周期是 BI 工具的一个典型特征。在商品的库存管理方面，很重要的一点就是最大限度地降低库存数量。在根据过去的走势预测未来的变化趋势时，如果预测周期较长，预测结果就容易出现偏差，所以要尽量缩短预测周期并反复进行预测。因此，原来主要的处理方式是批处理，但如今在线处理和流处理的重要性急剧提升。

另一方面，预测涉及的数据对象趋于多样化。除地理特征、人口系统动态特性和社会心理特征以外，所在地区的天气、气温、附近的交通量等信息也是影响预测的重要因素。我们需要从海量数据中提取关联度较高的信息并进行预测，所以机器学习算法起着非常重要的作用。

过去靠个人经验所做的预测已经通过信息处理实现了机械化。进入 21 世纪后，开发者利用 Google Prediction API 开发了基于贝叶斯网络的缺失数据预测程序。后来，用户可以通过 Google BigQuery 上传大量数据进行分析并很快得到分析结果。另外，硬件系统的性能也得到提升，具体表现为 Apache Hadoop 和 Apache Spark 等大规模分布式处理技术的灵活应用等。

将来，我们会开发出更多的系统来完成一直以来由人类实施的处理。比如，通过改善机器学习算法来有效检索各种类型的信息，同时进行数据清洗和稀疏数据处理等。相信这些系统的开发能大大促进技术进步。

对话式人工智能

2000 年前后，在对话式人工智能领域，聊天机器人等机器人程序大受欢迎。这些聊天机器人虽然制作精良，但只能用来取悦用户，缺乏实用性。具备实用性的聊天机器人并没有通过机器学习等高级算法来实现，而是用了会提示用户按照流程图输入信息的系统。前面介绍了广告产业中主题模型的发展，随着这些自然语言处理模型在性能方面的提升，机器人程序得到改良，与人自然地进行对话成为可能。当然，翻译技术的发展也做出了很大贡献。再加上 2005 年以后计算机资源的扩展，大量的文本数据处理及特征提取得以实现，文本特征表示模型终于建立。这也是机器人能够自然与人对话的一个主要原因。

例如，微软于 2015 年发布的小冰[①]就通过深度学习技术逐渐实现了近乎自然的人机对话。

在 2015 年至 2016 年，一些大型 SNS 网站向开发者开放了用于开发聊天程序的 API。预计今后自然语言处理领域的对话式人工智能在商业上的实用性会越来越高。

医疗护理辅助

IBM 公司开发的超级计算机沃森（Watson）包含利用了深度学习的系统。与其他系统不同，沃森使用的是认知计算（cognitive computing）系统。认知计算系统的价值体现在通过自然语言处理进行人机对话和提供决策支持上。

下面我们来看一下沃森在医疗领域的应用。

近几年，随着研究水平的不断提高以及参与研究的国家和机构的不断增多，学术领域分类越发细化，论文发表数量多到医生无法消化的程度。人们期待沃森能起到辅助诊疗的作用，具体来说就是让沃森读取大量的医

① 微软发布的人工智能聊天机器人，中国版为小冰，日本版为 Rinna（りんな），美国版为 Tay。——译者注

学文献，根据患者症状，列出疾病的相关信息以及适用的药物和治疗方案。

特别是针对癌症和心脏病等常见疾病，时常会有新的论文发表或者有来自监管部门的指示。因此，如何与医生及其他医务人员顺利合作，如何与当局的规定进行比较调整，都是未来我们需要重视的地方。

机器学习的应用案例还包括影像诊断中癌症的早期发现、使用了腕带式测量设备的健康管理系统等。随着技术的进一步发展，今后或许能在全国范围内实现基于个人数据的私人定制医疗服务。

机器人产业

在机器人领域，包括机器学习在内的人工智能研究也得到了有效利用。在汽车产业中，人工智能的研究成果可作为交通工具来使用，而在机器人领域则可作为人类的助手，辅助移动身体，或替代人类完成某些工作。机器人虽然能够最大限度完成其擅长的重物搬运等工作，可一旦迅速转换到它不擅长的精细作业，就有些捉襟见肘了。要让机器人像人类一样自然地工作，还是有一定难度的。

为了解决这个问题，人们长期以来致力于开发一种能够通过自主学习来实现自我控制行动的人脑计算机。预计未来还会在开发中引入强化学习算法。

除此之外，机器人未来也可能在儿童益智玩具和老年人生活支援服务等领域得到应用。生活支援的范围很大，除食材管理和根据气候变化提出行动方案之外，还包括预防阿尔茨海默病。我们知道，未来日本国内的劳动力人口会持续下降，人工智能研究除了用于辅助年轻人的工作，在如何保障老年人的健康生活，以及在健康状况不佳时如何保证生活质量（Quality Of Life，QOL）等方面，都有非常重要的作用。

人工智能的未来

人工智能在未来是否会拥有意识，现在我们还不得而知。但是，很多研发人员和工程师希望人工智能可以拥有意识。

数字克隆人是人工智能在未来的发展方向之一。数字克隆人是人类个体的思维方式和兴趣爱好的数字复制品，但是，数字克隆人的开发可能只是一种用于实现人格的技术。这与图灵测试的要求很像，如果我们能够实现“学习模仿人类”的技术，似乎就可以实现数字克隆人。2015 年左右，人们已经开发出用于实现此目标的传感技术，由此实现了很多事情，例如根据图像来推测面部表情，并将其与情绪关联等。今后利用传感技术模拟人格的尝试会越来越多。

此外，信息技术进步的速度按照摩尔定律呈指数增长，它同样遵循雷·库兹韦尔（Ray Kurzweil）提出的加速回报定律[①]（the law of accelerating returns）。加速回报定律也涵盖了熵增定律的内容，所以该定律同样适用于信息量的增长。

如何处理大数据

长期以来，数据处理系统的处理能力一直受限于计算机的运算能力，所以人类一直致力于用最少的信息量实现观察和控制事物，并迎合其发展趋势。然而，自 2010 年以来，我们不仅得到了包括各种传感数据在内的多种类型的数据，还得到了相应的数据处理工具。这就意味着我们在处理数据的同时，必须考虑这些持续增多的信息中有哪些是有用的信息、计算机要如何处理数据才能得到答案等问题。

技术奇点来临

库兹韦尔预计技术奇点将于 2045 年到来。虽然我们拥有通过机器学习系统从大量信息中寻找解决方案的方法，但仍然需要花费时间进行数据清洗等预处理。想让机器能够自主寻找解决方案，我们还有很长的路要走。

即使计算机能够处理和计算大量数据，并自主找到答案，也还是需要人类来设定问题，而且在设定问题和寻找答案的过程中，各种讨论和灵感都来源于人类（这是人类的特权，也是苦恼所在）。将来，把各种功能的小型人工智能程序组装到一起，让它们互相通信，共同协作，以此来解决更大问题的设想终会实现。这只是时间问题。

但是，即使机器萌生了意识，很多地方还有待讨论，比如是使用现有方法还是其他方法来让机器具备自行寻找答案的能力等。这为未来的人工智能研究增添了趣味性。

---

① 引自雷·库兹韦尔所著的《机器之心》，中信出版社 2016 年出版。——译者注

第2章 规则系统及其变体

条件分支是最基本的程序结构。计算机诞生后，人们使用条件分支开发了问答系统。基于规则的系统（简称规则系统）会利用条件分支来判断用户输入的数据。20 世纪 50 年代以后逐渐发展出包含推理机和知识库（knowledge base）的专家系统，其中推理机能够匹配知识库中的规则自动分析输入的数据，而知识库采用了外部存储设备来存储规则方面的设定。本章，笔者将对这些内容进行说明。

01 规则系统

下面来介绍让机器基于规则对事物进行判断的技术。

要点
- 让机器代替人类做判断 = 人工智能程序
- 采用 IF-THEN 格式
- 规则系统中的规则由人类设置
- 设置规则 = 问题公式化（用形式化方法或公式化方法描述问题）
- 决策树

条件分支程序

人生就是一个不断选择的过程。我们在进行选择时，首先会在脑海中比较两个选择对象，然后做出决定。计算机在解决问题时，也是通过连续比较的方式来得到答案的。这里的比较就是条件分支，问题的答案可通过条件分支推导出来。

在此过程中机器实现的就是人类认知的智能，所以它也可以称为人工智能。早期的人工智能由条件分支程序组成，这一点延续至今（图 2-1）。

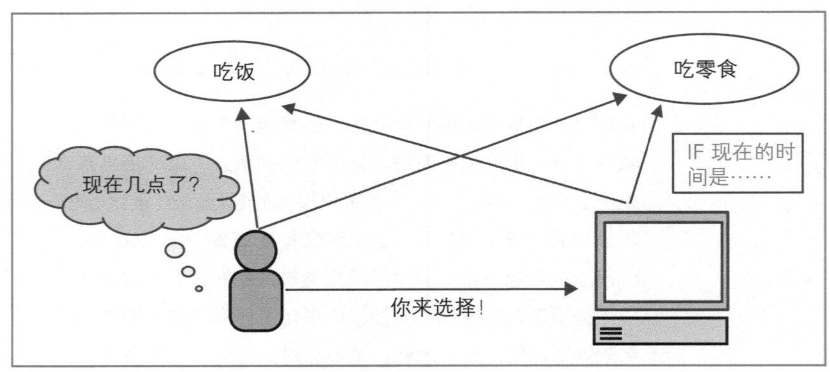

图 2-1 利用条件分支进行判断的大脑和系统

使用条件分支时，首先要设置条件，也就是设置规则。使用规则来执行条件分支的系统称为规则系统。条件分支通常采用 IF-THEN 格式记述。使用流程图表示程序和算法结构，就能发现规则系统和流程图的兼容性很好（图 2-2）。

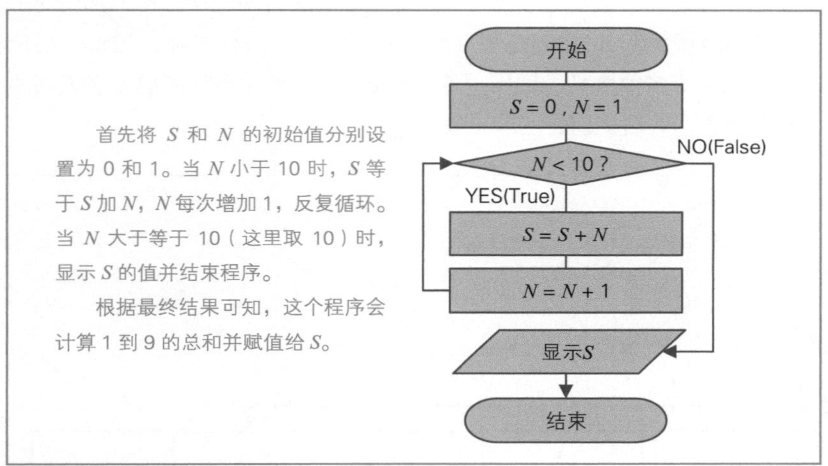

首先将 S 和 N 的初始值分别设置为 0 和 1。当 N 小于 10 时，S 等于 S 加 N，N 每次增加 1，反复循环。当 N 大于等于 10（这里取 10）时，显示 S 的值并结束程序。
根据最终结果可知，这个程序会计算 1 到 9 的总和并赋值给 S。
开始
S = 0 , N = 1
N < 10 ?
NO(False)
YES(True)
S = S + N
N = N + 1
显示S
结束

图 2-2 **流程图示例**

规则的设计和问题公式化

在构建规则系统时，条件分支的内容会写到流程图中，而人类需要事先指定相应的规则。也就是说，规则系统无法处理人类也不知道正确答案的未知问题。所以在设置条件时，我们要注意顺序和优先级。

例：根据温度设置空调出风量的处理

我们以根据温度来设置空调出风量这个简单的处理为例。当温度达到 33℃以上时将出风量设置为超强风，30℃以上时设置为强风，28℃以上时将出风量设置为弱风，30℃以上时设置为强风，33℃以上时设置为超强风。

当温度为 34℃时，如果从温度是否高于 28℃开始判断，就会出现温度很高但出风量很小的情况。为了避免这种情况出现，需要从温度最高的条件开始判断。

人名识别处理

再比如人名识别处理。人名识别就是判断两个 ID 是否相同，如果相同就输出相同的内容。以最近的热点话题来说，把医院开具的收据与医疗数据库中的保险用户进行匹配，以及养老金记录管理中，把 5000 万个厚生年金[①]号码和国民年金号码与养老金领取者进行匹配等工作，都用到了人名识别（图 2-3）。在制定规则时，我们需要考虑姓名标记错误、记录时有错别字等多种情况。另外，还需制定规则来要求已经完成人名识别的人员不再作为人名识别的处理对象。

使用两种方式识别比对医院开具的收据和调剂药房的收据，根据组合了保险号、姓名、性别的信息散列值（通过散列函数得到的字符串）（回路 1），和组合了保险号、出生年月日、亲属关系的信息散列值（回路 2）进行人名识别处理。对于只靠回路 1 无法识别的姓名汉字错误等，补充使用回路 2。这么做可以提高匹配率。

增加回路也就是增加规则，这项工作需要手动完成。

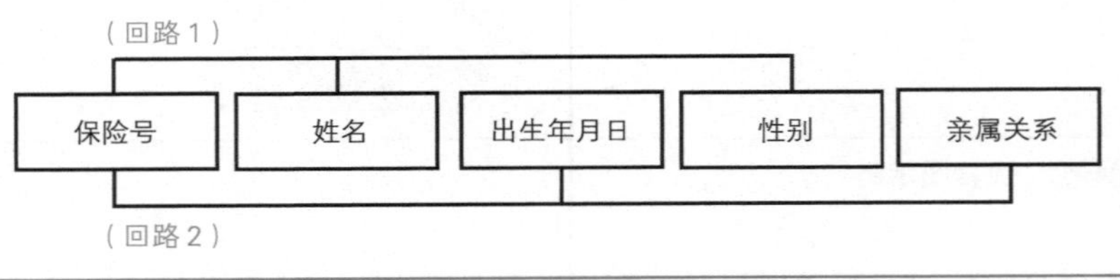

图 2-3 收据的人名识别示例

摘自第 6 次医药品安全对策中医疗相关数据库的活用对策恳谈会 JMDC 提供的资料[②]

所以，问题公式化就是在规则的设计阶段明确问题和解决办法。人工智能会让多少人失去工作一直是一个热门话题，但如果人工智能可以实现问题公式化，又何乐而不为呢？

构建决策树

根据规则绘制流程图可以得到基于规则的二叉树。这种树结构也称为

① 日本的一种保险，相当于我国的养老保险。——译者注

② 原资料名为「第 6 回医療品の安全対策等における医療関係データベースの活用方策に関する懇談会」。——译者注

决策树（decision tree），常用于统计学方面的数据处理和分析（图 2-4）。

我们可以通过统计学数据分析发现未知的规则。这时决策树就尤为重要了。

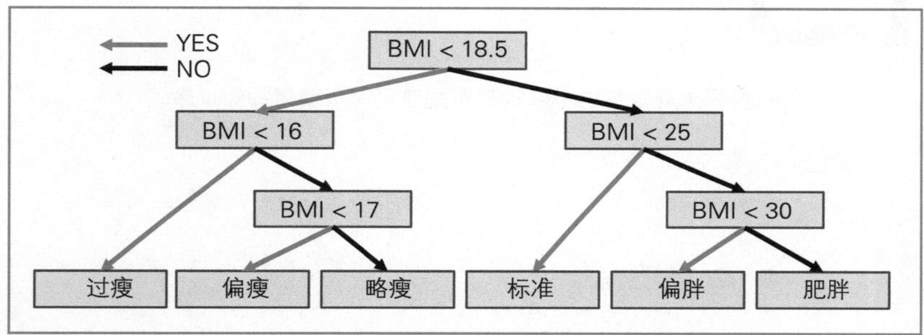

图 2-4　**以 YES/NO 划分 BMI，最终输出体型的决策树示例**

知识库

下面来介绍当规则系统中的规则发生变更时所使用的知识库。

要点
- 增加规则系统的规则
- 如果所有规则都写入程序，一旦规则发生变更就需要重写程序 = 麻烦且不方便
- 程序和数据的分离
- 分离的数据 = 知识库
- 知识库中包含供人类搜索信息的检索系统

增加或修改规则

在构建规则系统的程序时，如果条件分支的规则是确定的，我们就可以使用硬编码（一种后期无法修改的编码方式）。

即使条件设置发生了变更，如果重写程序的成本不高，我们也完全可以使用硬编码。过去，外部存储设备还属于超高端产品，相比而言重写程序的成本较低。但是，如果条件设置会频繁变更，例如希望根据喜好来修改条件设置等，在这种情况下可能需要多次重写程序，这就会导致成本增加（图 2-5）。

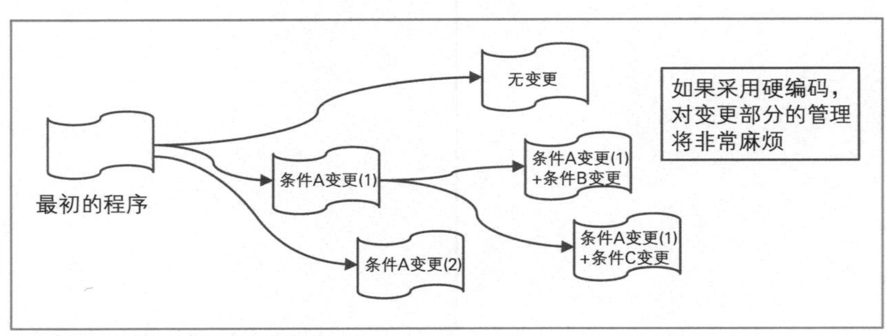

图 2-5　**替换代码导致工作量增加**

为了解决这个问题，我们把处理并输出数据的程序与条件设置的数据对象分离开来。分离出来的数据的集合就是知识库。在条件分支中，程序会使用规则 ID 读取相应的条件设置值进行判定。

知识库既能以文本形式保存在文件系统中，也能存储在 SQLite 等数据库管理系统（database management system，DBMS）中。

一些系统可以使用文本编辑器、专用设置界面或查询语句来更新知识库的内容（图 2-6）。

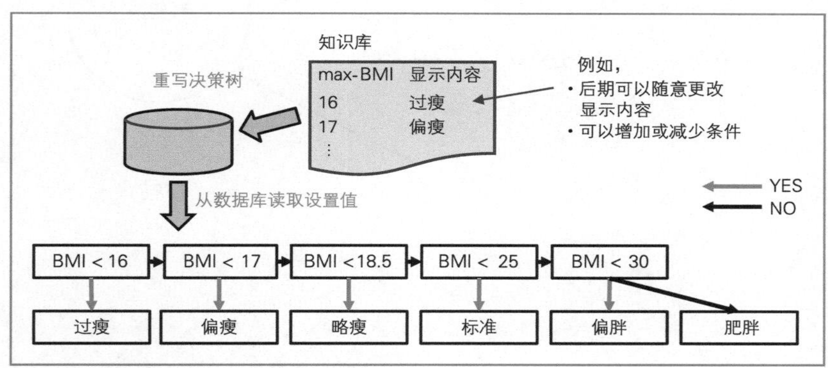

图 2-6 **输入 BMI 即可显示体型的系统**

可以供人类和程序搜索的系统

知识库中存储的数据，除了作为配置文件供程序读取，还能存储海量的信息供人类使用（图 2-7）。

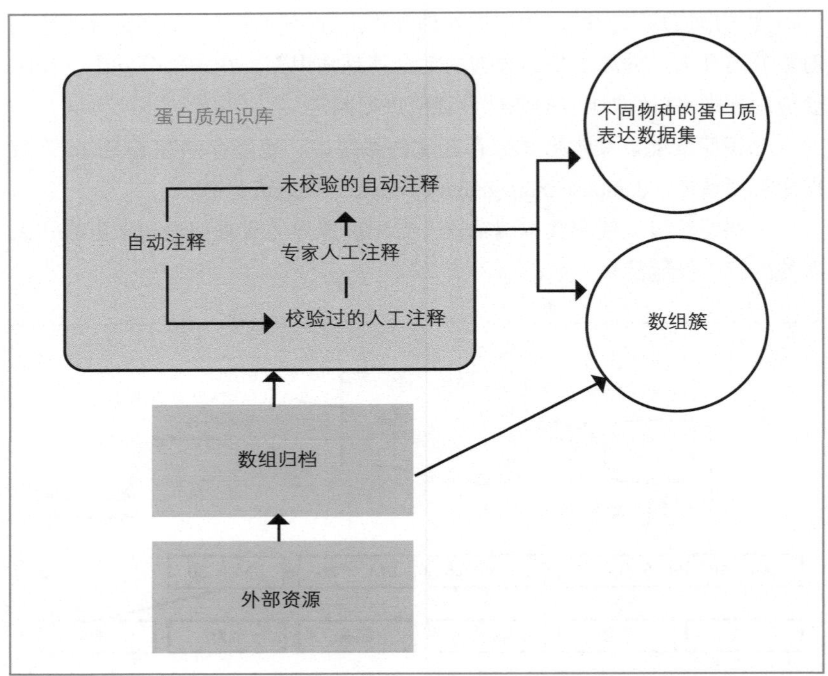

图 2-7 **知识库的系统示例**

UniProtKB

数据库系统 UniProtKB 是一个用于生命科学领域的知识库。欧洲的一些机构合作收集蛋白质信息，并对这些蛋白质信息进行注释和精选，开发了 UniProt（The Universal Protein Resource）目录数据库和分析工具等。

> **小贴士 注释**
>
> 为数据添加相关信息。

> **小贴士 精选**
>
> 收集数据，根据注释等信息进行审议、整合、整理及汇总。

UniProtKB 是一个目录制作系统，根据全球大型数据库中登记的基因碱基序列和氨基酸序列，聚焦组成蛋白质的氨基酸序列以及蛋白质特性，直接收录这些信息，或者存储手动精选后的信息，向使用者开放。

UniProtKB 中还包括物种和生物学通路（表示生物体内的生物化学分子与蛋白质等其他化合物相互作用的数据）等信息。因此，我们可以使用 UniProtKB 筛选新的蛋白质，解决“人类和老鼠之间有哪些相似的蛋白质”“预测蛋白质具有哪些作用”等问题。

03 专家系统

下面来介绍使用推理机的专家系统。

要点
- 专家系统是基于规则的推理机
- 目前很多分析结果呈现系统属于专家系统
- 推理机的类型包括命题逻辑、谓词逻辑、认识逻辑和模糊逻辑等
- 前向链接推理（数据驱动）和反向链接推理（目标驱动）

专家系统：利用专家的判定规则进行推理

前面介绍的规则系统是 20 世纪 60 年代发展起来的，并逐渐应用到了大型系统中。能够辅助或代替专家（研究生及以上水平）完成分类和判别等工作的系统称为专家系统。目前，生产系统等大多数呈现分析结果的系统源自专家系统。

早期的专家系统 DENDRAL

DENDRAL 是最早的专家系统，1965 年开始在美国斯坦福大学开发。它可以根据质谱分析的峰值（分子量）推测待测定物质的化学结构。编程语言使用的是 LISP 语言[①]。

以水分子（H_2O）为例来说就是，H = 1.01，O = 16.00，取整数值相加后得到水分子的相对分子质量为 18。在进行质谱分析时，峰值会出现在 18 附近（质谱分析仪使用的是气相色谱法，其分辨率能精确到个位，所以即使数值不那么精确也能用于推测）（图 2-8）。

① List Processing 的缩写，是一种早期开发的、具有重大意义的表处理语言，适用于符号处理、自动推理、硬件描述和超大规模集成电路设计等。——译者注

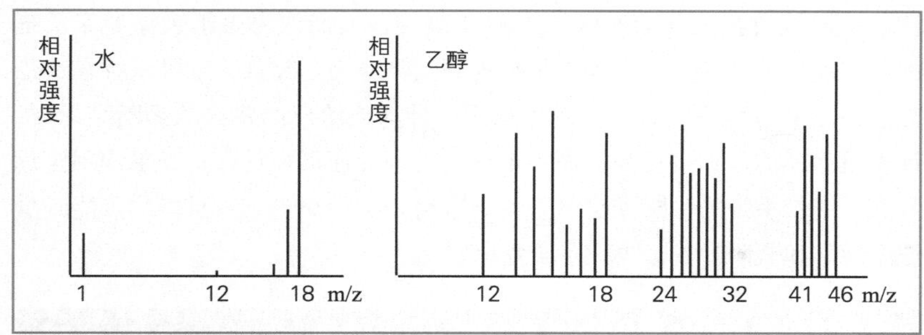

图 2-8　水和乙醇的质谱图

DENDRAL 系统根据原子组合计算相对分子质量为 18 的化学物质并输出答案。但是，相对分子质量越大，原子组合越多，计算答案所需要花费的时间就越长，所以我们要想办法让 DENDRAL 系统不计算那些无须评估的原子组合。

DENDRAL 系统包括两部分，分别是进行启发式（经验法则）分析的 Heuristic DENDRAL，以及把分子结构组合及其质谱图一起登记到知识库中并反馈给启发式系统的 Meta-DENDRAL。它们都是学习系统。

由 DENDRAL 衍生而来的 MYCIN

MYCIN 是在 20 世纪 70 年代开发出来的专家系统，由 DENDRAL 衍生而来。该系统的任务是诊断具有传染性的血液病，并提供合适的治疗建议，包括使用的抗生素及剂量等。系统名称 MYCIN 取自抗生素的英文后缀 -mycin。

MYCIN 系统内部约有 500 条规则，用户回答的形式并不限于 YES 或 NO。用户依次回答提问后，系统会自动判断出患者可能感染的细菌，并按照可能性由高到低的顺序将它们呈现出来，还会附上相应的理由。不仅如此，该系统还会结合体重等信息给出治疗方案。

据斯坦福大学医学院的调查显示，MYCIN 的诊断准确率是 65%，优于非细菌感染专业的医生，但专科医生的诊断准确率是 80%，MYCIN 还差了一些。

作为一个开发项目，MYCIN 系统是成功的。它的性能也很好，但是该系统并没有投入临床实践。2000 年以后，人们认为由于医疗专家系统的可信度低，即使开发出来也很难得到实际应用。况且，这种系统在道德和法律方面也存在问题。当医生采用了计算机给出的错误的诊断结果时，计算机是不能承担责任的，而医生也会觉得责任不在自己。如果使用医疗专家系统，系统的诊断准确率至少要达到 85%～90%，并且应尽可能减少假阳性率和假阴性率，也就是阳性率要高。

推理机的种类和方法

专家系统利用推理机返回判断结果。推理机是基于规则进行推理的一组程序。人类可以直接理解用语言表达的规则，但为了让计算机也能理解并处理这些规则，需要将表达方式转换为计算机能接受的形式。这种表达所属的学术领域叫作符号逻辑学。

命题逻辑是最基本也是最常用的表达方式，可以表示布尔型的内容。命题逻辑由命题变量和联结词构成。

命题逻辑并不关心命题内容本身的含义，只是通过且、或、非等将命题关联起来，以此来表示和掌握命题之间的相关性。所以，即使无法分析命题的含义，我们也可以通过使用谓词逻辑等命题逻辑的扩充逻辑为命题添加含义。

对命题逻辑进行扩充后，人们提出了图 2-9 中的逻辑并建立了推理机。推理机增加了系统对于查询的回答方式。

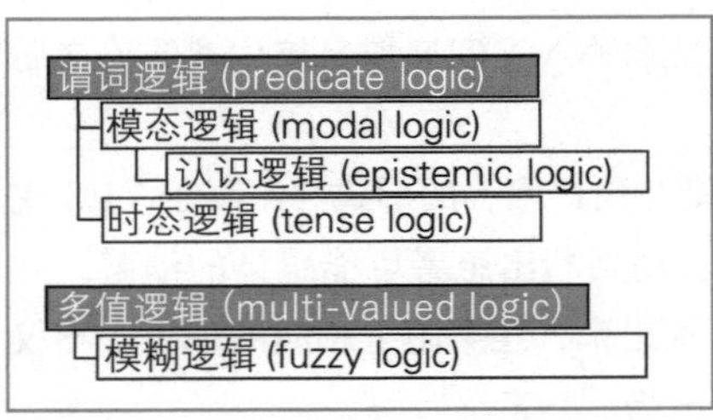

图 2-9 **扩充后的推理机**

命题逻辑和谓词逻辑中会使用符号来表达句子。命题逻辑中的命题公式由原子命题（即命题变量）和联结词构成，而谓词逻辑在命题逻辑的基础上增加了一些符号，扩充了表达范围。符号如表 2-1 至表 2-3 所示。

表 2-1　**命题逻辑的符号种类**

条　　目	内　　容
命题公式	用原子公式或原子公式和联结词相结合的形式表示
原子命题公式（简称原子公式）	就是命题变量
命题变量	P、Q、p、q、ϕ、ψ 等
联结词	$\neg$〔否定（并非），not〕、$\wedge$〔合取（并且），and〕、$\vee$〔析取（或），or〕、 $\Rightarrow$（蕴涵，implication）、$\Leftrightarrow$（等值，equivalence） 否定与合取以外的关系都可以用蕴涵等值式表示
辅助符号	（ ）（括号）的表示方法不一
逻辑等值	$\equiv$（等值）表示两个命题公式具有等值关系

表 2-2　**谓词逻辑的符号种类**

条　　目	内　　容
谓词公式	用原子公式或原子公式和逻辑符号相结合的形式表示
原子谓词公式（简称原子公式）	用原子公式或原子公式和项相结合的形式表示
项	用常量符号、变量符号、函数符号表示
常量符号	True、False、X、Y、apple、Tommy 等
变量符号	P、Q、p、q、ϕ、ψ 等
函数符号	FATHER() 等，表示关系
谓词符号	cold() 等，表示性质和状态
逻辑符号	由联结词和量词符号构成
量词符号	$\forall$（全称量词），$\exists$（存在量词）

表 2-3　**谓词逻辑表示法示例**

谓词逻辑表示法	含　　义
MOTHER(Tom)	Tom 的母亲
cold(x)	x 很冷
$\exists x(\text{have}(\text{I}, x) \wedge \text{book}(x))$	我有书
$\forall x(\text{girl}(x) \Rightarrow \exists y(\text{loves}(x, y) \wedge \text{cake}(y)))$	女性都喜欢蛋糕
$\neg \exists x(\text{human}(x) \wedge \text{touch}(x, \text{BACK}(x)))$	任何人都摸不到自己的后背

给定两个命题 P 和 Q，已知两个命题的真假值（使用 True、False，或者 1、0 表示真假）。根据命题 P 和 Q 的值，可以得到 $\neg P$、$P \wedge Q$、$P \vee Q$、$P \Rightarrow Q$、$P \Leftrightarrow Q$ 的结果，具体如表 2-4 所示。也可以说，$P \Rightarrow Q$ 等值于 $(\neg P) \vee Q$，$P \Leftrightarrow Q$ 等值于 $(P \Rightarrow Q) \wedge (Q \Rightarrow P)$。这种表格就叫作真值表。

表 2-4　P 和 Q 的真值表

P	Q	$\neg P$	$P \wedge Q$	$P \vee Q$	$P \Rightarrow Q$	$P \Leftrightarrow Q$
0	0	1	0	0	1	1
0	1	1	0	1	1	0
1	1	0	1	1	1	1
1	0	0	0	1	0	0
相应的逻辑运算符		NOT	AND	OR		

另外，如果一个命题公式在任意情况下都取真值，我们就称之为恒真式或重言式；反之在任意情况下都取假值，我们就称之为永假式或矛盾式。命题公式之间存在像表 2-5 那样的恒真式，即命题公式之间存在等值关系。

表 2-5　命题公式之间的主要等值关系

双重否定	$P \equiv \neg\neg P$
结合律	$(P \wedge Q) \wedge R \equiv P \wedge (Q \wedge R)$ $(P \vee Q) \vee R \equiv P \vee (Q \vee R)$
分配律	$P \wedge (Q \vee R) \equiv (P \wedge Q) \vee (P \wedge R)$ $P \vee (Q \wedge R) \equiv (P \vee Q) \wedge (P \vee R)$
交换律	$P \wedge Q \equiv Q \wedge P$ $P \vee Q \equiv Q \vee P$
德・摩根定律	$\neg(P \wedge Q) \equiv \neg P \vee \neg Q$ $\neg(P \vee Q) \equiv \neg P \wedge \neg Q$
量词的德・摩根定律	$\neg(\forall x p(x)) \equiv \exists x(\neg p(x))$ $\neg(\exists x p(x)) \equiv \forall x(\neg p(x))$

利用推理规则可以把公式的组合转换为子句形式（clause form）。转换后，复杂的表达式就会化繁为简，方便后续处理。命题公式转换后得到合取范式（conjunctive normal form），谓词公式转换后得到斯科伦范式

(skolem normal form)。合取范式中的子句(clause)是命题公式的析取式[①]。这两种转换如图 2-10 和图 2-11 所示。

$P \Leftrightarrow Q \vee R$

$\equiv (P \Rightarrow Q \vee R) \wedge (Q \vee R \Rightarrow P)$ ———— 消除等值符号

$\equiv (\neg P \vee (Q \vee R)) \wedge (\neg (Q \vee R) \vee P)$ ———— 消除蕴涵符号

$\equiv (\neg P \vee Q \vee R) \wedge ((\neg Q \wedge \neg R) \vee P)$ ———— 运用德·摩根定律

$\equiv (\neg P \vee Q \vee R) \wedge (\neg Q \vee P) \wedge (\neg R \vee P)$ ———— 运用分配律

图 2-10 命题公式转换为合取范式

$\exists x \forall y P(x, y) \vee Q(x) \Rightarrow \exists x \forall z R(x, z)$

$\equiv \neg(\exists x \forall y P(x, y) \vee Q(x)) \vee \exists x \forall z R(x, z)$

——消除等值符号和蕴涵符号

$\equiv \forall x \exists y \neg (P(x, y) \vee Q(x)) \vee \exists x \forall z R(x, z)$

——消除双重否定,移动否定符号

$\equiv \forall x \exists y (\neg P(x, y) \wedge \neg Q(x)) \vee \exists x \forall z R(x, z)$

$\equiv \forall x_1 \exists x_2 (\neg P(x_1, x_2) \wedge \neg Q(x_1)) \vee \exists x_3 \forall x_4 R(x_3, x_4)$

——变量标准化

$\rightarrow \forall x_1 (\neg P(x_1, f(x_1)) \wedge \neg Q(x_1)) \vee \forall x_4 R(a, x_4)$

——利用斯科伦函数消除存在量词

$\equiv \forall x_1 \forall x_4 (\neg P(x_1, f(x_1)) \wedge \neg Q(x_1)) \vee R(a, x_4)$

——移动全称量词

$\equiv \forall x_1 \forall x_4 \underbrace{(\neg P(x_1, f(x_1)) \vee R(a, x_4))}_{C_1} \wedge \underbrace{(\neg Q(x_1) \vee R(a, x_4))}_{C_2}$

——运用分配律

$\equiv \forall x_1 \forall x_2 \forall x_3 \forall x_4 (\neg P(x_1, f(x_1)) \vee R(a, x_4)) \wedge (\neg Q(x_1) \vee R(a, x_4))$

——各子句中的变量独立

图 2-11 谓词公式转换为斯科伦范式

---

① 有限个子句的合取式称为合取范式,有限个文字的析取式称为子句(clouse),命题变元或命题变元的否定称为文字(character)。有限个文字的合取式称为短语(phrase),有限个短语的析取式称为析取范式。——译者注

在把谓词公式转换为斯科伦范式时，要利用斯科伦函数消除存在量词。$\forall x_1 \exists x_2 \neg P(x_1, x_2)$ 表示从 x_1 可以映射到 x_2，所以 $\forall x_1 \exists x_2 \neg P(x_1, x_2)$ 可以用 $f(x_1)$ 表示，而 $\exists x_3 \forall x_4 R(x_3, x_4)$ 中的 x_3 是必定存在的，所以 x_3 可以用常数 a 替换。最后关于各子句中的变量独立部分，在运用分配律的步骤中，C_1 和 C_2 内包含的 x_4 和 x_1 相互独立会便于计算，所以将 x_4 和 x_1 替换为 x_2 和 x_3，以此实现二者的独立。

推理机和推理规则的范式转换能够提高查询知识库的效率。

所以，我们也可以将人工智能理解为在没人帮助的情况下，推理机能够执行多少任务。在用公式化方法描述问题时，如果由人类事先完成一部分推理机的任务，就能在很大程度上对程序需要处理的问题加以限制。在 20 世纪 70 年代，人们认为即便使用推理机也很难实现能够应对所有问题的人工智能。这就是符号接地问题（symbol grounding problem）。

04 推荐引擎

推荐引擎也是一种专家系统，常用于电子商务（Electronic Commerce，EC）网站等的评价系统。下面笔者就来介绍它。

要点
- 推荐引擎是一种预测缺失信息并将其推荐给用户的专家系统
- 常用于电子商务网站和媒体
- 简单的填充示例：根据共现关系推导相关性
- 基于协同过滤的个性化推荐

预测并推荐相似内容的推荐系统

专家系统除在根据质谱数据推测物质化学结构的程序中使用之外，还应用于现在被广泛使用的推荐引擎。

用户在电子商务网站上查看某件商品时，网站会提示浏览过该商品的用户购买了哪些产品。这个向用户推荐相似商品的系统就是推荐引擎。推荐引擎也是一种专家系统，用来将用户的浏览信息作为关键词显示相似的内容。

推荐引擎可以分为两种类型，一种是基于内容的推荐，另一种是基于用户浏览记录和购买记录等个人信息的推荐。

基于内容的推荐

基于内容的推荐引擎只通过物品信息（电子商务网站的商品信息、新闻网站的报道信息等）进行计算，从而得到相似的内容。这类推荐引擎不使用任何用户的个人信息。

知识库内除包含标题、种类等信息的构成要素以外，还包含通过计算推导出的其他的数据表现形式。我们把信息的构成要素和通过计算推导出的数据表现形式统称为特征，把通过计算推导特征的处理过程称为特征提取。

例如，A 先生正在浏览关于熊本地震的新闻报道。推荐引擎需要解决的问题是接下来推荐哪些报道给 A 先生（图 2-12）。假设每篇报道都设置了关键词，我们可以利用这些关键词创建特征。

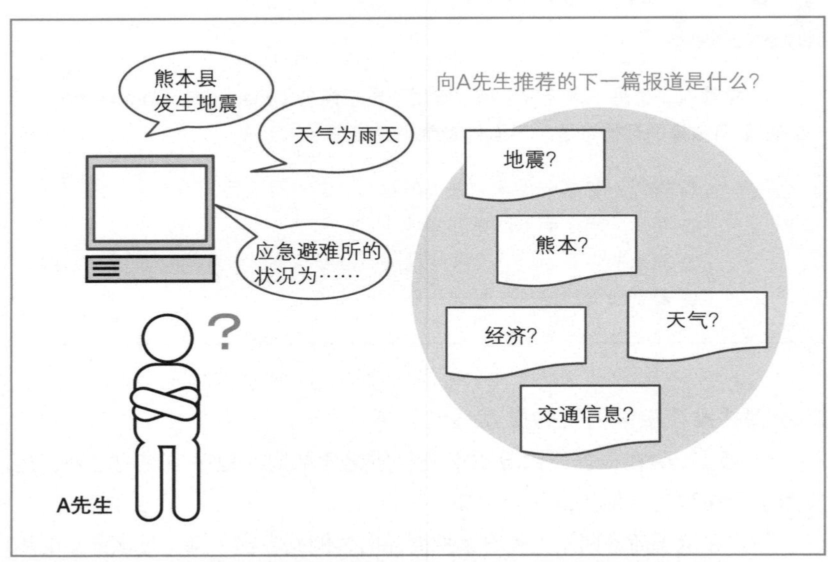

图 2-12　A 先生正在浏览熊本地震的新闻报道，下一篇该显示什么报道?

一些关键字或关键词等信息构成要素频繁出现在多篇报道或文章中的状态称为共现。共现状态的表达形式称为共现模式或共现关系（表 2-6）。

表 2-6　报道和关键词的关系表

	报道 a	报道 b	报道 c	报道 d
熊本	1	1	0	1
地震	1	0	1	1
地层	0	0	1	0
断层	0	1	1	1
下雨	1	0	0	0
停运	0	1	0	1

得到上述共现关系的数据后，我们就可以计算报道间的相关性了（表 2-7）。假设报道 a 和报道 b 的相关性由共同的关键词占二者关键词总数的比例来决定，这时我们可以循环计算出报道间的相关性。

表 2-7　表示新闻报道之间相关性的表

报道 a	1.000			
报道 b	0.333	1.000		
报道 c	0.333	0.333	1.000	
报道 d	0.571	0.857	0.571	1.000
	报道 a	报道 b	报道 c	报道 d

通过这个处理，我们可以按照内容相似度由高到低的顺序将和报道 a 相似的报道排列出来。上表的结果可排列为报道 d ＞报道 b= 报道 c。

上述例子的前提是每篇报道都设置了关键词，当然我们也可以通过计算来实现对文本的特征提取。笔者会在第 11 章简单介绍一下文本特征提取的相关内容。

不过，推荐系统如果只是单纯地把相似的报道放在一起，就会出现推荐内容雷同的问题，所以我们需要采用一些方法来防止过度推荐。

◘ 基于协同过滤的个性化推荐

协同过滤算法可以根据用户的浏览记录和购买记录等个人信息为用户推荐更合适的信息。亚马逊公司就使用了协同过滤推荐系统。

前面介绍的基于内容的推荐，是通过推导报道间的关键词的共现关系来定义相关性并以此来提取相似报道的。而个性化推荐是根据用户个人的历史信息与其他用户的信息之间的共现关系来进行相关分析，从而实现个性化推荐的。也就是说，协同过滤基于这样一个假设：如果某些用户对某些项目的行为和评分相似，则这些用户对其他项目的行为和评分也相似。

把目标用户 X 先生和 A 先生～E 先生浏览 10 种商品后是否购买了该商品的信息用 0 和 1 表示（表 2-8）。没有数据的地方填入连字符。

表 2-8 **包含网站用户和商品购买记录的相似度矩阵**

		商品										相关系数
		1	2	3	4	5	6	7	8	9	10	
用户	X	–	1	0	–	–	–	–	0	0	1	
	A	1	1	1	–	–	–	–	0	0	0	
	B	–	–	–	0	0	0	1	1	1	0	
	C	0	1	0	0	–	1	1	0	0	1	
	D	0	–	–	0	1	1	0	0	1	1	
	E	–	1	0	–	1	0	–	0	0	0	
推荐度												

这里的问题是根据 X 先生的购买记录，预测最适合推荐给 X 先生的商品，即计算商品的推荐度。

首先，计算 X 先生浏览过的 2、3、8、9、10 这 5 种商品，与其他 5 人共同浏览过的商品间的 0 和 1 的相关系数。在这种情况下，通常计算的是皮尔逊相关系数。例如，X 先生和 A 先生的相关系数可通过图 2-13 上端的公式计算出来。计算结果如图 2-13 下端所示。用同样的方法可计算出 X 先生与其他 4 人的相关系数。

X先生的购买记录 $\{x_1, x_2, x_3, x_4, x_5,\} = \{1, 0, 0, 0, 1\}$

A先生的购买记录 $\{y_1, y_2, y_3, y_4, y_5,\} = \{1, 1, 0, 0, 0\}$

相关系数 $$r = \frac{\Sigma_{i=1}^{5}(x_i - \bar{x})(y_i - \bar{y})}{\sqrt{\left(\Sigma_{i=1}^{5}(x_i - \bar{x})^2\right)\left(\Sigma_{i=1}^{5}(y_i - \bar{y})^2\right)}}$$

$$= \frac{\Sigma_{i=1}^{5}(x_i - 0.4)(y_i - 0.4)}{\sqrt{\left(\Sigma_{i=1}^{5}(x_i - 0.4)^2\right)\left(\Sigma_{i=1}^{5}(y_i - 0.4)^2\right)}}$$

$$= \frac{0.6\times0.6 + (-0.4)\times0.6 + 0.4\times0.4 + 0.4\times0.4 + 0.6\times(-0.4)}{\sqrt{(0.6^2+0.4^2+0.4^2+0.4^2+0.6^2)(0.6^2+0.6^2+0.4^2+0.4^2+0.4^2)}}$$

$$= \frac{0.36 + 0.16\times2 - 0.24\times2}{0.36\times2 + 0.16\times3} = \frac{0.2}{1.2} \cong 0.167$$

图 2-13 **相关系数的计算**

计算结果中有 3 人（C 先生、D 先生和 E 先生）的相关系数大于 0.5，这表明他们与 X 先生之间是正相关的（购买趋势相同）（表 2-9）。

表 2-9 **包含网站用户、商品购买记录和相关系数的相似度矩阵**

		商品										与 X 先生的相关系数
		1	2	3	4	5	6	7	8	9	10	
用户	X	–	1	0	–	–	–	–	0	0	1	1.000
	A	1	1	1	–	–	–	–	0	0	0	0.167
	B	–	–	–	0	0	0	1	1	1	0	–1.000
	C	0	1	0	0	–	1	1	0	0	1	1.000
	D	0	–	–	0	1	1	0	0	1	1	0.500
	E	–	1	0	–	1	0	–	0	0	0	0.612
推荐度												

本来应该另行讨论如何选择目标对象，但接下来我们就直接以这 3 人为对象，介绍如何选择推荐给 X 先生的商品。

X 先生未浏览过的商品包括 1、4、5、6、7。我们把 C 先生、D 先生和 E 先生 3 人浏览这 5 种商品的数据平均值作为推荐度。不使用总值的原因是考虑了缺失值的影响。这样就能根据与 X 先生购买行为相似的 3 个人的数据，通过计算找到 X 先生未浏览过的但最有可能购买的商品。这里商品 5 的推荐度最高，为 1.00，所以接下来要向 X 先生推荐的是商品 5。

表 2-10 中的示例用 0 和 1 表示购买记录，而目前一些常用推荐引擎中使用的是五级评分法。

表 2-10 **包含网站用户、商品购买记录、相关系数和推荐度的相似度矩阵**

		商品										相关系数
		1	2	3	4	5	6	7	8	9	10	
用户	X	–	1	0	–	–	–	–	0	0	1	1.000
	A	1	1	1	–	–	–	–	0	0	0	0.167
	B	–	–	–	0	0	0	1	1	1	0	–1.000
	C	0	1	0	0	–	1	1	0	0	1	1.000
	D	0	–	–	0	1	1	0	0	1	1	0.500
	E	–	1	0	–	1	0	–	0	0	0	0.612
推荐度		0.00			0.00	1.00	0.67	0.50				

第3章 自动机和人工生命程序

计算机程序可以响应输入，而迭代循环或定时器能够创造出源源不断的输入。仿真程序等就利用了这种机制。元胞自动机（Cellular Automata，CA）会在程序内设置有限自动机，并在迭代循环时改变自身状态。本章，笔者将对元胞自动机及它的应用示例进行说明。

人工生命模型

下面来介绍人工生命模型。人工生命模型可以使机器看起来拥有自己的意志或生命。

要点

- 机器拥有意志 = 拥有生命
- 生命 = 生物是活的 = 能够自我复制繁衍后代
- 基于元胞自动机的生命游戏
- 流行病模型（SEIR 模型）

何谓生命

十多年前，一种叫作电子宠物的小玩具风靡一时。因为人类喜欢饲养其他生物当宠物，所以即便是动态的热带鱼屏幕保护程序，也能让很多人从中感受到生命的存在。

生物最重要的特征就是具有自我复制的能力，也就是繁衍后代的能力。这种类型的程序存在已久，但如果人们能从程序自我复制的举动中感受到意志的存在，就会期待机器亦能拥有生命吧。

生命游戏

生命游戏就是这样一个经典程序。该程序自 1970 年在杂志上被介绍后风靡了很长一段时间。在棋盘上任意位置落子或填充方格，然后根据某种规则改变方格的状态，模拟生命随时间变化的过程。我们可以使用方格纸手动填充，不过使用计算机按照一定的时间间隔自动处理的做法比较轻松。随着时间的推移，被填充的方格会不断扩散或消失，演变过程让人百看不厌。

在这个游戏中，方格有填充（生命诞生）和空白（死亡）两种状态，状态的变化遵循下述规则。这个规则称为算法。

规则

每个方格都有 8 个相邻的方格：上、下、左、右，以及 4 个对角（图 3-1）。如果 1 个空白方格周围有 3 个填充方格，那么下一个时刻，该空白方格会变为填充方格，出现生命。如果 1 个填充方格周围的填充方格的数量小于等于 1 或大于等于 4，下一个时刻该填充方格就会因为周围同类过于稀疏或过于拥挤而消亡。

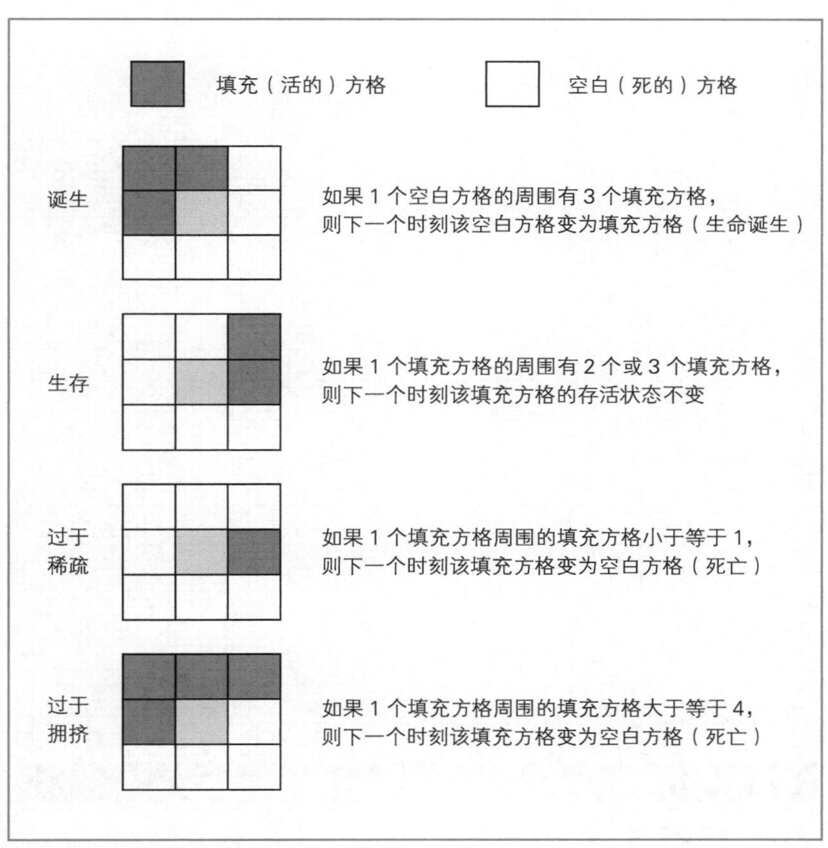

图 3-1 表示生命游戏规则的表

摘自维基百科生命游戏

在生命游戏的进行过程中，棋盘会呈现出多种不同的图案。初始图案的样态不同，演化结果也会不同。大多数图案经过若干代的演化后最终会走向死亡，但也有一些图案出现后便固定不变，或者持续繁衍。

经典图案有很多。例如蜂巢属于数量稳定的静止型，滑翔机属于运动型，滑翔机枪（能持续发射滑翔机的枪）属于持续繁殖型。还有一种“不老不死”（diehard）的图案属于长寿型。这种图案虽然最终也会消亡，但它可以延续 130 代（图 3-2）。

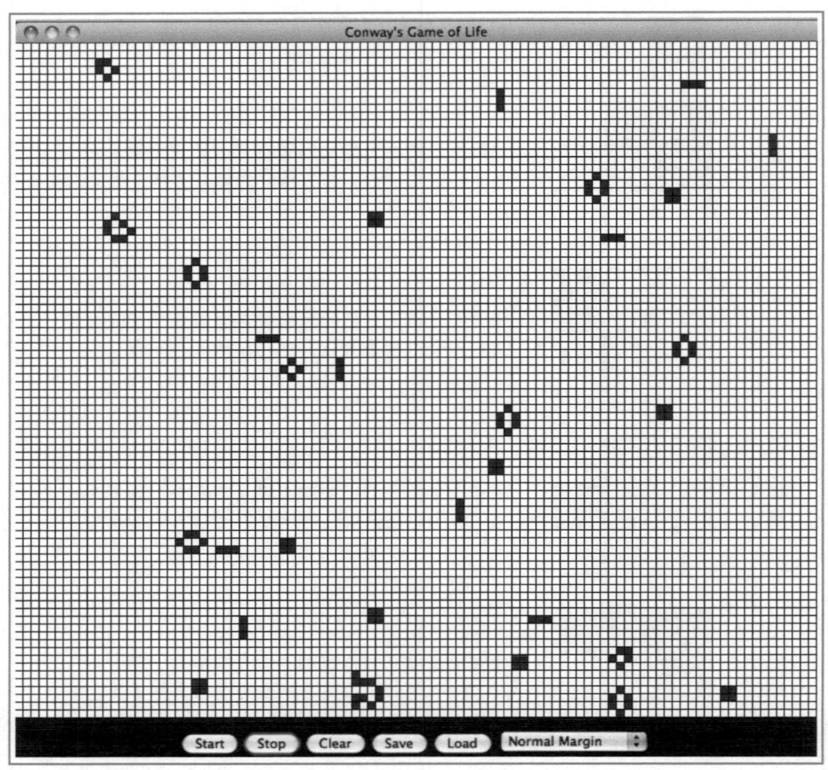

图 3-2 长寿型示例

摘自《原始生命起源于海洋》[①]

① 原文名为「原初の海より生命は生み出せるのか」。——译者注

上述图案可以用来运行所有计算机能够执行的逻辑运算，所以说生命游戏具有图灵完备性。

流行病模型

生命游戏用方格表示生死。对表示的内容进行扩展，用方格表示患者的感染状态，就能在用户界面上显示流行病模型。感染状态的转换遵循图 3-3 所示的规则。

- 每个方格都有人居住
- 如果相邻方格有感染者，易感者在下一步被传染的概率为 p
- 感染者在感染后的第 n 步恢复，感染者恢复后变为免疫者※1
- 免疫者会在恢复后的第 m 步丧失免疫力※2
- 在初始阶段，居民为感染者的概率为 q，为免疫者的概率为 r

※1 感染后的恢复条件可以根据概率决定

※2 丧失免疫力的条件也可以根据概率决定

图 3-3　**感染状态的转换**

基于易感者（susceptible）、感染者（infected）、免疫者（recovered）这三者的状态转换得到的模型称为 SIR 模型。表 3-1 中用 0 表示缺乏免疫力但未被感染的细胞状态，从感染状态转换到免疫状态的过程逐步加 1。

表 3-1　**某个细胞在时刻 T 和时刻 T+1 的状态**

	易感者	感染者	感染者	感染者	…	免疫者	免疫者	…	…	免疫者
T	0	1	2	3	...	n	$n+1$	$n+2$	...	$n+m$
$T+1$	由周围状态决定	2	3	...	...	$n+1$	$n+2$	...	...	0

计算各个阶段每个方格的状态，就可以用图表描绘出感染者增加或减少的趋势（图 3-4）。

在一个20×20的方格矩阵中，首先随机设置5%的感染者和1%的免疫者，设感染率为20%。左图是完成72步后的状态推移。黑色表示感染者，灰色表示免疫者。感染周期为4步，免疫维持周期为8步。

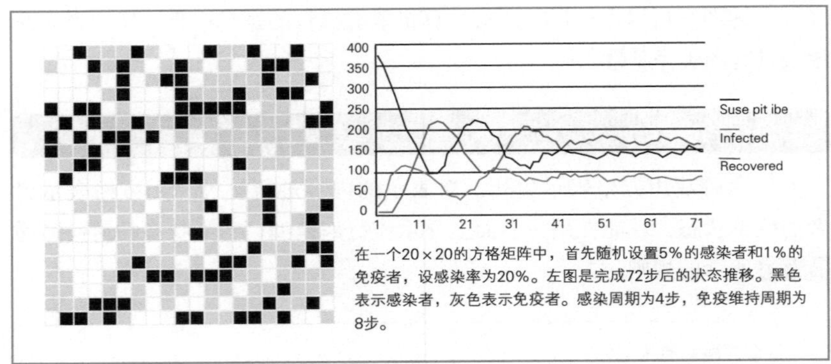

图 3-4 感染者呈增加趋势的方格和对相应方格的计数

样本：ch3-lifegame-sir-sample.zip

下载地址：图灵社区本书主页

我们将规则简化为免疫者具有终身免疫力，以此观察一次性的感染扩散情况。这时，我们可以用微分方程来表示感染者人数等（图 3-5）。

$$\frac{\mathrm{d}}{\mathrm{d}t}S(t) = -pS(t)I(t)$$

$$\frac{\mathrm{d}}{\mathrm{d}t}I(t) = pS(t)I(t) - I(t)$$

$$\frac{\mathrm{d}}{\mathrm{d}t}R(t) = I(t)$$

——用时刻 t 的 $S(t)$、$I(t)$ 和感染率 p 来表示易感者人数 $S(t)$、感染者人数 $I(t)$、免疫者人数 $R(t)$ 的变化

$$\frac{\mathrm{d}}{\mathrm{d}t}(S(t) + I(t) + R(t)) = 0$$

——上述 3 个式子的和

图 3-5 SIR 模型的微分方程

摘自维基百科 SIR 模型

这里，SIR 模型是以未出现死者为前提的，所以没有计算总人口（可用的方格数）的减少或增加。在 SIR 模型的基础上增加潜伏者（exposed）就得到了 SEIR 模型。SEIR 模型既可以用微分方程表示，也可以用方格表示（图 3-6）。

用下面的微分方程表示 SEIR 模型

易感者（Susceptible）—— $\frac{\mathrm{d}}{\mathrm{d}t}S(t)=m(N-S(t))-bS(t)I(t)$

潜伏者（Exposed）—— $\frac{\mathrm{d}}{\mathrm{d}t}E(t)=bS(t)I(t)-(m+a)E(t)$

感染者（Infected）—— $\frac{\mathrm{d}}{\mathrm{d}t}I(t)=aE(t)-(m+g)I(t)$

免疫者（Recovered）—— $\frac{\mathrm{d}}{\mathrm{d}t}R(t)=gI(t)-mR(t)$

总人口 N —— $N=S+E+I+R$

t：时间；m：出生率和死亡率；a：发病率；
b：感染率；g：恢复率

图 3-6　**SEIR 模型的微分方程**

摘自维基百科 SEIR 模型

上述模型未考虑人员移动，因此在正式仿真创建模型时还需要考虑这些要素再进行计算。例如，在存在死者的模型中，可以用数理模型表示 HIV 感染者体内免疫细胞状态。另外，森林火灾蔓延模型等使用的也是上述方格模型。

虽然笔者讲解的是生命游戏这种人工生命模型，但实际上人工生命模型与数理分析模型是密切相关的。

02 有限自动机

一个模型中的细胞处于某种状态，当它接收到一个输入或触发某种事件时，状态会在有限的状态之间转换，这就是自动机。下面就对自动机进行介绍。

要点

- 当模型接收到一个输入或触发某种事件时，状态会在有限的状态之间转换 = 有限状态的机器（有限状态机）
- 有限状态机又称有限自动机
- 可以用状态转换图表示

自动机

利用生命游戏中的方格（细胞）来表示时间的推移和状态的变化，进而研究空间结构变化在时间轴上的发展，这一理论研究领域称为元胞自动机。元胞自动机直译过来是自动人偶，简单来说，就是能够对外界刺激做出反应的机关人偶。

人偶记住一些状态后，在受到外界刺激时能够做出不同的反应。所以，这种人偶也叫作状态机（state machine），如果状态数有限就叫作有限状态机或有限自动机（图 3-7）。

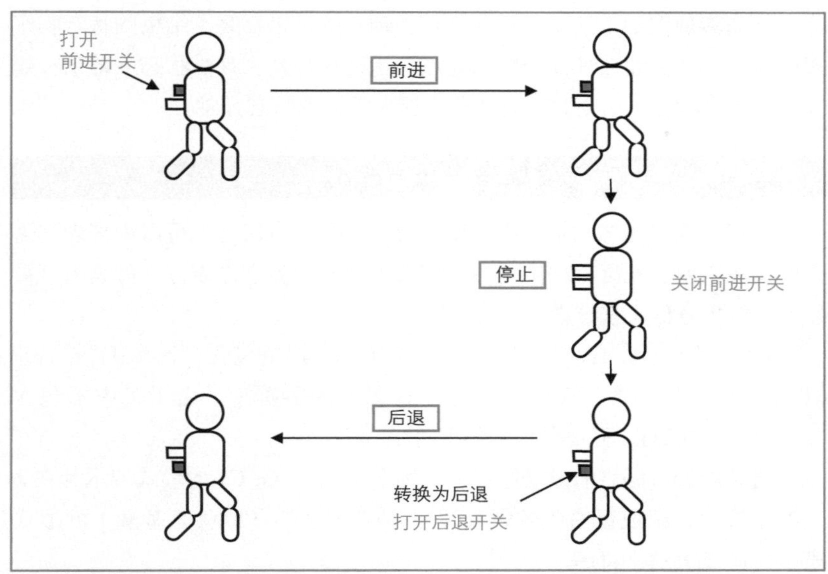

图 3-7　**通过改变输入和转换内部状态，机关人偶的动作改变了 3 次（前进、停止、后退）**

有限自动机的动作可以用图来表示。如图 3-8 所示，用圆圈表示状态，用带箭头的直线连接两种状态，这样的图称为状态转换图。

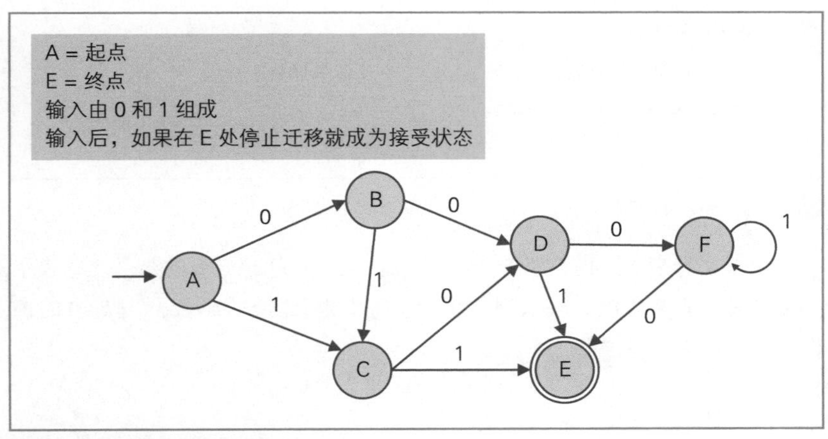

图 3-8　**状态转换图的示例**

状态转换图中定义了起点和终点，输入的结果在终点结束的状态叫作接受状态。算法和系统都需要从起点开始迁移，并在接受状态下结束。如果未在接受状态下结束，则意味着有错误等导致状态异常。

自动机和语言理论

由于自动机能够表示状态的变化及其规则，所以它也可以用来表达语言的语法模型。在语言理论[①]中，字符的集合称为字母表，字母表中可重复的字符集合称为字符串。

我们用 $\Sigma=\{0, 1, (,)\}$ 表示一个字母表，其中包含“001(01)”“010”以及“(10”等元素。这些元素称为在 Σ 上的字符串。由于 Σ 中不包含“2”，所以“021)”不是在 Σ 上的字符串。

对基因进行编码的碱基序列可以用 $\Sigma=\{A, T, G, C\}$ 的形式表示为在 Σ 上的字符串，组成蛋白质的氨基酸序列可以用 $\Sigma=\{$20 种氨基酸$\}$ 的形式表示为在 Σ 上的字符串。

另外，在 Σ 上的字符串集合称为在 Σ 上的语言，记作 L。L 中包含的字符串个数记作 $|L|$，称为 L 的大小（图 3-9）。

Σ = { A, T, G, C }

L = { ATGGGGTGC⋯.,
TTTCGCCGCTAA⋯.,
TAGCCCAC⋯.,
TGAGG }

（这里 $|L|=4$）

图 3-9 Σ 和 L 的示例

对于字母表 Σ，我们把 Σ^k 或 $\Sigma \bigcirc \Sigma(k=2)$ 称为 Σ 与 Σ 的结合。它表示把字母表 Σ 重叠 k 次并联结到一起的字符串集合。k 为整数，当 $k=0$ 时该集合为空集 ε（图 3-10）。

① 特指形式语言理论，文中的语言特指形式语言。——译者注

$$\Sigma^k \overset{\text{def}}{=} \underbrace{\Sigma \circ \Sigma \circ \cdots \circ \Sigma}_{k\text{个}} \overset{\text{def}}{=} \{x_1 x_2 \cdots x_k : x_1, x_2, \cdots, x_k \in \Sigma\}$$

$$\Sigma^0 \overset{\text{def}}{=} \{\varepsilon\}$$

图 3-10　k 为整数，当 k=0 时该集合为空集 ε

摘自《自动机和语言理论》[①] 第 11 页“定义 1.4”中间部分的两行公式

人们把使用符号研究定义语言的描述和生成规则这一研究领域称为语言理论。这些描述和规则可以用自动机表示。例如语言 L 表示非负的十进制实数，这时表示方式如图 3-11 所示。

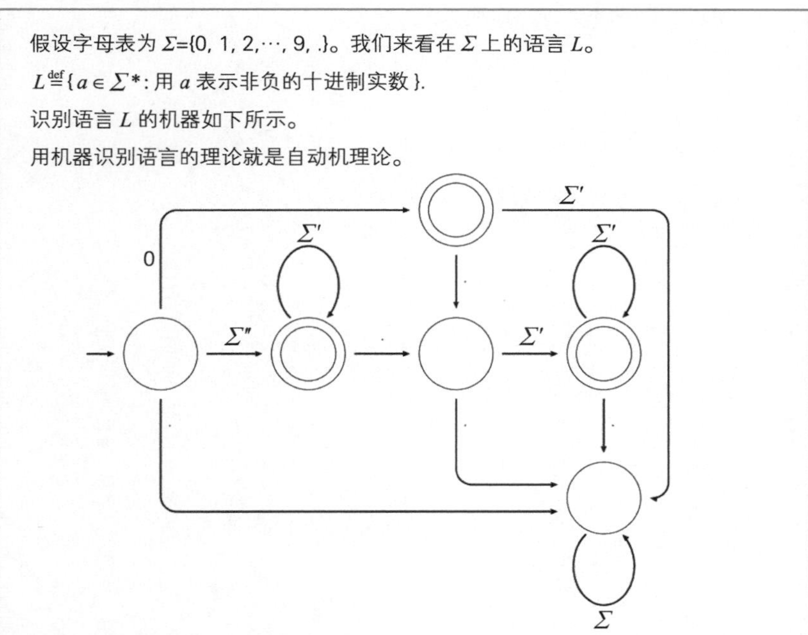

假设字母表为 Σ={0, 1, 2,⋯, 9, .}。我们来看在 Σ 上的语言 L。
L≝{a∈Σ*: 用 a 表示非负的十进制实数}.
识别语言 L 的机器如下所示。
用机器识别语言的理论就是自动机理论。
Σ′
Σ′
Σ′
0
Σ″
Σ′
Σ

图 3-11　用 Σ 表示非负的十进制实数，用自动机识别 L

摘自《自动机和语言理论》第 7 页和第 8 页

① 原资料名为「オートマトンと言語理論」，作者山本真基，2016 年 9 月著。——译者注

再举一个例子。各种编程语言中常用的正则表达式也可以用自动机表示（表 3-2）。

表 3-2 用自动机表示正则表达式

摘自《自动机和语言理论》第 12 页例 2.5 的表

正则表达式	相应的正则语言
$\{0\}^* \circ \{1\} \circ \{0\}^*$	$\{w \in \Sigma^*$: w 中恰好包含一个 1$\}$
$\{0\}^* \circ \{1\} \circ \{0\}^* \circ \{1\} \circ \{0\}^*$	$\{w \in \Sigma^*$: w 中恰好包含两个 1$\}$
$\Sigma^* \circ \{010\} \circ \Sigma^*$	$\{w \in \Sigma^*$: w 中包含字符串 010$\}$
$\Sigma^* \circ \{010\}$	$\{w \in \Sigma^*$: w 以字符串 010 结束$\}$
$\{0\} \circ \Sigma^* \cup \Sigma^* \circ \{1\}$	$\{w \in \Sigma^*$: w 由 0 开始或以 1 结束$\}$

Σ^* 表示连接大于等于 0 个 Σ 的字符串的集合

马尔可夫模型

状态转换时，下一个状态只与当前状态有关，与当前状态之前的状态无关，这就是马尔可夫过程（Markov process）。下面就基于该过程对马尔可夫模型进行介绍。

要点

- 在状态转换图中，下一状态只与当前状态有关，与当前状态之前的状态无关 = 马尔可夫过程
- 图灵机

马尔可夫性质和马尔可夫过程

3.2 节介绍了拥有有限个状态的状态机。状态机接收到一个输入后会按照规则改变状态，然后进入下一个状态。如果我们从概率论的角度思考随机过程，这种状态变化的形式就是一种马尔可夫过程。

马尔卡夫过程是具有马尔可夫性质的随机过程，其特征是未来状态的条件概率分布只与当前状态有关，与过去的状态无关。

随机过程和马尔可夫链

随机过程这个词对大家来说可能比较陌生，不过它并不难理解。前面介绍了元胞自动机的状态会随着时间的推移发生变化，如果这个状态变化是随机发生的，那它就是一个随机过程。

元胞自动机中的状态集是一个有限的离散的集合，处于一种由自然数等离散量构成的离散状态。元胞自动机在时间上的变化也是离散的。这种时间和状态都离散的马尔可夫过程称为马尔可夫链（Markov Chain，MC）（图 3-12）。

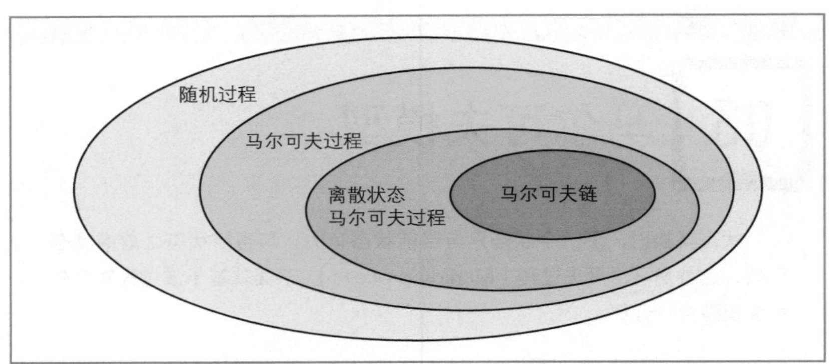

图 3-12 随机过程 > 马尔可夫过程 > 离散状态马尔可夫过程 > 马尔可夫链

3.1 节介绍人工生命模型时使用的 SEIR 模型就是一个马尔可夫模型。未感染、潜伏期、发病期以及恢复期这 4 种状态是随机变化的（图 3-13）。

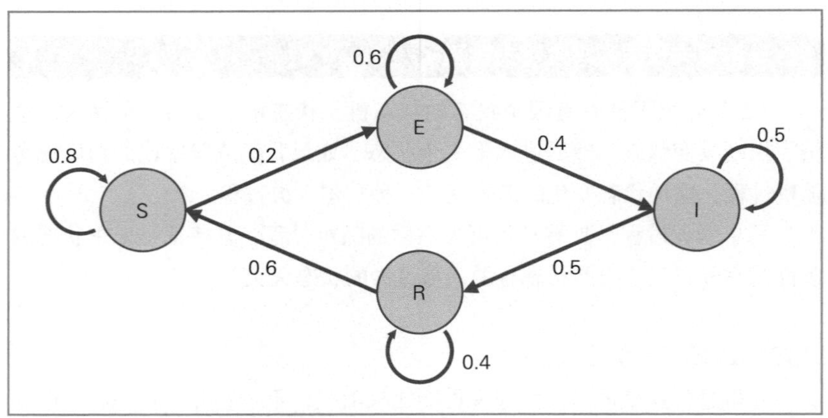

图 3-13 SEIR 模型中的 4 种状态会随机变化

计算各个状态在转移前后的概率，得到一个由转移概率组成的矩阵，这个矩阵就是转移概率矩阵（transition matrix，又称跃迁矩阵）。

如果图 3-14 的转移概率矩阵的行数与列数相等，该转移概率矩阵就称为 k 步转移概率矩阵，即转移到第 k 步时的转移概率可以用一步转移概率矩阵的 k 次方表示。

		转移后			
		S	E	I	R
转移前	S	0.8	0.2	0	0
	E	0	0.6	0.4	0
	I	0	0	0.5	0.5
	R	0.6	0	0	0.4

$$\rightarrow \begin{pmatrix} 0.8 & 0.2 & 0 & 0 \\ 0 & 0.6 & 0.4 & 0 \\ 0 & 0 & 0.5 & 0.5 \\ 0.6 & 0 & 0 & 0.4 \end{pmatrix}$$

图 3-14　**转移概率矩阵的图**

在非周期状态的不可约马尔可夫链中，k 步转移概率会收敛为一个每一列都不同的平稳分布（图 3-15）。

$$\boldsymbol{P} = \begin{pmatrix} 0.8 & 0.2 & 0 & 0 \\ 0 & 0.6 & 0.4 & 0 \\ 0 & 0 & 0.5 & 0.5 \\ 0.6 & 0 & 0 & 0.4 \end{pmatrix}$$

$$\boldsymbol{P}\times\boldsymbol{P} = \begin{pmatrix} 0.8 & 0.2 & 0 & 0 \\ 0 & 0.6 & 0.4 & 0 \\ 0 & 0 & 0.5 & 0.5 \\ 0.6 & 0 & 0 & 0.4 \end{pmatrix} \times \begin{pmatrix} 0.8 & 0.2 & 0 & 0 \\ 0 & 0.6 & 0.4 & 0 \\ 0 & 0 & 0.5 & 0.5 \\ 0.6 & 0 & 0 & 0.4 \end{pmatrix}$$

$$= \begin{pmatrix} 0.8\times0.8 & 0.8\times0.2+0.2\times0.6 & 0.2\times0.4 & 0 \\ 0 & 0.6\times0.6 & 0.6\times0.4+0.4\times0.5 & 0.4\times0.5 \\ 0.5\times0.6 & 0 & 0.5\times0.5 & 0.5\times0.5+0.5\times0.4 \\ 0.6\times0.8+0.4\times0.6 & 0.6\times0.2 & 0 & 0.4\times0.4 \end{pmatrix}$$

$$= \begin{pmatrix} 0.64 & 0.28 & 0.08 & 0 \\ 0 & 0.36 & 0.44 & 0.2 \\ 0.3 & 0 & 0.25 & 0.45 \\ 0.72 & 0.12 & 0 & 0.16 \end{pmatrix}$$

$\boldsymbol{P}\times\boldsymbol{P}\times\cdots\times\boldsymbol{P}=\boldsymbol{P}^k$ ⟵ 任意两次的$\boldsymbol{P}^k$都不相同

$\pi=\pi\boldsymbol{P}$ ⟵ 可以求出平稳分布π

图 3-15　**转移概率矩阵 $\boldsymbol{P}$、k 步转移概率、平稳分布 π**

在此，我们不再深入探讨矩阵计算和特征值。不过，将转移概率矩阵多次相乘后就能得到 $\boldsymbol{P}^k$。另外，利用单位矩阵进行计算后，我们可以把转移概率矩阵转换为平稳分布 π 的矩阵（严格来说是行向量）。

关于模型的实际应用，有通过在每个状态设置一个成本值，随着状态的转换，成本逐渐累加，以此来预测总成本的模型，还有通过计算平稳分布得到广告投放效果等价值的模型。

状态驱动智能体

下面来介绍状态驱动智能体。状态驱动智能体通过有限自动机的输入触发状态转换，实现系统运行。

要点

- 有限自动机 = 有限状态机
- 基于多智能体构建环境
- 可以把环境看成一种智能体
- 常在棋盘游戏等游戏人工智能中使用
- 智能体的构建可以使用面向对象技术和状态模式

游戏人工智能

前面在介绍人工生命模型时也提到了游戏人工智能，大家可能会觉得其中有些内容偏离了人工智能的要素。不过，我们可以将元胞自动机的动作主体想象成一个游戏角色或场景的组成要素，然后使用有限自动机（有限状态机）使它们成为角色的一部分，以此实现游戏中的人工智能。

我们把这种人工智能的形态称为游戏人工智能。有人可能会觉得游戏人工智能不算人工智能。然而，这个程序旨在代替人类的行为，并且在不断地追求动作的真实感。从这一点来说，我们也不能将它排除在人工智能之外。下面就来具体进行介绍。

智能体

我们把游戏中的单个状态机或结合多个状态机的系统称为智能体。智能体之间通过交换信息或者相互作用来为游戏玩家传递信息并带来刺激。

这里的智能体特指软件智能体。

软件智能体的特性可概括为驻留性、自治性、社会性和反应性，具体来说，就是图 3-16 那样。

- 不会随意启动
- 会等待事件触发
- 在满足条件时会转换为运行状态
- 无须用户特别指示
- 可以与其他智能体协作

图 3-16 **软件智能体的特性**

为了便于管理，我们可以使用多个智能体构建多智能体系统，系统中每个智能体都有自己的程序进程，它们会按照自己的运行方式异步独立运行。智能体适合采用面向对象程序设计，Java 语言的 GoF 设计模式中也包含了一种状态模式。

在游戏中，如果用户执行某些操作引起了状态机的状态转换，这种情况就称为触发事件。智能体会转换为运行状态，所以我们把这类智能体称为状态驱动智能体。

棋盘游戏

现在大家应该逐渐意识到，为游戏设计和构建智能体可以实现智能体与人类玩家互动的机制。棋盘游戏就是一种很容易理解的智能体应用示例。

棋盘游戏中具有代表性的游戏是按照特定规则在棋盘上落子的黑白棋。图灵在 1950 年左右曾写了一个国际象棋程序。

在黑白棋程序中引入前面介绍过的元胞自动机，就可以轻松创建计算机玩家了。

黑白棋的游戏规则很简单。根据这些规则，按照时间顺序创建程序即可（图 3-17）。

- 如果方格中已有己方棋子，不做任何处理
- 如果方格中已有对方棋子，在其旁边的方格中搜索落子位置
  - 如果对方棋子的相邻方格中已有己方棋子，那么对侧方格是否为空
    - 如果对侧方格为空，放置己方棋子
    - 如果对侧方格已有对方棋子，那么更远的方格是否为空
      - 如果为空，放置己方棋子，将被夹住的棋子翻转为己方棋子

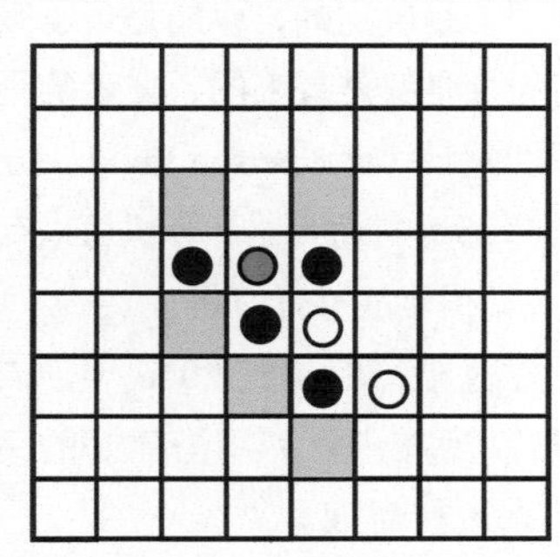

- 用红色标记最后放置黑子的位置
- 填充的方格是按照规则可以放置白子的位置
- 左例中，无论在什么位置落子，最多只有 1 个棋子能够翻转为白色

图 3-17　**落子时的模式图**

在某些情况下，落子的位置可能存在多处。这时就需要根据落子时翻转对方棋子的个数来决定最佳的落子位置。也就是说，搜索方格时需要统计遇到对方棋子的次数，若次数一样则可随机落子。

棋盘游戏和博弈论

这种游戏模式能够计算出游戏部署中出现的所有状态，所以称为完全信息博弈。国际象棋、将棋和围棋都是完全信息博弈。完全信息博弈的游戏人工智能可以计算和列出所有游戏部署，并从中选择让自己获胜的部署。

计算游戏部署时间上的步数以及空间上的广度需要用到庞大的计算资源（参照小贴士）。如果每走一步都要计算所有部署，就会导致程序停止运行，或者延长人类玩家的等待时间。所以在对战类棋盘游戏中，计算机的下棋水平是有限的。不过我们也可以利用这一点，按照游戏部署的步数，设置游戏难度。

小贴士　资源

CPU 功率、主存储器的容量和辅助存储器的容量等。也称为计算资源。

国际象棋的胜负不存在任何偶然性，游戏部署是确定的，棋局是可以被预测的。因为是两个决策者的对战游戏（他们的策略都是有限的，二者的得失之和总为零），所以这类游戏称为二人有限零和对策（two-person finite zero-sum game）。在跳棋和黑白棋中，所有的游戏部署都是明确的，计算机可以存储所有能在游戏初期就决定胜负的信息，所以人类很难战胜计算机。

20 世纪末期，计算机战胜了国际象棋世界冠军，但是到 2016 年，人们也没有彻底弄明白国际象棋的所有游戏部署。现在主要利用搭建好的序盘终盘步骤数据库和探索程序（参照 5.2 节）来进行对战。

21 世纪初期，计算机战胜了围棋和将棋的顶级棋手。它通过在数据库和探索程序的基础上加入有监督学习（supervised learning）（参照 7.2 节）和强化学习（参照 8.2 节）等机器学习方法来进行对战。

完全信息博弈这个词也在博弈论中使用，数学、经济学等领域都会用到该词。

在经济学等社会学中有一个名为囚徒困境的问题。囚徒困境是博弈论中的不完全信息博弈，它也是一种同时行动博弈。但是，由于博弈双方的选项及选择结果都是确定的，所以囚徒困境也是所谓的完美信息博弈（图 3-18）。

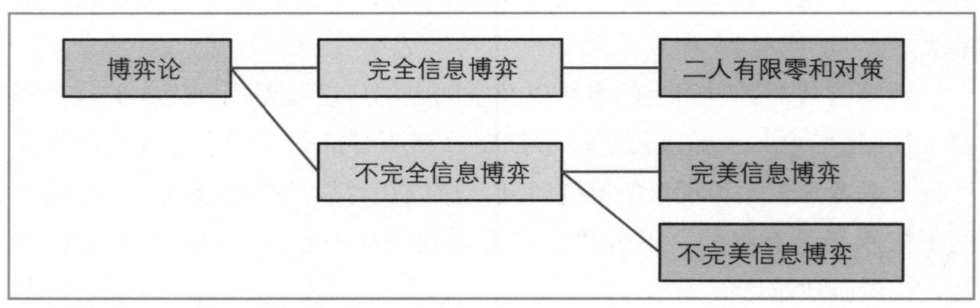

图 3-18 **博弈论的分类示例**

基于复杂智能体的游戏

游戏系统进一步完善后出现的模拟城市等城市建造游戏和策略模拟类的对战游戏等都采用了智能体游戏环境。模拟城市等模拟游戏由多个智能体构成，通过智能体之间复杂的相互作用，推进游戏在时间轴上的发展。

模拟城市的智能体系统有四层结构：第一层用于计算道路和铁路等因素的大小及因素间的关系；第二层用于计算人口密度、交通状况、环境污染指数、地价以及犯罪率；第三层用于计算地形特征的影响；第四层用于计算警察局、消防局、人口增长率，还有警察局的影响力和消防局的影响力。

从第一层到第四层，粒度越来越大，影响范围也越来越广（图 3-19）。

我们量化某些因素的影响程度后可以得到影响图，特别是第三层和第四层的影响图。像热图一样，影响图可以定义一些正相关或负相关的系数，并将其作为影响城市发展速度的作用因子来吸引或驱逐人们，从而增加城市人口或者减少城市人口。

具体来说，根据人口密度、地价和警察局的影响力可以计算犯罪率（图 3-20）。

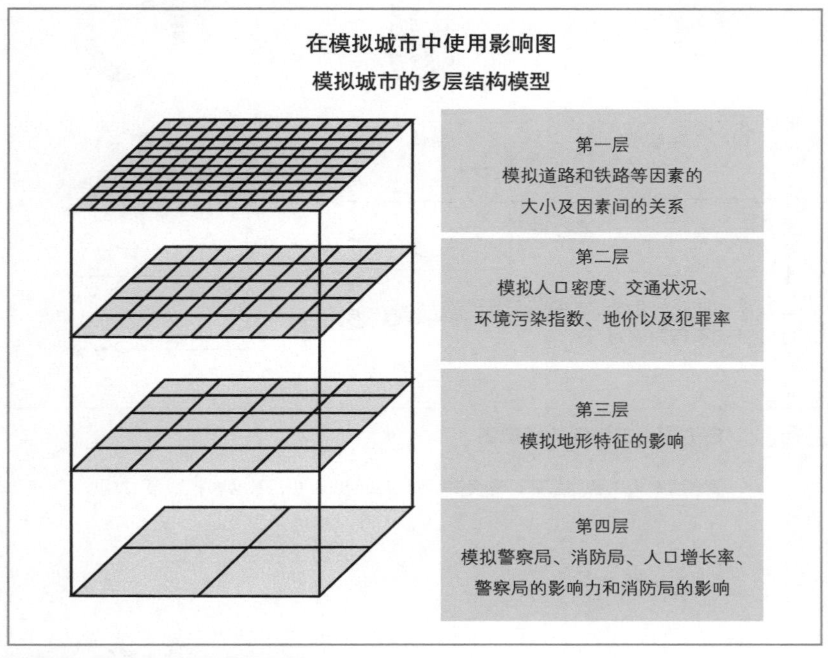

图 3-19　**模拟城市（四层结构）**

摘自游戏人工智能系列讨论会第 7 回“The Sims 中的社会模拟”[①] 第 53 页

① 原资料名为「社会シミュレーションとデジタルゲーム」。——译者注

模拟城市中的犯罪率的计算公式

犯罪率 =(人口密度)^2−(地价)−(警察局的影响力)

地价 =(距离参数)+(铁路参数)+(运输参数)

图 3-20 **模拟城市中犯罪率的计算公式**

摘自游戏人工智能系列讨论会第 7 回“The Sims 中的社会模拟”第 44 页

主人公在场景之间移动的角色扮演游戏，以及角色能够自主行动的射击游戏使用的都是上述多智能体系统（图 3-21）。

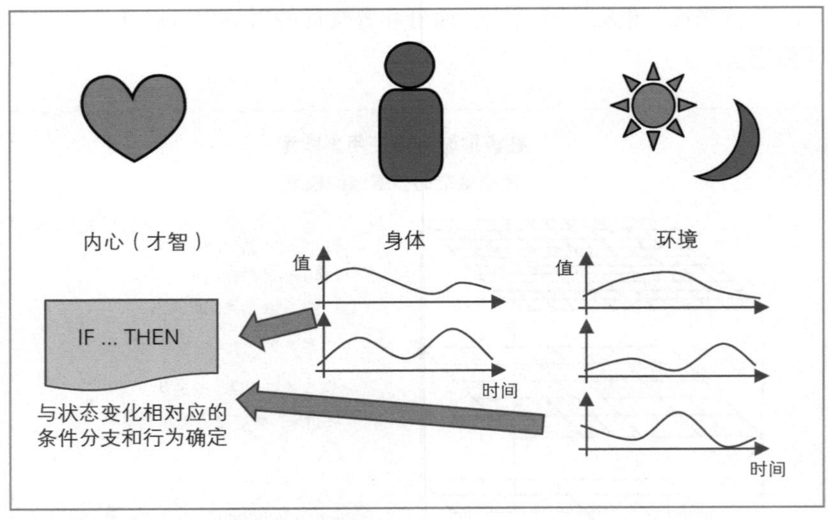

图 3-21 **自主型人工智能的模型图**

摘自游戏人工智能系列讨论会第 7 回“The Sims 中的社会模拟”第 115 页

第 4 章 权重和寻找最优解

在特定的数据中寻找最优解的功能在数据分析系统等人工智能程序中变得越来越重要。回归分析（regression analysis）中的最优解和相似度等指标的计算是实现该功能非常重要的因素。本章，笔者会对回归分析的基本方法、解法以及常用的相似度计算方法进行说明。

01 线性问题和非线性问题

下面就对线性问题和非线性问题进行比较说明。

要点
- 易解问题和难解问题
- 线性问题易解，非线性问题难解
- 线性问题（线性）和线性可分

两个变量之间的相关性

在包括人工智能在内的多个领域，当根据大量数据进行某些预测时，我们常常需要通过剖析和比较数据中的两个因素来掌握数据的变化趋势。在构建一个自动分析程序时，首先需要讨论的是通过收集的数据掌握的数据变化趋势可否用于处理未知数据，以及能否使用算数解法。在讨论数学模型和统计模型时，这是极为重要的第一步。

我们把数据分析过程中的数据构成要素称为变量。在根据数据计算变化趋势或已经得到数据的变化趋势时，我们可以使用一组或多组变量表示趋势，也可以使用由变量组成的计算公式表示趋势。这里的一组或多组变量以及计算公式就叫作特征（图 4-1）。

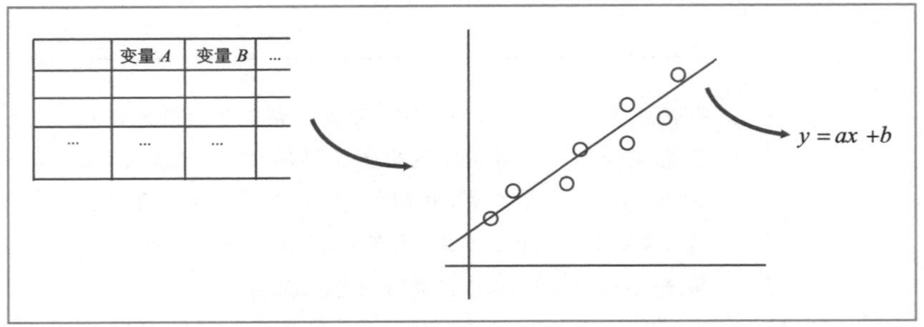

图 4-1 从表格中选择两个变量（特征），绘制散点图并创建模型

线性问题

如果要描述有两个变量的一组变量值的变化趋势，最简单的做法是把两个变量分别设为横坐标轴和纵坐标轴，通过使用两个变量值的交点坐标来绘制散点图，观察数据分布。有时会出现散点分布大致呈一条直线的情况，这时我们就可以使用线性函数，即一次函数来表达两个变量值之间的关系。

当可以使用线性函数来表示数据点的分布时，在一组线性约束条件下能够求解目标函数的问题就称为线性规划问题。如果把线性规划问题中的变量限制为整数，这个问题就称为整数线性规划问题。背包问题就是一个整数线性规划问题（图 4-2）。

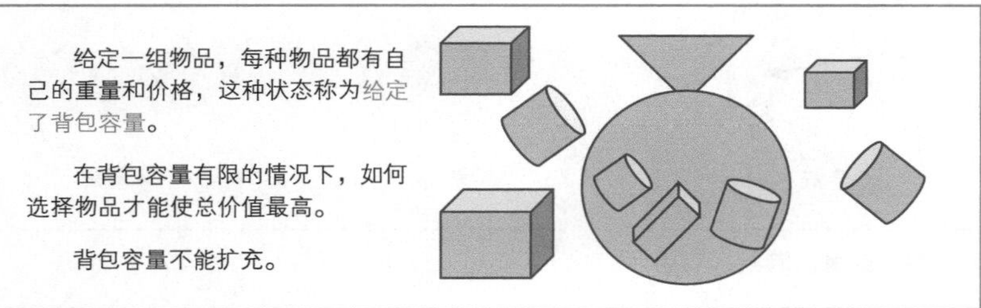

给定一组物品，每种物品都有自己的重量和价格，这种状态称为给定了背包容量。
在背包容量有限的情况下，如何选择物品才能使总价值最高。
背包容量不能扩充。

图 4-2　**背包问题**

另外，如果使用线性函数可以将散点图中的数据点（两类样本）完全分开，我们就称这些数据是线性可分的，可以使用线性函数求解的问题称为线性问题（图 4-3）。

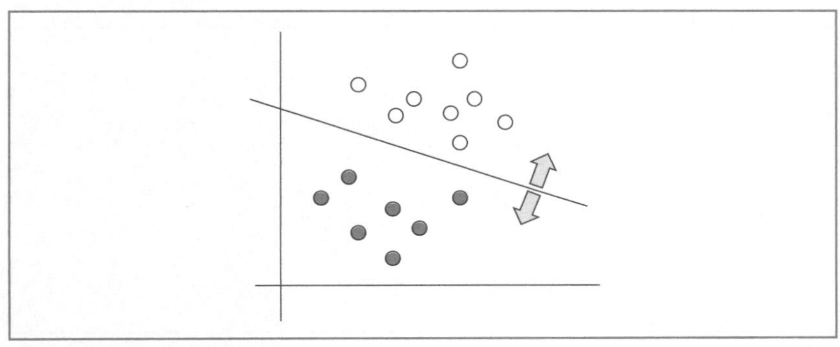

图 4-3　**线性可分的散点图**

映射

当两个变量值之间存在对应关系时，我们也可以说这两个变量值之间具有函数关系。这种对应关系就称为映射。用 A 和 B 表示变量值的集合，如果集合 A 中的任意元素在集合 B 中都有唯一的元素与之对应，这样的映射就叫单射。如果集合 B 中的任意元素在集合 A 中都存在某些元素与之对应，这样的映射就叫满射。根据散点图，如果集合 A 中的元素能与集合 B 中的元素一一对应，这样的映射就叫双射（图 4-4）。

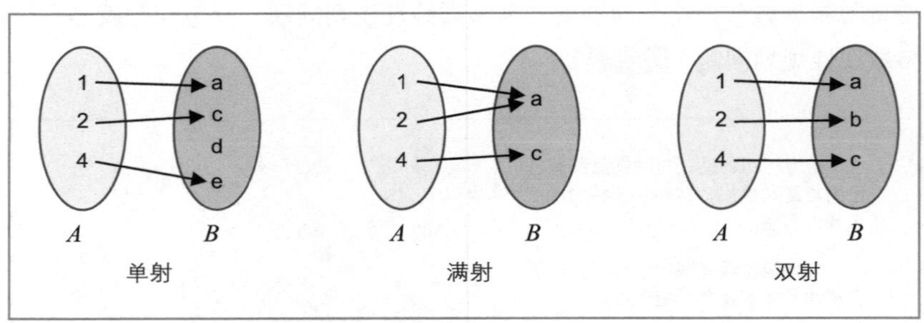

图 4-4 **单射、满射、双射**

非线性问题

当两个变量值的坐标点分布不能用线性函数表示时，可以使用映射将其转化为线性分布。如果不能转化，这些数据就是非线性分布的（图 4-5）。处理非线性分布的问题就是非线性问题。

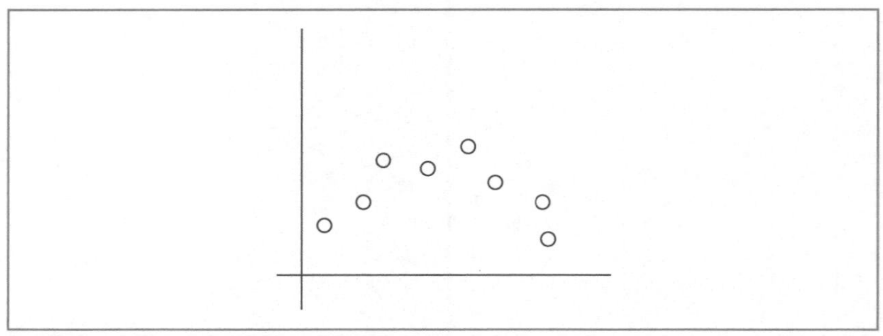

图 4-5 **非线性分布示例**

对于非线性问题，我们可以使用非线性规划（Nonlinear Programming，NLP）来求解。

如果两个变量值的坐标点分布可以使用凸函数和凹函数（图 4-6）表示，这类问题就称为凸规划，我们可以采用凸优化方法进行求解。

非凸函数能被分解为可以使用分支定界法求解的线性规划问题和凸规划，我们可以将非凸函数视为二者的组合来求解。

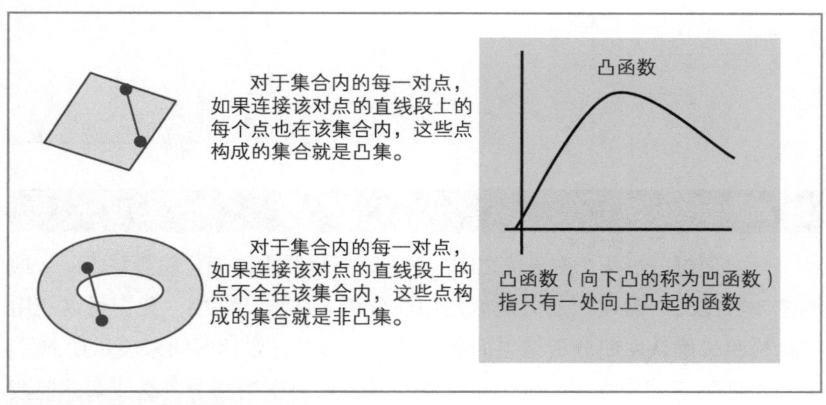

图 4-6　**凸集、凸函数、凹函数**

回归分析

下面笔者来对回归分析进行说明。

要点
- 用函数曲线拟合趋势 = 回归
- 回归分析：线性回归、多项式回归、逻辑回归、多元回归
- 使用最小二乘法进行拟合

求解线性问题

想要通过分析两个变量值之间的关系来掌握数据的变化趋势并以此来预测未知数据时，最常用的方法就是回归分析。在统计学中，我们可以使用统计检验来确认回归分析结果的准确性，或者通过置信区间来表示误差。

下面笔者就来介绍几种分析方法，看看如何根据两个变量值来掌握数据变化趋势。

回归分析

回归分析是利用函数对数据进行曲线拟合的方法。拟合是指确定一个使拟合误差降到最小值的函数。如果残差服从正态分布，得到的函数就称为一般线性模型（General Linear Model，GLM）。如果残差可以任意分布，得到的函数就称为广义线性模型（Generalized Linear Model，GLM）。需要注意，二者虽然缩写相同但含义不同。

线性回归

回归分析中最简单且最基本的是一元回归分析。一元回归分析也称为一元回归或线性回归。身高和体重的关系、某城市出租公寓的房间面积和租金的关系都是线性回归的例子。线性回归能让我们直观认识到变量之间的关系。

如果散点图中点的分布近似于一条直线，即两个变量具有线性关系，那么这条直线就叫作回归直线。对于直线 $y=ax+b$，我们能够得到直线的斜率 a 和在 y 轴上的截距 b（也是初始值），所以对于任意一个 x，我们都能得到与之相对应的 y。这时 x 叫作自变量，y 叫作因变量。

求线性回归方程的例子

用自变量 x 表示房间面积，因变量 y 表示房租，根据房间面积和租金的对应关系表，我们能够预测任意面积的房间的租金。这时，绘制散点图就相当于通过线性回归方程求解。

在线性回归中，只要计算出 a 和 b 即可求出线性回归方程（图 4-7）

$$a=\frac{n\sum_{k=1}^{n}x_k y_k-\sum_{k=1}^{n}x_k\sum_{k=1}^{n}y_k}{n\sum_{k=1}^{n}x_k^2-\left(\sum_{k=1}^{n}x_k\right)^2}\qquad b=\frac{\sum_{k=1}^{n}x_k^2\sum_{k=1}^{n}y_k-\sum_{k=1}^{n}x_k y_k\sum_{k=1}^{n}x_k}{n\sum_{k=1}^{n}x_k^2-\left(\sum_{k=1}^{n}x_k\right)^2}$$

图 4-7　求线性回归方程

通常，我们会根据线性回归方程式 $y=a+bx+\varepsilon$ 得到残差的公式，求出使残差平方和 E 最小（也就是 E 为 0）的 a 与 b 的值。这里把 E 称为目标函数（与目标变量，即因变量的含义不同）。

对 a 和 b 求偏导，建立联立方程组，求出方程组的解得到 a 与 b 的值。由于 a 与 b 和 x 与 y 是相互独立的，所以我们可以直接通过求偏导来忽略求导时的复杂性（图 4-8）。

$$E=\sum_{i=1}^{n}(y_i-ax_i-b)^2$$

$$\frac{\partial E}{\partial a}=\sum_{i=1}^{n}(2ax_i^2+2x_i(b-y_i))=0$$

$$\frac{\partial E}{\partial b}=\sum_{i=1}^{n}(2b+2(ax_i-y_i))=0$$

图 4-8　求出偏导后的联立方程组

求出偏导后建立联立方程组求解，就可以将这个公式变形为前面分别求 a 与 b 的公式。

多元回归

线性回归中只有一个自变量，那么当自变量增加时函数又会怎样变化呢？如果像线性回归那样用自变量和因变量表示，多元回归公式就会变成图 4-9 那样。

线性回归

$$y = \alpha + \beta x + \varepsilon$$

多元回归

$$y = \alpha + \underline{\beta x_1 + \gamma x_2} + \varepsilon$$

自变量增加为 x_1 和 x_2

图 4-9 **自变量增加的情况**

为了与线性回归相对应，我们把包括多个自变量的回归分析称为多元回归分析。由于自变量有多个，所以我们无法用线性回归中的二维图来表示。但是，方程的解和解法与线性回归相同。

虽然可以使用线性回归的方法求解，但由于多元回归中存在多个自变量，所以很难实现可视化。为了便于可视化，我们可以使用主成分分析（参照 7.1 节）降维，这样就能在二维平面上绘制数据点了。特别是在自变量的个数远多于样本数的情况下，也就是用矩阵表示观测数据时矩阵的行数小于列数的情况，这时可以使用让主成分分析降维的主成分回归分析（Principal Component Regression，PCR），以及它的改进版偏最小二乘回归（Partial Least Squares，PLS）（参照小贴士）。

小贴士　偏最小二乘回归

在汉语中有多个名称，也叫作 PLS 回归或部分最小二乘回归。

自变量个数增加后的不便之处

自变量个数的增加会导致回归模型不稳定，甚至会出现得不到解的情况。回归分析的前提是自变量之间线性独立，但是随着自变量个数的增加，会出现一些自变量之间存在相关性的情况。这种现象称为多重共线性问题。在社会学领域的调查数据以及生物化学、分子生物学等生命科学领域的测量数据中，常常会存在多重共线性。前面介绍的偏最小二乘回归以及将在 4.3 节中介绍的 L1 正则化（lasso）等方法都可以解决多重共线性问题。

多项式回归

线性回归的回归方程是一个线性函数，所以自变量的次数为 1。如果散点图呈曲线趋势，在回归时可以通过增加自变量的高次项来进行拟合。

大家或许会觉得有点烦琐，图 4-10 和图 4-11 的多项式回归也是一种线性回归方法。

$$y = \alpha + \beta x + \gamma x^2 + \varepsilon$$

图 4-10　**多项式回归方程示例**

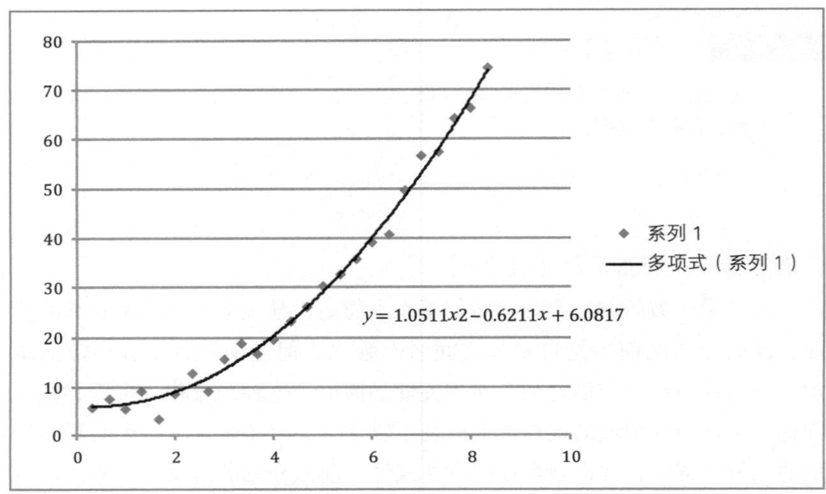

图 4-11 多项式回归的使用示例

过拟合的弊端

通过增加自变量的高次项，多项式回归也能进行曲线回归。现在我们来思考一个问题：只要增加高次项就能得到任意分布的拟合曲线吗？实际上，增加高次项确实能使残差趋近于零。但是，通过这种方法得到的模型在预测未知数据时的偏差较大，这种情况称为过拟合（overfitting）。所以在进行回归分析时，尽量使用低维数据模型以避免过拟合，这一点非常重要。

最小二乘法

在回归分析中，我们可以通过残差最小化来得到最佳拟合曲线的函数。这时最常用的方法就是最小二乘法。如图 4-12 所示，最小二乘法就是要使公式中的残差平方和 e 降到最小值。

残差平方和e的计算公式

$$e=\sum_{i=1}^{n}(f(x_i)-y_i)^2$$

模型图

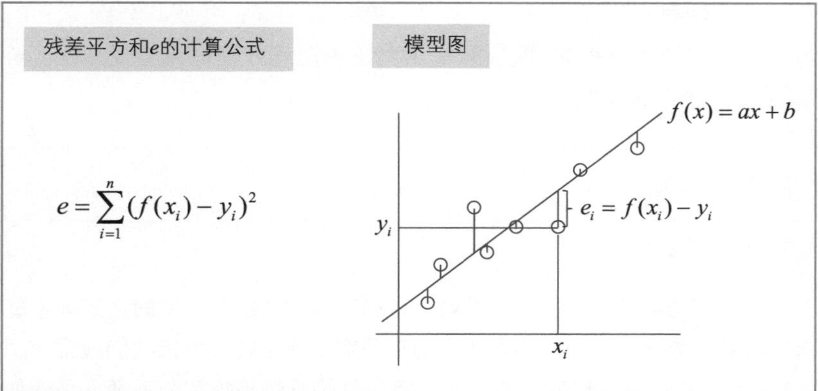

图 4-12 最小二乘法公式和模型图

最小二乘法也可以采用线性回归中使用的求出偏导后解联立方程组的方式来求解。但是，如果自变量个数增加或模型为非线性函数，求解过程就会变得非常复杂。在这种情况下我们可以使用矩阵解法。设 x 为自变量，回归系数为 $\boldsymbol{\omega}$，$f(x)$ 就可以像图 4-13 那样表示出来。$\boldsymbol{\omega}$ 右上角的 T 表示转置矩阵。这样就可以利用矩阵来表示自变量 x 和回归系数 $\boldsymbol{\omega}$ 了。

$$f(x)=\alpha+\beta x_1+\gamma x_2=\begin{bmatrix} w_0 \\ w_1 \\ w_2 \\ \vdots \end{bmatrix}[x_0 \quad x_1 \quad x_2 \ldots]=\boldsymbol{\omega}^{\mathrm{T}}\boldsymbol{X} \qquad (x_0=1)$$

图 4-13 最小二乘法的矩阵求解

我们也可以用矩阵表示残差平方和。另外，用矩阵表示因变量 y 可以得到残差平方和 $\boldsymbol{E}$ 的公式。具体如图 4-14 所示。

$$\boldsymbol{E}=(\boldsymbol{Y}-\boldsymbol{\omega}^{\mathrm{T}}\boldsymbol{X})^{\mathrm{T}}(\boldsymbol{Y}-\boldsymbol{\omega}^{\mathrm{T}}\boldsymbol{X})$$

图 4-14 用矩阵表示残差平方和

和线性回归一样，对 $\boldsymbol{\omega}$ 的各个自变量求偏导，并使其分别等于 0，由此构建的矩阵方程如图 4-15 所示。这个矩阵方程称为正规方程。解图 4-15 中的方程就能求出回归系数 $\boldsymbol{\omega}$。

$$\boldsymbol{X}^{\mathrm{T}}\boldsymbol{X}\boldsymbol{\omega}^{\mathrm{T}} = \boldsymbol{X}^{\mathrm{T}}\boldsymbol{Y}$$

图 4-15 **正规方程**

将正规方程变形为 $\boldsymbol{\omega}^{\mathrm{T}}=(\boldsymbol{X}^{\mathrm{T}}\boldsymbol{X})^{-1}\boldsymbol{X}^{\mathrm{T}}\boldsymbol{Y}$ 后，直接求解 $\boldsymbol{X}^{\mathrm{T}}\boldsymbol{X}$ 的逆矩阵也能求出回归系数 $\boldsymbol{\omega}$。但是，不是所有的矩阵都有逆矩阵，所以我们通常使用 QR 分解（$\boldsymbol{X}=\boldsymbol{QR}$）和奇异值分解等矩阵分解算法来求回归系数 $\boldsymbol{\omega}$。例如 R 语言中有相应的函数可以完成 QR 分解（图 4-16）。

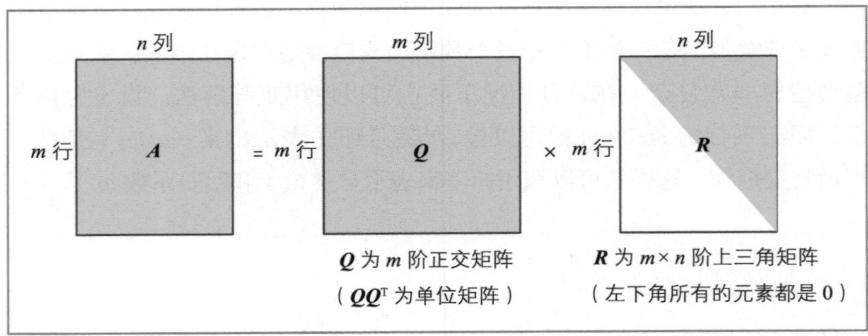

图 4-16 **QR 分解图例**

R 语言中的 QR 分解示例如代码清单 4-1 所示。

代码清单 4-1 **QR 分解示例**

```
x <- matrix(1:36, 9)  # 生成一个9行4列的矩阵
qrval <- qr(x)
qr.Q(qrval)  # 对x进行QR分解，得到矩阵Q
qr.R(qrval)  # 对x进行QR分解，得到矩阵R
```

逻辑回归

逻辑回归和多项式回归一样属于广义线性模型，可以使用图 4-17 中的模型进行函数的曲线拟合。

$$y' = \ln\left(\frac{y}{1-y}\right) = \beta_0 + \beta_1 x_1 + \beta_2 x_2 + \cdots + \beta_n x_n + \varepsilon$$
$$y' = \beta x + \varepsilon$$

图 4-17　逻辑回归中使用的模型公式

从图 4-17 的逻辑回归模型中我们也能看到，对线性回归的因变量加以变换就能得到逻辑回归。把图 4-17 上面的公式改写成下面的形式，就可以使用线性回归中的方法求解逻辑回归。

对因变量施加的变换称为 logit 变换（又称对数单位转换），用 logit 函数表示。logit 函数可以将输入区间为 (0, 1) 的值转换为整个实数范围 (−∞, ∞) 的值，logit 函数也是 logistic 函数的反函数。

利用 logit 变换得到的 y' 的式子，取 logit 函数的反函数也就是 logistic 函数，就可以得到因变量的预测模型（图 4-18）。

$$y = \frac{1}{1+\mathrm{e}^{-y'}}$$

图 4-18　用 logistic 函数表示因变量

03 加权回归分析

下面笔者来对加权回归分析进行说明。

要点
- 普通的最小二乘法对异常值非常敏感
- 调整权重提高灵活性
- LOWESS、偏最小二乘回归
- L2 正则化、L1 正则化

最小二乘法的改进

在 4.2 节中笔者介绍了使用最小二乘法解回归方程的方法，但是最小二乘法对异常值非常敏感。如果数据中存在异常值，异常值就会影响回归线，导致回归方程对未知数据的预测能力降低（泛化能力较差）。为了解决这个问题，我们可以为异常值添加惩罚项或剔除异常值。

LOWESS

LOWESS（Locally Weighted Scatterplot Smoothing，局部加权回归散点平滑法）是一种使用局部加权回归函数进行平滑处理的回归方程的推导方法。为每个数据点 (x_i, y_i) 确定一个区间，在任意指定的区间 $d(\boldsymbol{x})$ 内，从最小的 x_i 开始依次递增，计算最近邻点，每一点 x_i 的数值都是用临近数据进行加权回归得到的，以此计算各个数据点的权重 w_i（图 4-19）。

以鲁棒局部加权回归（Robust LOWESS）作为平滑方法时，可以通过设置权重系数 $\boldsymbol{w}$ 来剔除异常值。首先计算平均绝对偏差（MAD），如果残差 r_i 超过平均绝对偏差的 6 倍，就将权重 w_i 设为 0（图 4-20）。

$$w_i = \left(1 - \left|\frac{\boldsymbol{x} - x_i}{d(\boldsymbol{x})}\right|^3\right)^3$$

图 4-19　**LOWESS 的权重公式（添加）**

$$w_i = \begin{cases} (1 - (\frac{r_i}{6\text{MAD}})^2)^2 & |r_i| < 6\text{MAD} \\ 0 & |r_i| \geqslant 6\text{MAD} \end{cases}$$

$$\text{MAD} = \text{median}(|r|)$$

MAD 表示残差的平均绝对偏差

图 4-20　**鲁棒局部加权回归的权重公式（添加）**

对上面得到的权重系数 $\boldsymbol{w}$ 和自变量 $\boldsymbol{x}$ 进行内积运算，校正对应的 $\boldsymbol{y}$。也就是说，LOWESS 的校正是通过添加梯度来剔除异常值影响的，而鲁棒局部加权回归的校正是根据趋势来预测异常值，以此来剔除异常值的影响的。

LOWESS 相当于反复进行线性回归，但实际得到的并非直线（图 4-21）。

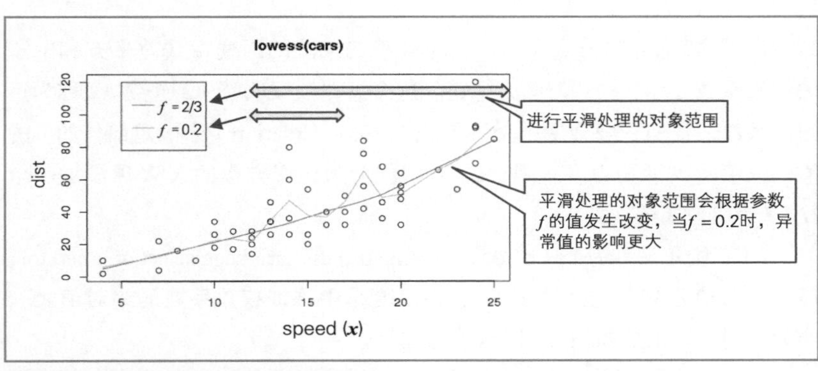

图 4-21　**移动 $\boldsymbol{x}$ 时权重的变化示例**

L2 正则化和 L1 正则化

在最小二乘法的联立方程组中添加惩罚项也是一种添加权重的方法。

根据添加惩罚项的方式，我们可以将惩罚项分为L2 正则化、L1 正则化，以及线性融合了 L1 正则化和 L2 正则化的弹性网络（elastic net）等，作为惩罚添加的项称为惩罚项或正则化项（图 4-22）。

- L2 正则化

$$\boldsymbol{E}=(\boldsymbol{Y}-\boldsymbol{\omega}^{\mathrm{T}}\boldsymbol{X})^{\mathrm{T}}(\boldsymbol{Y}-\boldsymbol{\omega}^{\mathrm{T}}\boldsymbol{X})+\lambda\|\boldsymbol{\omega}\|^{2}$$
$$\|\boldsymbol{\omega}\|^{2}=\sum_{i}\omega_{i}^{2}$$
$$\boldsymbol{\omega}^{\mathrm{T}}=(\boldsymbol{X}^{\mathrm{T}}\boldsymbol{X}+\lambda\boldsymbol{I})^{-1}\boldsymbol{X}^{\mathrm{T}}\boldsymbol{Y}$$

- L1 正则化

$$\boldsymbol{E}=(\boldsymbol{Y}-\boldsymbol{\omega}^{\mathrm{T}}\boldsymbol{X})^{\mathrm{T}}(\boldsymbol{Y}-\boldsymbol{\omega}^{\mathrm{T}}\boldsymbol{X})+\lambda|\boldsymbol{\omega}|$$
$$|\boldsymbol{\omega}|=\sum_{i}|\omega_{i}|$$

- Elastic Net

$$\boldsymbol{E}=(\boldsymbol{Y}-\boldsymbol{\omega}^{\mathrm{T}}\boldsymbol{X})^{\mathrm{T}}(\boldsymbol{Y}-\boldsymbol{\omega}^{\mathrm{T}}\boldsymbol{X})+\lambda\sum_{i}(\alpha|\omega_{i}|+(1-\alpha)\omega_{i}^{2})$$

图 4-22 L2 正则化的公式、L1 正则化的公式和弹性网络的公式

L2 正则化也称为岭回归，它在最小二乘法的因变量残差平方和中添加权重系数 ω_i 的平方和作 为惩罚。这个惩罚项又叫作 L2 范数。λ 称为正则化系数，我们一般会使用交叉验证（cross validation）来确定最佳的 λ 的值，取值越大惩罚力度越强。L2 正则化会为正规方程的 $\boldsymbol{X}^{\mathrm{T}}\boldsymbol{X}$ 项添加一个 $\lambda\boldsymbol{I}$（$\boldsymbol{I}$ 为单位矩阵）。

L1 正则化又称为 Lasso 回归（Least absolute shrinkage selection operator，最小绝对值收缩和选择算子），它在因变量中添加权重系数的绝对值之和作为惩罚。这个惩罚项又叫作 L1 范数。

简单来说，惩罚项在 $\sum_{i}|\omega_i|^q$ $q=1$ 时为 L1 范数，$q=2$ 时为 L2 范数。使用 L1 正则化时，部分权重系数 ω 为 0，权重系数容易稀疏化。在构建

模型时，该特性可用于特征的选择。除了信号处理和模式识别，这个特性还可以用于解决多重共线性问题。

L2 正则化可以通过数值分析来求解，而 L1 正则化不能。L1 正则化需要使用凸优化预测算法求解（图 4-23）。

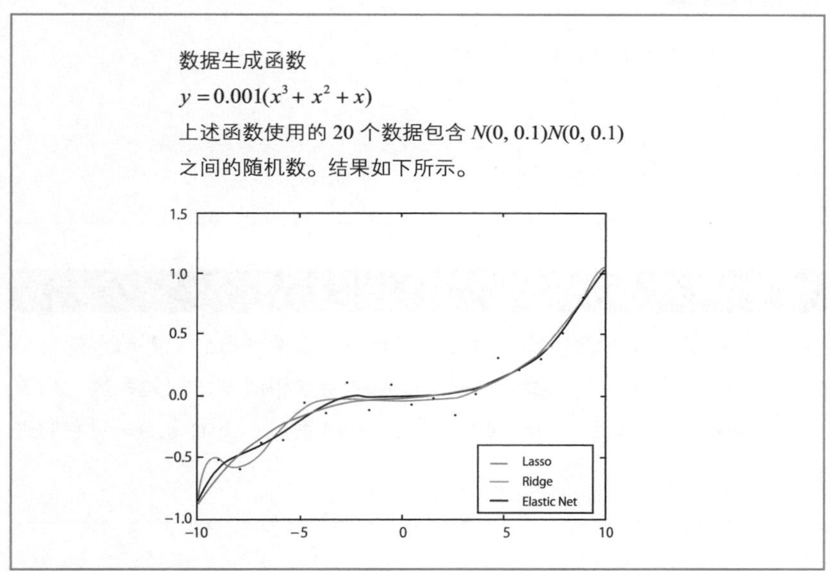

数据生成函数
$y = 0.001(x^3 + x^2 + x)$
上述函数使用的 20 个数据包含 $N(0, 0.1)N(0, 0.1)$
之间的随机数。结果如下所示。
1.5
1.0
0.5
0.0
−0.5
−1.0
−10
−5
0
5
10
Lasso
Ridge
Elastic Net

图 4-23　回归模型中 L1 正则化的效果和 L2 正则化的效果

摘自《回归模型中 L1 正则化的效果和 L2 正则化的效果》[①] 一文中的实验图

① 原文名为「回帰モデルにおける L1 正則化と L2 正則化の効果」。——译者注

04 相似度的计算

下面对相似度的计算进行说明。

要点
- 进行回归分析时确认相关性（相关系数）= 确认相似性
- 相似度的度量指标：余弦相似度（= 相关系数）、互相关函数、自相关函数、Jaccard 系数、编辑距离

相似度的种类和计算方法

在计算机自动预测答案的过程中，有一个重要的概念，即给定的两个变量之间的相似度（图 4-24）。相似度包括余弦相似度、相关系数、相关函数、编辑距离（edit distance）以及 Jaccard 系数。下面将逐一对它们进行介绍。

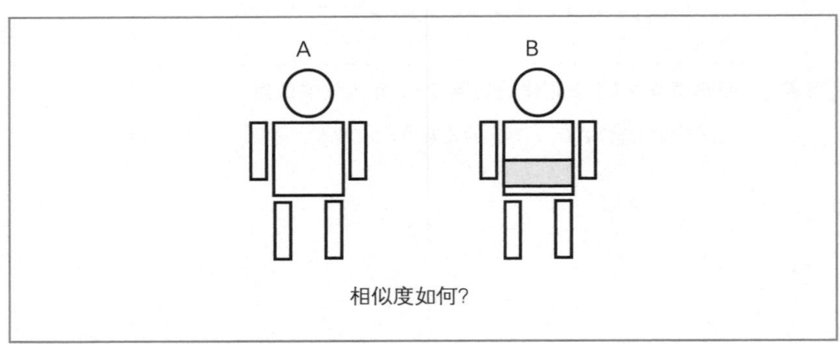

图 4-24 **两个变量之间的相似度**

余弦相似度

余弦相似度是最常用的相似度度量指标之一，计算公式如图 4-25 所

示。它是对于给定的两个变量 x 和 y，用两个变量之间夹角的余弦值 $\cos\theta$ 表示相似度的方法。

该相似度的取值在 0 和 1 之间，越接近 1 就代表两个变量越相似。如果把 x 和 y 看成两个向量，公式右边的分子就是两个向量的内积，分母是两个向量的长度。

$$\cos\theta=\frac{<x,y>}{\|x\|\cdot\|y\|}\text{ 也可以写成 }\cos\theta=\frac{\vec{x}\cdot\vec{y}}{|\vec{x}||\vec{y}|}$$

$$\cos\theta=\frac{(x_1y_1+x_2y_2+x_3y_3+\cdots+x_ny_n)}{\sqrt{\sum_{i=1}^{n}x_i^2}\cdot\sqrt{\sum_{i=1}^{n}y_i^2}}$$

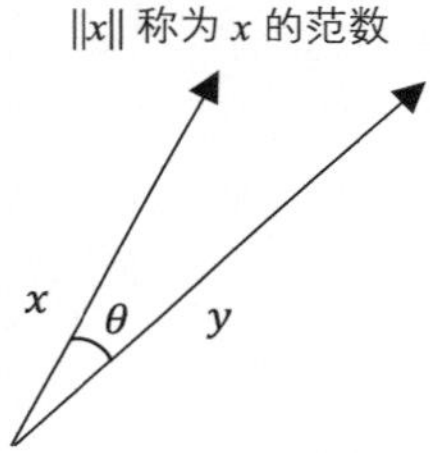

图 4-25　余弦相似度的计算公式

余弦相似度被广泛应用于计算文章的相似度上。如图 4-26 所示，计算文章中词语出现的频率，再套用余弦相似度的计算公式，即可计算文章之间的相似度。

	报道 a	报道 b	报道 c	报道 d
熊本	0.5	0.4	0	0.5
地震	0.2	0	0.4	0.3
地层	0.1	0	0.4	0
断层	0	0.3	0.2	0.1
下雨	0.2	0	0	0
停运	0	0.3	0	0.1

报道 a	1.000			
报道 b	0.2	1.000		
报道 c	0.12	0.06	1.000	
报道 d	0.31	0.26	0.14	1.000
	报道 a	报道 b	报道 c	报道 d

根据余弦相似度来计算文章中词语的出现频率把报道按照与报道 a 的相似度由高到低的顺序排列，结果为 d>b>c，按照与报道 b 的相似度由高到低的顺序排列，结果为 d>c

图 4-26　关于词语和出现频率的表以及相似度的计算结果

- 有 n 个词语列表，列表由需要计算相似度的文章 1 和文章 2 中的所有词语构成
- x：文章 1 中词语出现的频率（$i=1, 2, \cdots, n$）
- y：文章 2 中词语出现的频率（$i=1, 2, \cdots, n$）

由前面的内容可知，通过散点图，我们可以把两个变量的值用一个数据集表示。这里以坐标轴的交点为原点，将变量按照坐标值绘制到向量空间中（图 4-27）。

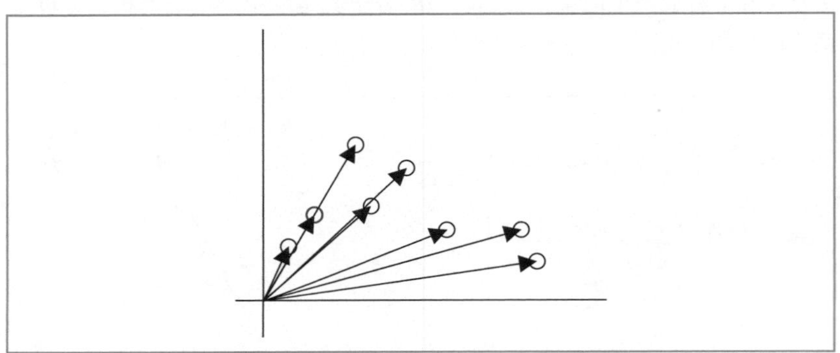

图 4-27 **散点图中两个变量值的数据集以及各点向量**

在余弦相似度的计算公式中，设 x 和 y 的原点分别为 x_0 和 y_0，即可把公式变换为图 4-28 的形式。由于坐标原点可以移动，所以我们也可使用 x 和 y 的平均值作为原点。这个公式与笔者接下来要介绍的相关系数的计算公式密切相关。

$$\cos\theta$$

$$=\frac{((x_1-x_0)(y_1-y_0)+(x_2-x_0)(y_2-y_0)+(x_3-x_0)(y_3-y_0)+\cdots+(x_n-x_0)(y_n-y_0))}{\sqrt{\sum_{i=1}^{n}(x_i-x_0)^2}\cdot\sqrt{\sum_{i=1}^{n}(y_i-y_0)^2}}$$

$$=\frac{\sum_{i=1}^{n}(x_i-\overline{x})(y_i-\overline{y})}{\sqrt{\sum_{i=1}^{n}(x_i-\overline{x})^2}\cdot\sqrt{\sum_{i=1}^{n}(y_i-\overline{y})^2}}$$

图 4-28 **余弦相似度计算公式的变形公式**

相关系数

根据日本工业标准（Japanese Industrial Standards，JIS），相关性是指

两个随机变量的分布规律之间的关系，在多数情况下是指线性相关的程度。如果两个变量是按一定概率取值的，那它们就是随机变量，而非随机变量中的相关系数也是这个含义。我们常说的相关系数多指皮尔逊相关系数（也称皮尔逊积矩相关系数）（图 4-29）。

$$r = \frac{S_{xy}}{S_x S_y} = \frac{\sum_{i=1}^{n}(x_i - \overline{x})(y_i - \overline{y})}{\sqrt{\sum_{i=1}^{n}(x_i - \overline{x})^2} \cdot \sqrt{\sum_{i=1}^{n}(y_i - \overline{y})^2}}$$

图 4-29　**皮尔逊相关系数的计算公式**

相关系数的值在 1 和 −1 之间，正值表示正相关，负值表示负相关。相关系数越接近 1 或者 −1，相关程度就越高。

如果两个变量之间的相关系数的绝对值在 0.7 以上，就可以认为它们之间高度相关。

需要注意的是，相关系数的绝对值接近 1，只能说明进行线性回归时，散点图中的数据点分布偏差小，分布趋势清晰。相反，也存在数据点分布偏差小但相关系数接近 0 的情况。另外，如果没有任何偏差，即标准差为 0 时，则无法计算相关系数（图 4-30）。

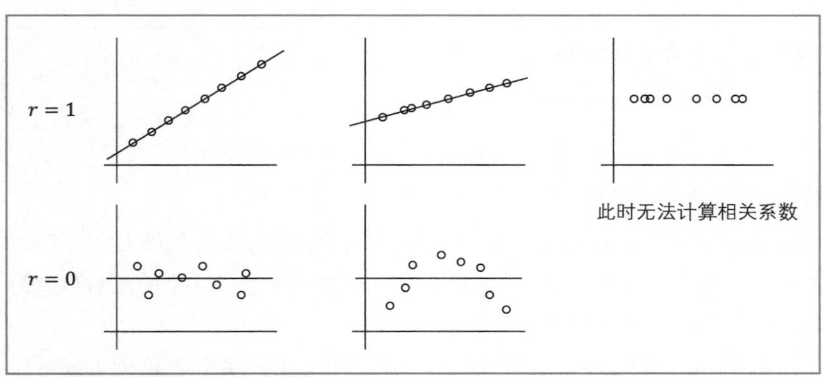

图 4-30　**点的分布和相关系数的关系**

除此之外，相关系数还包括斯皮尔曼秩相关系数和肯德尔秩相关系数。秩相关系数在求解时只使用排序信息。

斯皮尔曼秩相关系数

我们可以把斯皮尔曼秩相关系数当成皮尔逊相关系数的一个特例来求解。如果存在同秩（并列排序），则需要进行校正；如果同秩较少，即使不校正也能求出相近的值（图 4-31）。

- 斯皮尔曼秩相关系数

$$\rho = 1 - \frac{6\sum_{i=1}^{n} D_i^2}{n^3 - n}$$

D 表示排序之间的差值

$$\rho = \frac{T_x + T_y - \sum_{i=1}^{n} D_i^2}{2\sqrt{T_x T_y}}$$

$$T_x = \frac{n^3 - n - \sum_{i=1}^{n_x}(t_i^3 - t_i)}{12}$$

$$T_y = \frac{n^3 - n - \sum_{j=1}^{n_y}(t_j^3 - t_j)}{12}$$

n_x、n_y 表示同秩的数，t_i、t_j 表示其排序

图 4-31 斯皮尔曼秩相关系数的公式

摘自《斯皮尔曼秩相关系数》①

肯德尔秩相关系数

在计算肯德尔秩相关系数时，会使用同序对的数据个数 K 和异序对的数据个数 L。如果所有排序相同，从 n 个数据中选择 2 个的总对数就为 K，这与公式 τ 的分母相等。

肯德尔秩相关系数的值在 1 和 −1 之间，相关系数越接近 1 或 −1，相关程度就越高。相关系数为 0 表示没有相关关系（图 4-32）。

① 原文名为「スピアマンの順位相関係数」。——译者注

- 肯德尔秩相关系数

$$\tau = \frac{(K-L)}{\binom{n}{2}} = \frac{(K-L)}{\frac{n(n-1)}{2}}$$

$$K = \#\left\{\{i,j\} \in \binom{[n]}{2} \middle| x_i\text{、}x_j \text{ 的大小关系与 } y_i\text{、}y_j \text{ 的大小关系一致}\right\}$$

$$L = \#\left\{\{i,j\} \in \binom{[n]}{2} \middle| x_i\text{、}x_j \text{ 的大小关系与 } y_i\text{、}y_j \text{ 的大小关系不一致}\right\}$$

图 4-32　**肯德尔秩相关系数的计算公式**

相关函数

相关系数可以用来判断两组数值的相似性。我们不仅能计算数值之间的相似性，也能计算函数之间的相似性。函数通常指时间函数，也就是根据时间序列数据得到的函数（图 4-33）。常用的相关函数包括互相关函数和自相关函数。

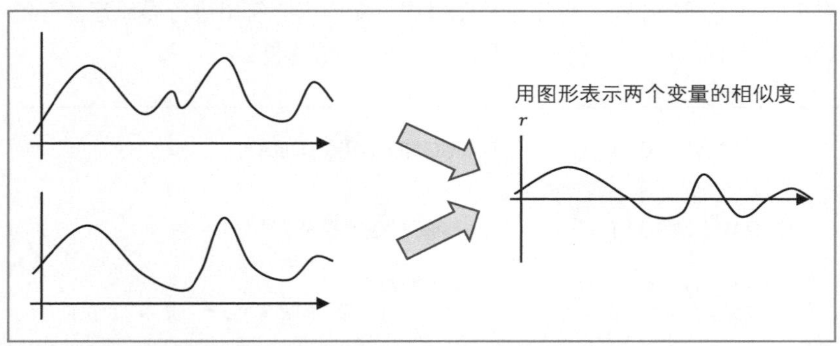

图 4-33　**对时间序列数据使用互相关函数和自相关函数的示例**

在互相关函数中，使用互相关系数（相当于前述相关系数）表示两个时间序列之间的数据的变化（相关程度）。

当互相关函数中的两个函数相同时，它就是自相关函数。使用自相关函数计算相关系数，可以检验函数的周期性。自相关函数和卷积处理（参照 9.4 节）密切相关，在傅里叶变换（Fourier Transform，FT）（参照 10.2 节）等信号处理中也经常使用，我们在这里就不深入探讨了。

编辑距离

我们可以用"相近"或"相远"表示两个事物之间的相似程度，因此也可以说相似度与距离的概念相近。与相似度度量相反，距离越小说明相似度越高。名称中含有距离字样的相似度度量包括编辑距离。编辑距离是指两个字符串之间的相似度，又称 Levenshtein 距离。

编辑距离

编辑距离会分别对字符串的替换、插入和删除操作设置惩罚项，把惩罚项的合计值作为代价值来定义相似度。在比较两个字符串时，如果字符数相同，除了编辑距离，我们还可以使用汉明距离。

汉明距离

汉明距离也叫信号距离，表示两个长度相同的字符串在对应的位置上有多少个不同的字符，可用于检测错误。对两个字符串进行异或运算并统计结果为 1 的个数，该个数就是汉明距离（图 4-34）。

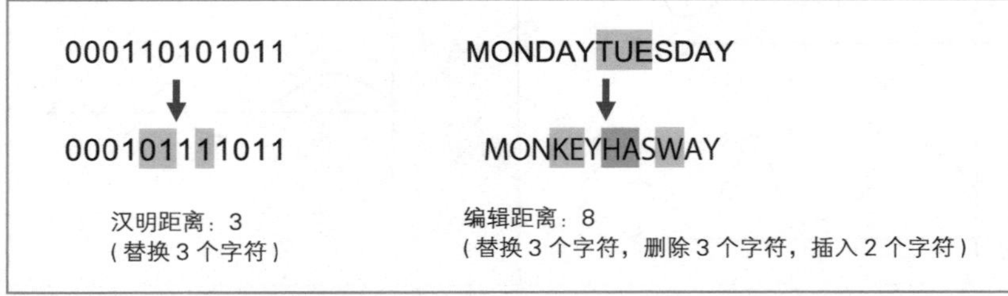

图 4-34　**汉明距离和编辑距离**

编辑距离可用于常见的字符串比较。例如，将输入的英语单词和字典里的单词进行对比，找出相近的单词。既可以轻松地检查出拼写错误的单词，又能提示候选的正确单词。

一些英语单词检索系统对编辑距离进行了改进，不仅能对比字符，还能结合发音来提示候选单词（图 4-35）。

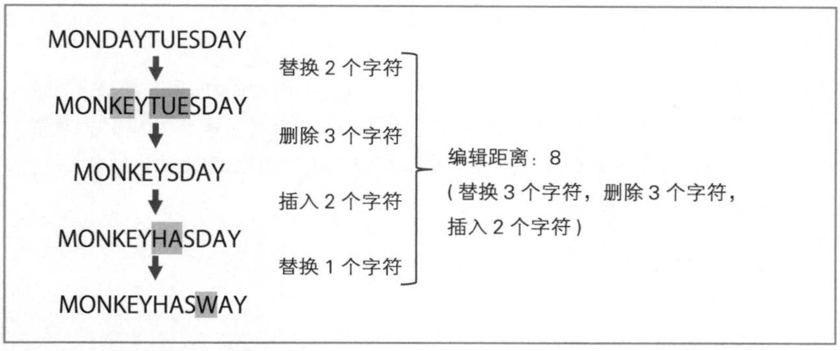

图 4-35　编辑距离的计算方法

除此之外，我们还可以使用编辑距离来计算组成基因的碱基序列和氨基酸序列的同源性。

马氏距离

马氏距离（mahalanobis distance）也是用距离命名的相似度度量。在用二维散点图表示两个变量之间的相关性时，我们用欧几里得距离（也称欧氏距离）表示两个坐标点之间的直线距离。欧几里得距离可以通过我们非常熟悉的毕达哥拉斯定理（又称毕氏定理或勾股定理）计算出来（图 4-36）。

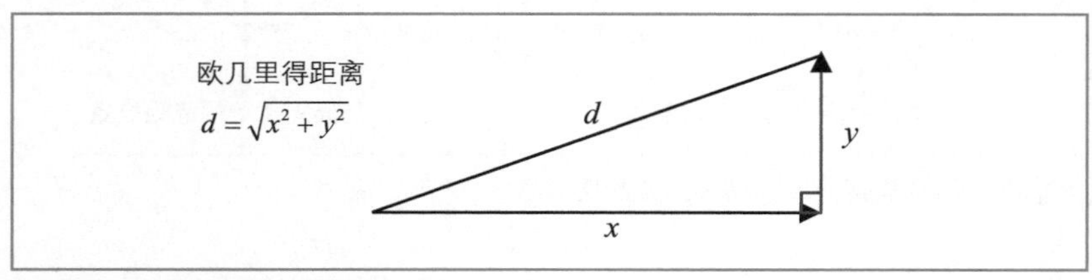

图 4-36　欧几里得距离的公式

马氏距离是在欧几里得距离的基础上增加数据点来进行计算的。在用距离表示散点图中 3 个以上变量之间的相关性时，使用的就是马氏距离（图 4-37）。

- 马氏距离的计算公式

$$d(x, y)=\sqrt{(x-y)^{\mathrm{T}}\operatorname{cov}(\boldsymbol{x}, \boldsymbol{y})^{-1}(x-y)}$$

两个向量 $\boldsymbol{x}=(x_1, x_2, x_3, \cdots, x_n)$ 和 $\boldsymbol{y}=(y_1, y_2, y_3, \cdots, y_n)$，$\operatorname{cov}(\boldsymbol{x}, \boldsymbol{y})$ 为 $\boldsymbol{x}$ 和 $\boldsymbol{y}$ 的协方差矩阵（方差 – 协方差矩阵）。如果协方差矩阵的对角线之外的元素皆为 0，即为对角矩阵，利用 $\boldsymbol{x}$ 的标准偏差 σ，马氏距离的计算公式可以写成如下形式。如果 $\sigma_i=1$，马氏距离就等于欧几里得距离。

$$d(x, y)=\sqrt{\sum_{i=1}^{n}\frac{(x_i-y_i)^2}{\sigma_i^2}}$$

图 4-37 **马氏距离的计算方法**

马氏距离用来计算一个样本点与总体的距离，它考虑了数据之间的相关性。马氏距离相当于根据总体标准偏差进行校正后的欧几里得距离（图 4-38）。这种方法可以用来检测某个数据点是否会成为总体中的异常值。

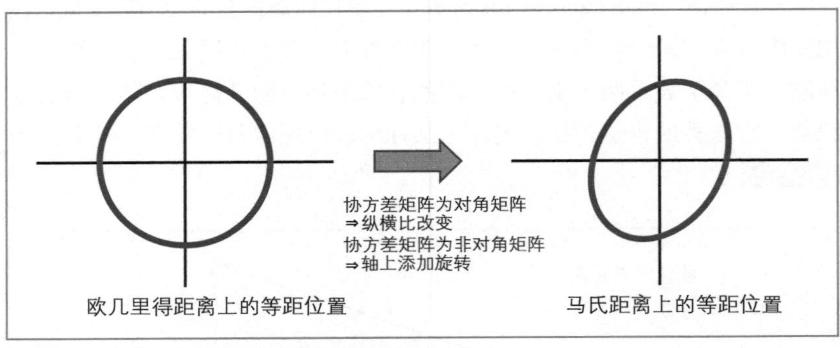

图 4-38 **欧几里得距离和马氏距离的比较图**

Jaccard 系数

Jaccard 系数通过计算两个集合交集的元素个数来比较两个样本集之间的相似性。求 Jaccard 系数最简单的方法是绘制维恩图，因为这时我们无须考虑集合中的元素是数值还是字符串。该方法非常方便。

Jaccard 系数可通过两个集合交集的元素个数除以并集的元素个数得出（图 4-39）。

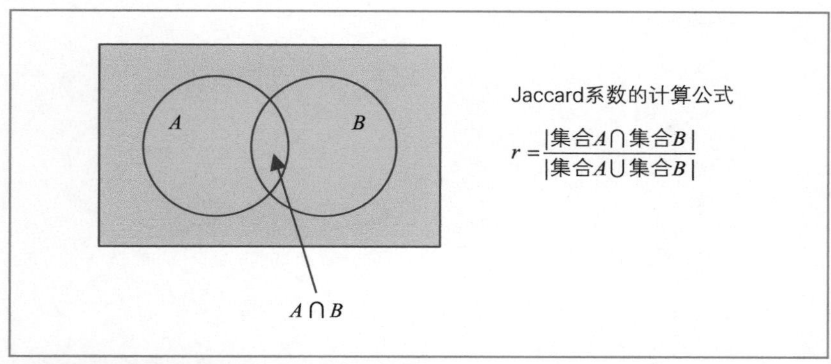

图 4-39　维恩图和 Jaccard 系数的计算公式

第 5 章

权重和优化程序

使用神经网络或贝叶斯网络进行分析时，我们需要了解网络图（network graph）的概念。在本章的前半部分，笔者将对网络图的基础知识及主要的分析方法进行说明，其中重点介绍动态规划（Dynamic Programming，DP）算法。另外，笔者也会对遗传算法进行说明。在优化程序方面，遗传算法与使用网络图的动态规划算法一样常用。在本章的后半部分，笔者将对使用了网络图的数值最优化程序的基础——神经网络进行说明。

图论

下面来介绍图论的基础知识。

要点
- 图的概要
- 图论的基础知识

图

说到图，我们通常会联想到根据表格数据生成的柱状图或饼图。但是笔者要介绍的是把点和线连接在一起的图。这些点称为顶点（vertex）或节点（node），这些线称为边（edge）。

如果图中任意两个顶点都是相连的，该图则称为连通图（connected graph），否则称为非连通图（disconnected graph）。不与其他任何顶点相连的顶点称为孤立顶点（图 5-1）。

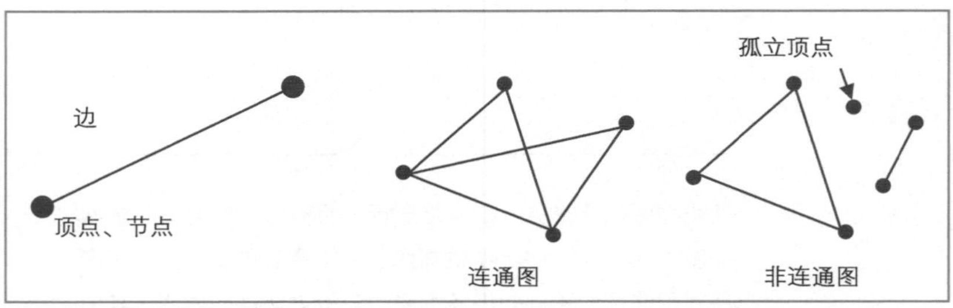

图 5-1　**图的构成要素**

对图来说，重要的是两个顶点是否相连，顶点所在的位置并不重要。对于视觉上不同的两个图，有时通过移动顶点就能将二者转换成视觉上相同的图。在这种情况下，我们就可以说这两个图同构（图 5-2）。

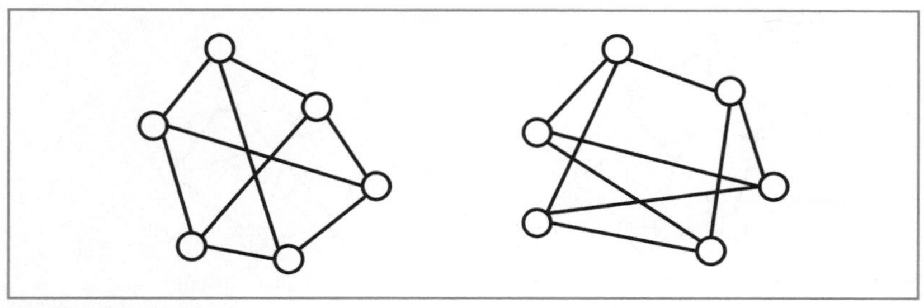

图 5-2　同构图

还有像图 5-3 那样的复杂图形。如果两个顶点连接了两个以上的边，这样的边就称为平行边；如果一条边的两端交于同一个顶点，这样的边就称为自回路（或环）。

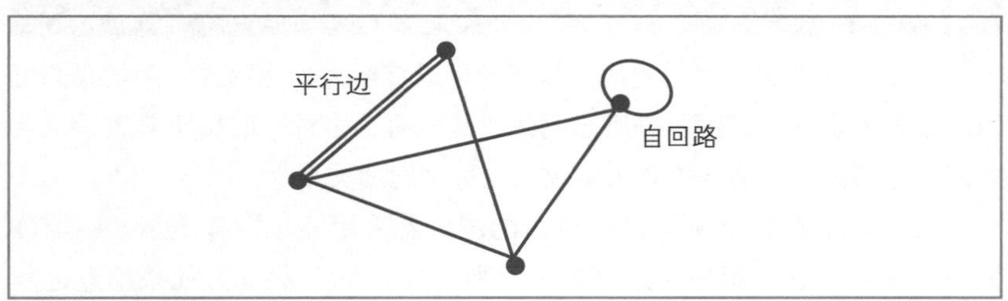

图 5-3　复杂的图

无向图和有向图

若图中连接两个顶点的每条边都是有方向的，则该图称为有向图（directed graph）。如果一个有向图无法从某个顶点出发经过若干条边再回到该点，则这个图称为有向无环图（Directed Acyclic Graph，DAG）。若图中的每条边都没有方向，则该图称为无向图（undirected graph）。

除了方向，有些图的每条边还被赋予了权重，这样的图称为加权图。权重既可以用数值表示，也可以用线段的粗细表示。除边之外，顶点也可以被赋予权重。根据权重的赋值位置，加权图可分为边加权图和顶点加权图（图 5-4）。

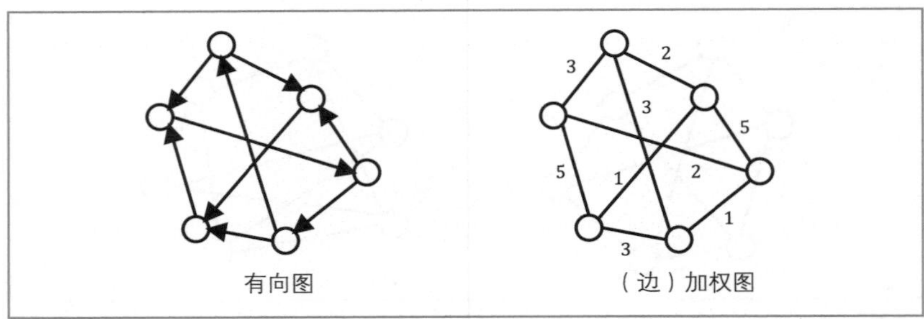

图 5-4 **有向图和加权图**

加权图也称为网络，其中包括神经网络和贝叶斯网络。笔者在前面介绍过的状态转换图也是一种网络图。

图的矩阵表示法

对于用顶点和边表示的图，其形状可以转换为其他形式，例如我们可以用矩阵来表示图。用矩阵表示图的方法也有很多种，邻接矩阵表示顶点之间的相邻关系，关联矩阵表示顶点与边之间的关系。

对于一个有 n 个顶点和 m 条边的图，若采用邻接矩阵表示，则矩阵大小为 $n \times n$，若采用关联矩阵表示，则矩阵大小为 $n \times m$。如果顶点之间相连或顶点与边之间相连，矩阵中相应位置的元素则为 1，没有相连则为 0。对于边加权图，邻接矩阵中相应位置的元素就是连接两顶点之间的边上的权重，而不是 0 和 1（图 5-5）。

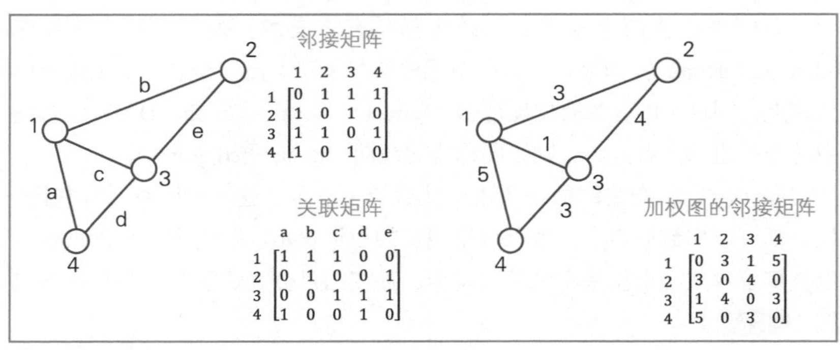

邻接矩阵

	1	2	3	4
1	0	1	1	1
2	1	0	1	0
3	1	1	0	1
4	1	0	1	0

关联矩阵

	a	b	c	d	e
1	1	1	1	0	0
2	0	1	0	0	1
3	0	0	1	1	1
4	1	0	0	1	0

加权图的邻接矩阵

	1	2	3	4
1	0	3	1	5
2	3	0	4	0
3	1	4	0	3
4	5	0	3	0

图 5-5 **图的矩阵表示法**

通过用矩阵表示图，我们可以把用图表示的变量之间的相关性转化为表格形式，或者把用热图表示的色彩变化丰富的表格数据转化为加权图等形式。这个方法非常方便，我们也可以用它进行矩阵的运算。我们把基于加权图的数据分析方法统称为网络分析。

树状图

有一种图的结构是从某个顶点出发后就不再回到该点，例如有向无环图。如果从任意顶点出发后都不再回到该顶点，我们就把这种结构称为树形结构，将起始顶点称为根节点（root）（图 5-6）。

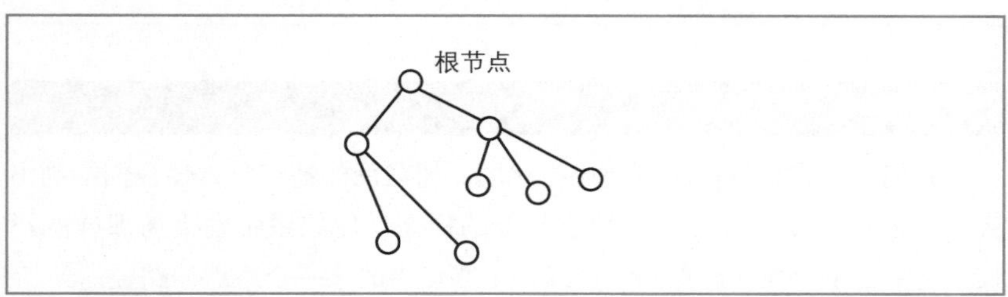

图 5-6　**树状图**

根据使用目的和构成，树状图可以分为决策树和搜索树。决策树可以作为条件分支的一组分类规则在基于统计模型的预测中使用，而搜索树可以作为状态分割方法使用。

图谱搜索和最优化

下面来介绍图谱搜索和最优化。

要点
- 树形结构、二叉搜索树
- 广度优先搜索、深度优先搜索、A* 算法
- 动态规划算法

搜索树的构建场景

我们可以在各种情况下使用树状图。树状图的特点是方便我们绘制出从一个顶点出发向其他多个顶点延伸的样态，比如系统发生树那样的形状。它常用于寻找从起点到终点或多个终点中的某一个终点的路径。

例如，在解决以象棋和黑白棋等扩展型游戏为代表的二人有限零和对策，以及迷宫和换乘提示等路线搜索问题时，可以用搜索树的顶点表示着法和位置，分割出分支状态（图 5-7）。

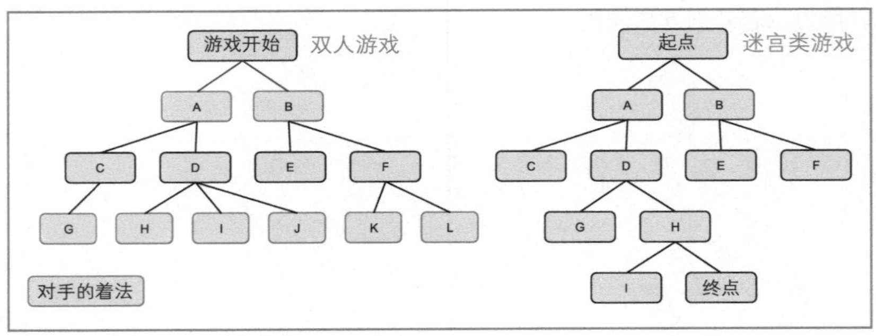

图 5-7 **搜索树的构建示例**

搜索树中的顶点通常称为节点。可以在节点中赋值收益和成本等评估值或状态。

在某些分割状态下，根据搜索结果选择下一条边，也就是选择下一个节点时，需要根据游戏目标来计算评估值。

另外，在迷宫和换乘提示等使用情景下，在搜索路线的过程中可能会发生各种事件。例如需要通过指定的地点，或者换乘时会产生相应的时间成本和交通费成本等，这些都要纳入计算范围。考虑到这些状态变化会发生在时间轴上，我们可以把路线搜索问题看成一个多阶段的决策问题。

根据在当前时刻 t 的状态下采取某种行动后所获得的收益或付出的成本来决定下一时刻 $t+1$ 的状态。反复执行该操作，使最终时刻 T 的收益最大或成本最小。这类规划问题称为多阶段决策问题（图 5-8）。

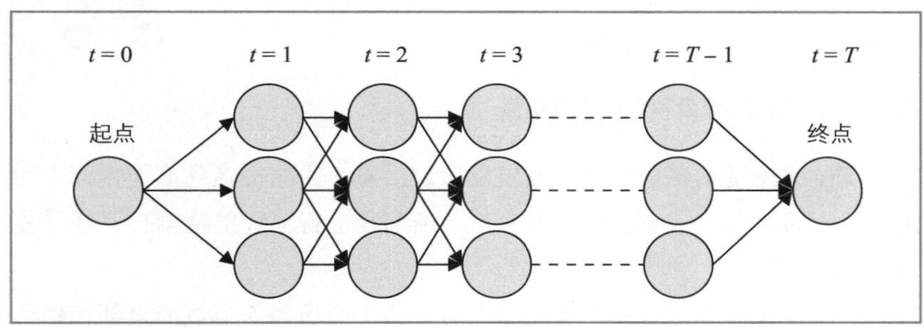

图 5-8　**多阶段决策问题的图例**

数据结构中也有很多树形结构。例如，为了缩短数据库系统中目标数据的搜索时间，可以构建树形结构的索引。把排序数据分成两部分保存，再把每部分分成两部分、四部分……依次类推，从而提高搜索数据的效率。我们把这种树形结构称为二叉搜索树，把使用这种方法搜索数据的行为称为二分查找。

在实际的数据库系统中经常使用的 B 树是通过一种更灵活的方法构建的树形结构。另外，还有一个称为本体结构（参照 12.3 节）的树形结构数据，它在数据中添加了表示数据关系的元素。这种树形结构数据在构建和引用语义网络时经常会用到。

搜索树的遍历方法

在一个树形结构的搜索树或有多个根目录和路径的迷宫路径搜索中，

搜索的目的就是找到从根节点到目标节点的最短路径。

搜索树有两种不同的搜索方法——深度优先搜索和广度优先搜索（图 5-9）。顾名思义，两种搜索方法的步骤有所不同。

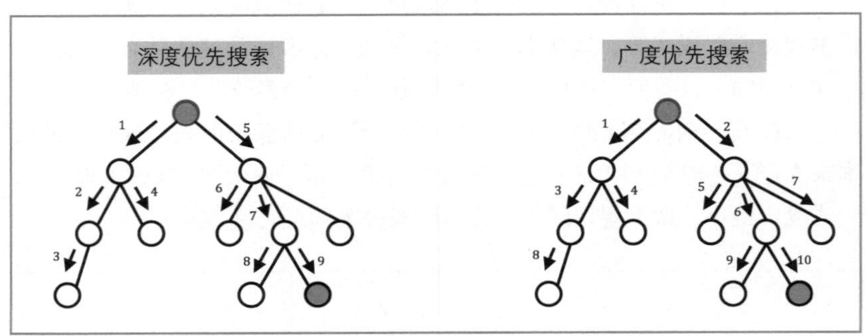

图 5-9 深度优先搜索和广度优先搜索

深度优先搜索是从一个节点出发后，沿着一条路径走到不能再深入为止，然后回溯到上一个节点，沿着另一条路径进行同样的搜索，不断反复直到无路可走。

广度优先搜索是从一个节点出发后，依次遍历当前节点的全部相邻节点，再继续遍历当前节点第一个相邻节点的全部相邻节点，依次递归。

如果事先知道可以到达目标终点的路径，那么使用哪种方法能够尽早到达是不言而喻的。但是，事先不知道路径的情况比较多，这时两种搜索方法就各有利弊了。我们要根据节点的状态评估值（例如输赢标志、绝路、终点、得分值等）和评价函数来决定目标节点。

◻ 搜索树在搜索时所需的列表

在使用搜索树进行搜索时，首先要定义 openlist 和 closelist 这两个节点列表。openlist 用来保存待考察的节点及其相邻节点，closelist 用来保存已经遍历完的节点。当目标节点添加到 closelist 中时，停止搜索。

深度优先搜索把待考察的节点添加到 openlist 的前端，从前端节点开始按照顺序搜索。

最后进入列表的节点会最先被移除，这种方式称为 LIFO（Last In,

First Out），即后进先出。

广度优先搜索把待考察的顶点添加到 openlist 的底端，最先进入列表的节点会最先被移除，这种方式称为 FIFO（First In, First Out），即先进先出（图 5-10）。

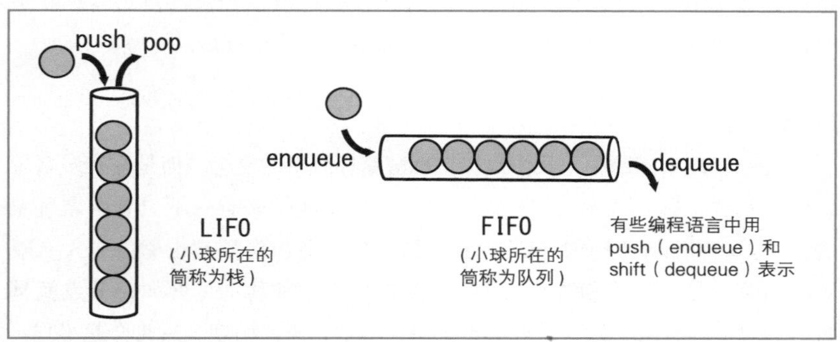

图 5-10　LIFO 和 FIFO

高效的搜索方法

前面介绍的深度优先搜索和广度优先搜索只是按顺序搜索节点。为了缩短处理时间，我们必须采用更高效的搜索方法。

为了缩短处理时间，我们需要在搜索过程中引入成本的概念。我们来看一下路径中包含成本的例子。从大阪到东京，可以选择经由东海道的路线和经由北陆地区的路线，这两种路线在时间和费用方面存在差异。利用这些先验知识和经验可以缩短处理时间。

成本包括以下几种类型。

- 从起点到点 s 之间的最优路线总成本　$g(s)$
- 从点 s 到目标点之间的最优路线总成本　$h(s)$
- 从起点经过点 s 到目标点之间的最优路线总成本　$f(s)$（$=g(s)+h(s)$）

有两种搜索方法。一种是最优搜索，其目标是使预计总成本 $\hat{g}(s)$ 降到最低。具体来说就是对 openlist 中的节点进行排序后有选择性地进行搜索。另一种最佳优先搜索，其目标是使预计成本 $\hat{h}(s)$ 降到最低。这两种方法都是通过调整图 5-10 中筒里的小球的排序来进行搜索的。

但是这两种搜索方法存在一定的局限性。最优搜索会导致搜索次数增多，而最佳优先搜索可能搜索到错误的路径上。所以，我们需要使用 A^* 算法。A^* 算法利用 $\hat{g}(s)$ 和 $\hat{h}(s)$ 使预计值 $\hat{f}(s)$ 降到最低。A^* 算法还有一个特点，那就是当点 s 的相邻节点 s' 的预计成本 $\hat{f}(s')$ 已经包含在 closelist 中时，如果 $\hat{f}(s)$ 更小，那么可以把 s' 从 closelist 移回 openlist 中。

路径成本

在路线搜索问题中，我们很容易理解路径成本的概念，但是在有多名玩家的游戏中，路径成本又是什么含义呢？这里我们来看一下只有两名玩家的情况。在前面的例子中我们提到的黑白棋和象棋等游戏也称为二人有限零和对策，是一种零和游戏。游戏过程中的搜索树称为博弈树，节点就是自己和对手的着法，如果双方都不犯错，落子完美，游戏最后将会是平局。

用于制定策略的方法

博弈树末梢存储的是当前的状态，即对自己是否有利的得分信息。在制定策略时，如果轮到自己落子，就要选择使局面分数最高（对自己有利的程度最大）的着法，如果轮到对手落子，他一定会选择使局面分数最低（对自己不利的程度最大）的着法。极大极小（mini-max）算法和 α-β 剪枝算法都是按照这种策略尽可能减少待搜索的顶点数的。

在极大极小算法中，如果自己先落子，轮到自己落子时就要选择使局面分数最高的着法，轮到对手落子时就要选择使局面分数最低的着法。结果如图 5-11 所示，红色的边是最终被选择的路径。接下来进行优化，截断一些路径以缩短搜索时间。

α-β 剪枝算法通过 β 剪枝和 α 剪枝来剪掉分支。在从左向右搜索节点时，β 剪枝会在选择最大值的过程中，在某个节点的值小于当前值时，把这个节点剪去（即在后落子的局面中剪掉后续对先落子行动的评价）。α 剪枝会在选择最小值的过程中，在某个节点的值大于当前值时，把以这个节点为根的子节点全部剪去（即在先落子的局面中剪掉后续对后落子行动的评价）。α-β 剪枝算法结合了广度优先搜索和深度优先搜索。

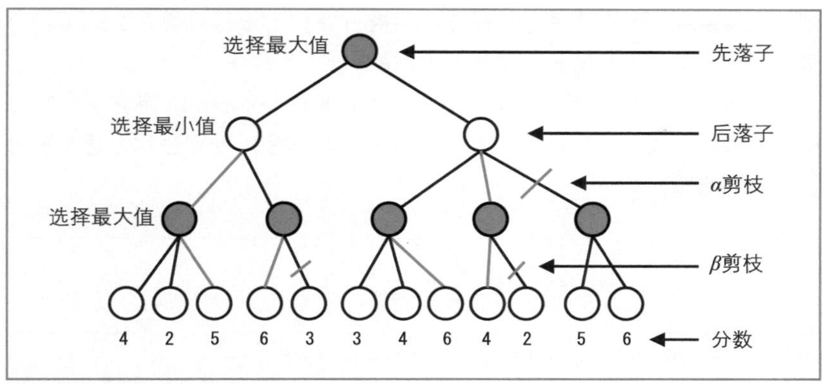

图 5-11 **极大极小算法和 α - β 剪枝算法**

在围棋和将棋等棋类游戏中需要搜索的节点数非常多，在内存和搜索时间方面无论如何也无法满足需求。为了解决这些问题，我们可以采用蒙特卡罗树搜索（Monte Carlo Tree Search，MCTS）对节点进行排序，然后展开搜索，从而提高搜索效率。也可以采用二元决策图（Binary Decision Diagram，BDD）和零压缩二元决策图（Zero-suppress BDD，ZDD）等方法对搜索树进行压缩。

动态规划算法

在进行路径搜索时可能需要经过一些检查点或者产生一定的成本，这时我们可以把从一个节点到另一个节点的移动看作时间轴上的状态变化。这种从一种状态转换到另一种状态的过程可以作为多阶段决策问题处理。

假设多阶段决策问题的路径评价函数为 J，路径搜索的目标就是使目标函数最大化（图 5-12）。

$$J(s_1,\ s_2,\ s_3,\ s_4,\ s_5,\ s_6,\ \cdots)$$

图 5-12 **多阶段决策问题的评价函数公式**

假设时刻 $t=1, \cdots, T$ 的状态 s_t 有 N 种取值，这时总的状态数为 N^T。假设 $N=3$，步数 $T=10$，这时路径数约为 6 万条，如果 $T=20$，路径数将达到 35 亿条。如果要列举出所有的路径进行评价，根据计算量公式 $O(N^T)$ 可知，计算量呈指数增长，这是不现实的。

如果我们可以将评价函数 J 用两个成对的状态来表示，将它写成二元函数的和的形式，计算量将下降到 $O(N^2T)$。这里使用的方法称为动态规划算法（图 5-13）。

$$J(s_1,\ s_2,\ s_3,\ s_4,\ s_5,\ s_6,\ \cdots)=\sum_{t=2}^{T}h_t(s_{t-1},\ s_t)$$

图 5-13 **用两个成对的状态表示多阶段决策问题的评价函数**

如图 5-14 所示，在选择路径时，不同的路线，加分不同。所以我们需要选择路径中得分最高的路线。从起点移动到最后一行可以加 3 分，之后将根据剩余步数加上相应的分数。但是，如果到达终点时选择的不是最上面一行的路径，将被扣 5 分。动态规划算法会从 t=1 到 t=T 依次计算 $F_t(s_t)$。

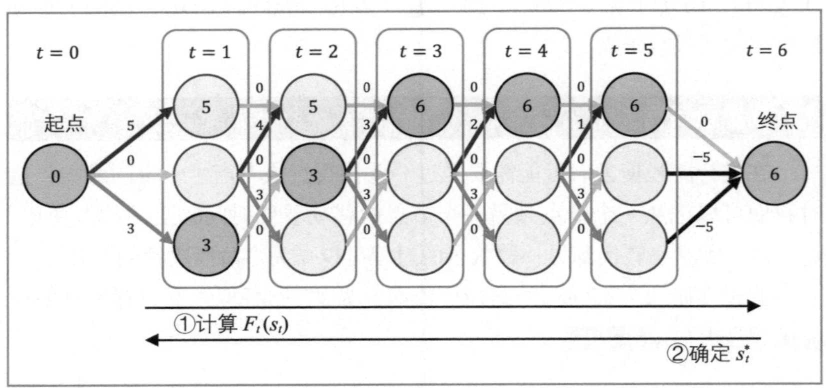

图 5-14 **动态规划算法的示例图**

$$F_t(s_t)=\max_{s_{t-1}}[F_{t-1}(s_{t-1})+h_t(s_{t-1},\ s_t)]$$

图 5-15 F_t **的计算公式**

图 5-15 中的 $F_t(s_t)$ 表示的是到达该节点时的最高分数。s_t 中保存的三种状态也都存储在内存中。我们把这项工作称为内存化。

计算最后一步 T 的 $F_T(s_T)$，最大值用 J^* 表示，然后反向计算用于得到 $F_T(s^*_T)$ 的 s^*_T。这样即可计算出最优路径 $(s^*_1, s^*_2, s^*_3, \cdots, s^*_T)$ 和最高分数 J^*。

除了计算最优路径，动态规划算法还可以用于比较文本。在生物信息学领域中，动态规划算法用于比较碱基序列或氨基酸序列，并计算序列同源性。分数或惩罚可以参考编辑距离，也可以使用对数比值比的矩阵。对数比值比是根据物种间相似度较高的氨基酸序列的相对频率和置换概率计算出来的。该方法虽然能够加快比较速度，但随着路径增多，内存占用量将变得越来越大。为了提高处理效率，我们需要对动态图进行分割，使用 GPU 进行大规模并行计算，从而实现高效的计算方法。

03 遗传算法

下面来介绍遗传算法（Genetic Algorithm，GA）。

要点
- 遗传算法
- 术语说明及流程
- 实际应用示例

遗传算法的结构

生物在生存过程中，通过交叉（crossover）、变异（mutation）以及淘汰（selection）进化出环境适应能力更强的后代。我们把基于这个理论的优化方法称为遗传算法。

在时间轴上进行的迭代计算经过不断进化，最后收敛到一群最适应环境的个体。在迭代计算过程中采用交叉和变异等进化论概念的计算方法称为进化计算（evolutionary computation）。

进化计算的特点如下所示。

- 种群性

  种群中多个个体同时进行搜索，相当于并行计算。
- 可搜索性

  不需要太多关于搜索空间（使用的自变量和因变量的值域）的预备知识。
- 多样性

  由于种群中的个体具有多样性，所以进化计算对于噪声和动态变化等具有自适应性，能够得出鲁棒性更高的解。

术语和流程

遗传算法中有一些特有的术语。遗传算法中使用了一些进化论和遗传学方面的术语，这是因为遗传算法是从生物现象遗传规律中总结得出的，但这并不意味着生物体内真的会发生这种现象（图 5-16）。

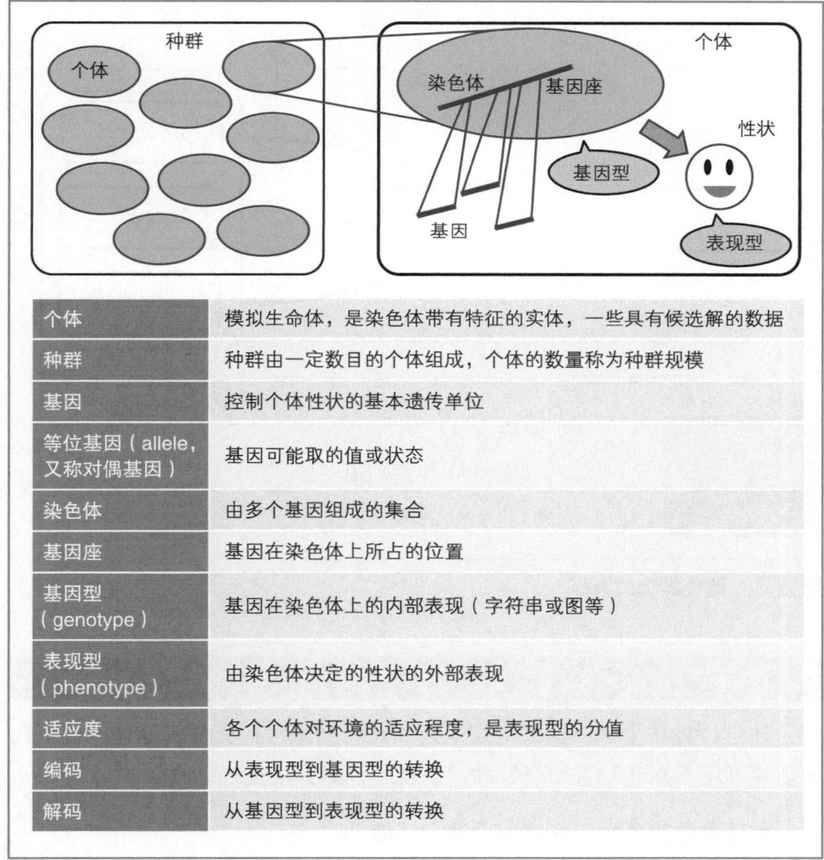

个体	模拟生命体，是染色体带有特征的实体，一些具有候选解的数据
种群	种群由一定数目的个体组成，个体的数量称为种群规模
基因	控制个体性状的基本遗传单位
等位基因（allele，又称对偶基因）	基因可能取的值或状态
染色体	由多个基因组成的集合
基因座	基因在染色体上所占的位置
基因型（genotype）	基因在染色体上的内部表现（字符串或图等）
表现型（phenotype）	由染色体决定的性状的外部表现
适应度	各个个体对环境的适应程度，是表现型的分值
编码	从表现型到基因型的转换
解码	从基因型到表现型的转换

图 5-16　**遗传算法的术语**

遗传算法的运算流程是，首先初始化种群规模为 N 的初始种群，然后进行个体评价，计算各个个体的适应度。针对个体适应度的评价结果，判断其是否满足事先设定的终止条件。如果满足终止条件，即算法已收敛，则处理结束。如果不满足终止条件，则进行迭代处理。

后续处理包括 3 种：淘汰、交叉和变异。各个个体要实施相应的处理。

处理过程中得以保留的个体或产生的新个体会作为子代个体重新进行评价。之后就是整个流程的迭代（图 5-17）。

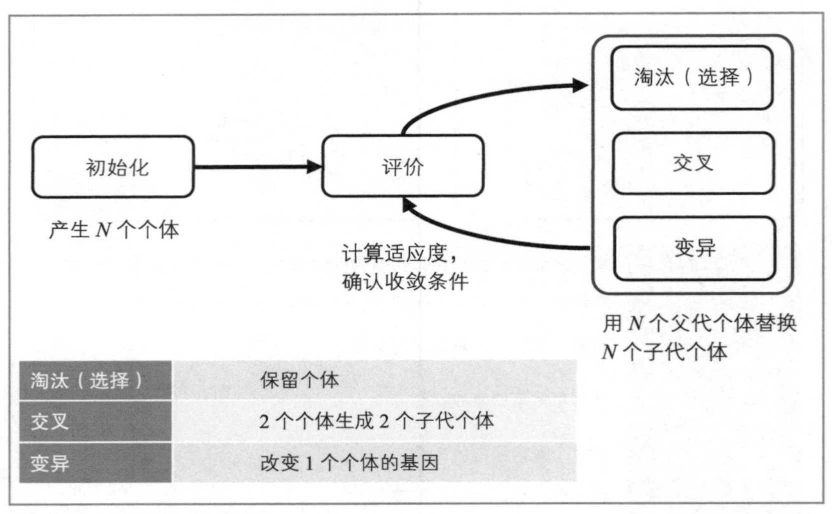

淘汰（选择）	保留个体
交叉	2 个个体生成 2 个子代个体
变异	改变 1 个个体的基因

图 5-17 **遗传算法的流程**

评价

通过计算各个个体的适应度来判断是否结束世代交替的处理。以下几种条件可用于判断是否结束处理，也就是判断算法是否已收敛。

- 种群内的最大适应度大于某个阈值
- 种群整体的平均适应度大于某个阈值
- 一定时期内，种群内适应度的变化小于某个阈值
- 迭代次数达到一定数量（截断）

淘汰（选择）

在遗传算法中，选择具有较高适应度的个体直接遗传到下一代，能够增加下一代种群中接近最优解的个体的数量。这个处理称为淘汰或选择。

常用的淘汰算法如图 5-18 所示，包括轮盘赌选择法、锦标赛选择法和精英选择法。

在轮盘赌选择法中，各个个体被选中的概率与其适应度高低成正比。即使是随机选择，扇形面积越大的个体被选中的概率也越大。

锦标赛选择法是每次从种群中随机选择一定数量的个体，然后让其中适应度最高的个体进入子代种群的算法。重复该操作，直到种群规模达到原来的种群规模。

精英选择法是把种群中适应度最高的 nG 个个体直接复制到下一代种群中，再对剩余的 $n(1-G)$ 个个体进行基因操作的算法。G 称为精英率，$1-G$ 是繁殖率。

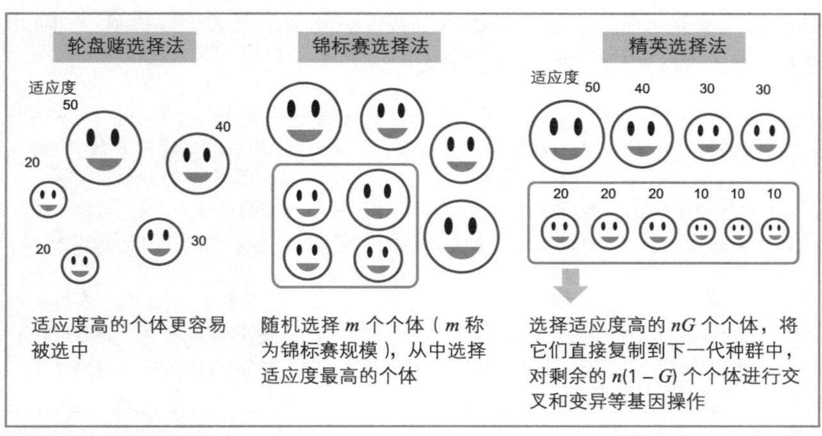

图 5-18　**淘汰（选择）**

交叉

交叉是一种基因操作的方法，指替换并重组两个父代个体的部分基因结构，从而生成新的个体的操作（图 5-19）。根据在基因结构重组时如何使用父代个体的基因，交叉可分为单点交叉、多点交叉和均匀交叉。还有一种叫作平均交叉的交叉，它会生成一个子代个体。我们把基因由 0 和 1 组成的染色体的编码方法称为二进制编码。

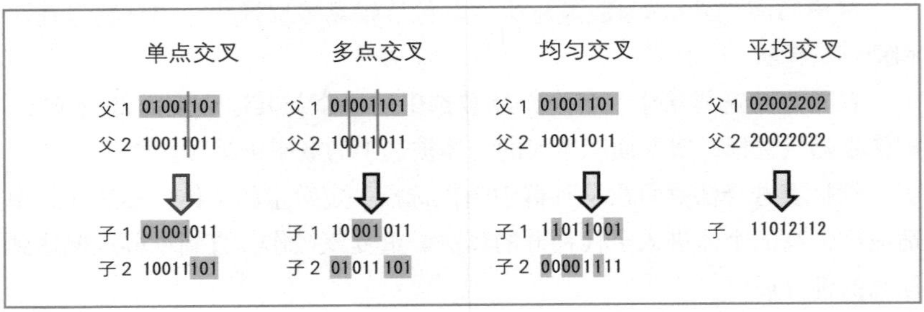

图 5-19 交叉

但是，在需要用表示数据内顺序的数值或实数来表示基因时，二进制编码就很难派上用场了。在这种情况下，可以使用顺序编码或实数编码等其他形式来表示基因，这么做还可以实现更复杂的交叉（图 5-20）。除此之外，人们也提出了一些其他的交叉方法。

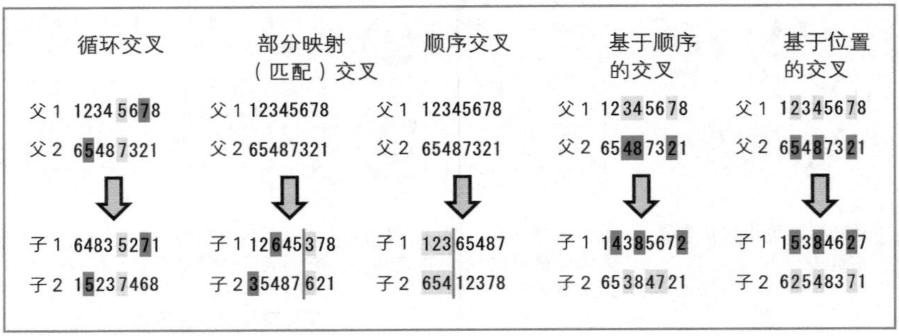

图 5-20 复杂的交叉方法

常见的交叉如表 5-1 和表 5-2 所示。

表 5-1　**常见的交叉**

交　叉	内　容
单点交叉	以交叉点为界，交换两个父代个体的部分基因，产生子代
多点交叉	在染色体上设置多个交叉点，以交叉点为界进行基因交换，产生子代
均匀交叉	以 0 是概率 p，1 是概率 $1-p$ 的概率对父代基因进行交换，产生子代
平均交叉	把父代个体的基因平均值作为下一代的基因

表 5-2　**顺序编码中可用的交叉**

顺序编码中可用的交叉	说　明
循环交叉	将父代个体中相同位置的基因及其编码位置固定下来，剩余位置用父代 2 相应位置的元素进行填充
部分映射交叉	替换父代编码串中某些基因位置的编码，剩余位置用相应编码的匹配数字进行替换，产生子代
顺序交叉	在父代某些基因位置分区，剩余位置用父代 2 的基因按顺序填充，产生子代
基于顺序的交叉	在父代 1 中随机挑选几个基因，按排列顺序将其添加到父代 2 中，生成子代 2 的染色体。父代 2 对应位置的基因也按顺序添加到父代 1 中，生成子代 1 的染色体
基于位置的交叉	将随机挑选的父代 1 的基因与父代 2 相同位置的基因相互替换，剩余位置的编码用原来的父代编码填充，产生子代

变异

变异也是一种基因操作的方法，是由一个父代个体产生一个子代个体的方法。

使用淘汰和交叉的目的是提高种群中个体的适应度，而引入变异的目的是使遗传算法具有随机搜索能力，它在摆脱局部最优方面具有良好的效果。个体发生变异的概率称为变异率，我们通常会将变异率的值设为远远低于交叉率的值。变异的种类如图 5-21 和表 5-3 所示。

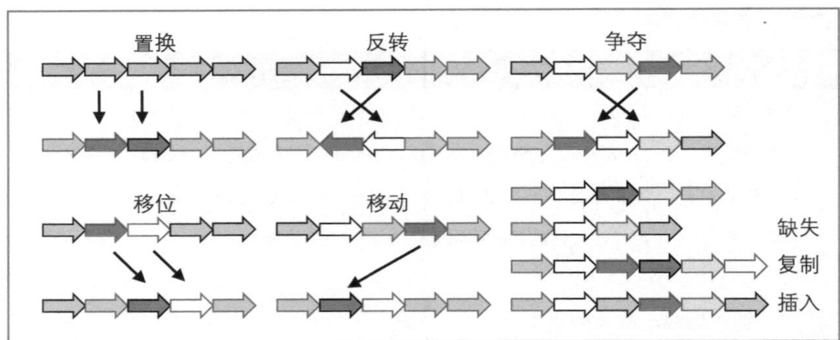

图 5-21 变异

表 5-3 变异的种类

变异的种类	说　明
置换	用等位基因替换随机选择的基因
扰动	（当基因为实数值时）在随机选择的基因中加上或减去一小部分
交换	交换两个随机选择的基因的位置
反转	颠倒两个随机选择的基因之间的顺序
争夺	随机交换两个随机选择的基因之间的顺序
移位	把两个随机选择的基因之间的基因替换到其他位置
移动	把两个随机选择的基因中的一个移动到另一个基因之前
缺失	去除一定长度的基因（基因长度改变）
复制	复制随机选择的基因（基因长度改变）
插入	添加一定长度的基因（基因长度改变）

遗传算法的应用示例

旅行商问题（Traveling Salesman Problem，TSP）是遗传算法的一个典型的应用示例（图 5-22）。它也是一个图谱搜索的优化问题，具体来说就是如何用最低的成本到达目的地，以及如何高效地在印制电路板上打孔等。

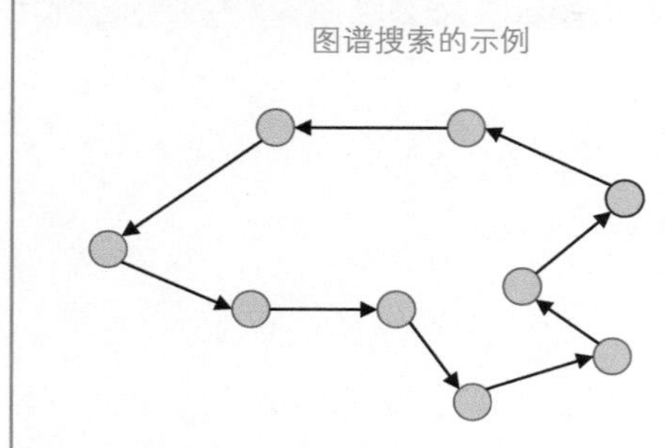

图谱搜索的示例
推销员从一个城市出发，需要经过
所有城市后回到出发地，这时需要
选择一条总行程（或时间）最短的
行进路线。旅行商问题就是计算路
线的组合优化问题。

图 5-22　**旅行商问题**

除此之外，遗传算法还可以用来计算蛛网的最优形状。可以把蜘蛛丝的拉伸角度和总伸长量等作为参数，根据种群规模生成多个个体，然后从中选择能够有效捕获昆虫的个体作为适应度高的蛛网。在数值分析方面，在开发 N700 系列新干线时使用了遗传算法来确定车头的形状。另外，在设计第一架日本国产喷气式飞机的机翼时，也使用了遗传算法进行优化，同时实现了降低燃油耗和外部噪声的目的。除工业用途以外，在金融行业的金融工程领域，遗传算法也可以用于设计交易系统以及优化证券投资组合。

但是，遗传算法在如何设计适应度、如何基于详细的交叉方法提高适应度等方面还很难完全自动得出结果，因此在很大程度上需要人工辅助。

神经网络

下面笔者来介绍神经网络。

要点
- 神经网络
- 层（中间层、隐藏层）
- 层激活函数

Hebb 定律和形式神经元

和遗传算法一样，神经网络也源自生命现象。1943 年，研究人员发现当神经细胞（神经元）接收的来自其他神经细胞的电子信号超过某个阈值时，该神经细胞也将向下一个神经细胞传导信号。研究人员将这种行为转化为数理模型。

这个模型称为 McCulloch-Pitts 模型（图 5-23）。实际上神经细胞之间是通过突触连接的，当神经递质移动时，接收端的神经细胞的细胞膜内外会产生微小的电位差（膜电位），这个电位差可以作为电子信号实现可视化。

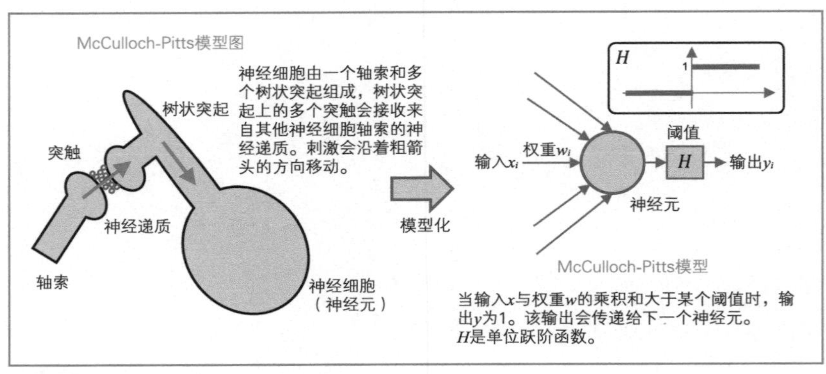

图 5-23 McCulloch-Pitts 模型

McCulloch-Pitts 模型中提出的神经细胞连接模型称为形式神经元。我们也可以认为形式神经元是图网络的构成元素。

形式神经元对接收的数值进行求和，并在过滤后输出，所以形式神经元也称为元素。

McCulloch-Pitts 模型会在神经元产生输出时，通过单位跃阶函数 H 确定阈值。函数 H 在 $x<0$ 时 $y=0$，在 $x>0$ 时 $y=1$，在 $x=0$ 时 $0\leqslant y\leqslant 1$。

对这种形态进一步简化后就是图 5-24 这样的形式。用函数 f 表示 H，这个函数称为激活函数。

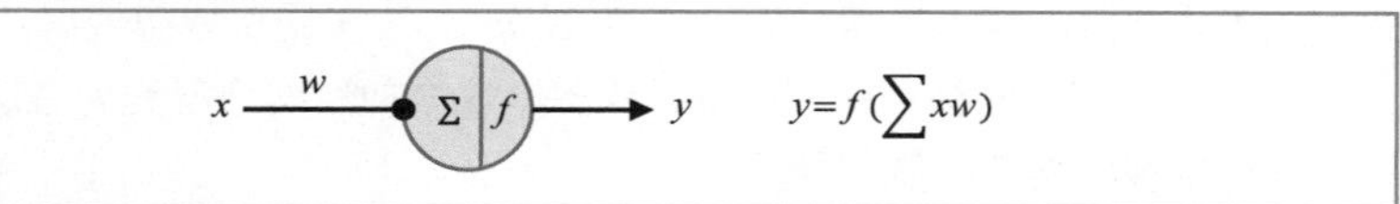

图 5-24　形式神经元

1949 年，针对神经细胞通过突触进行传递时，突触会随着自身活动的加强或减弱相应得到加强与减弱这一现象，人类提出了一个假设——突触是灵活连接的，也就是突触具有可塑性。这个假设后来也得到了实际证明。不过，人们更关注的是突触可塑性与学习之间的密切关系。

神经细胞之间的连接加强与记忆固化、运动掌握等学习作用紧密相关。这是由唐纳德·赫布（Donald Olding Hebb）提出的理论，所以被命名为 Hebb 定律（Hebb's rule，又称赫布定律）。

用 Hebb 定律解释形式神经元就是权值会随着输入值和输出值发生改变（图 5-25）。

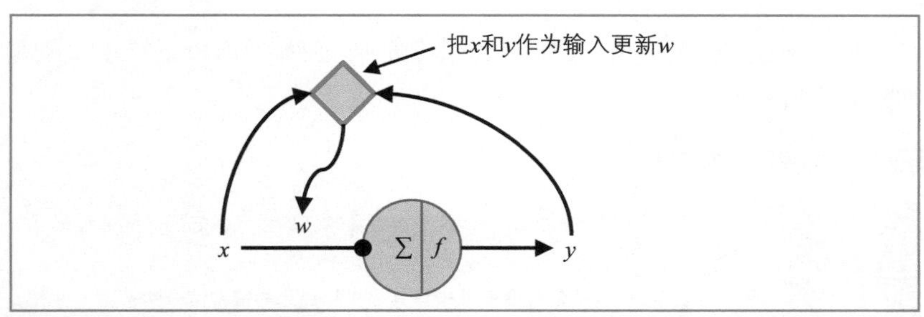

图 5-25　Hebb 定律中对形式神经元的反馈

神经网络

由多个形式神经元连接构成的神经回路图的数学模型称为神经网络。神经网络中相同类型的元素并行排列形成的单元（unit）统称为层。常见的神经网络如图 5-26 所示。用节点（圆圈）表示神经元或输入的状态，沿着箭头方向进行处理。也可以在图中为接收输入的节点添加激活函数。

如果神经网络的组成单元数增多，那么可以把多个单元聚合到一起，用四边形表示一个层，或者用其他节点表示节点之间的激活函数部分。

神经网络中不同层的组成单元个数可以相同，也可以有所增减。当层数大于等于 3 时，输入层和输出层之间的层就称为中间层或隐藏层。

如果一个神经网络的中间层数目较多，这个神经网络就称为多层神经网络或深度神经网络（图 5-26）。

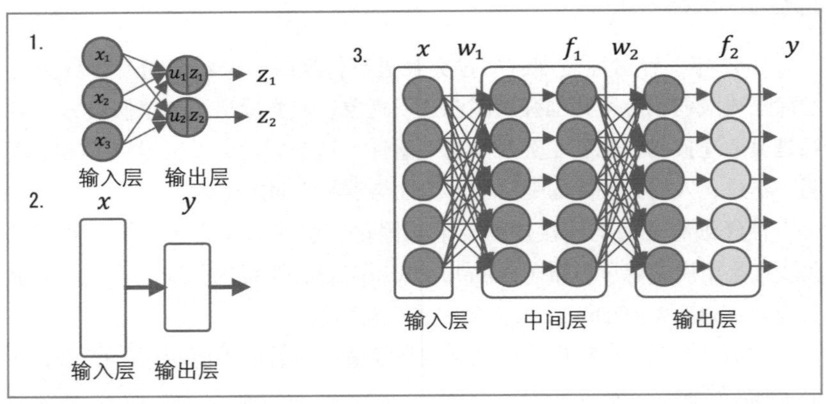

图 5-26 神经网络的示例

形式神经元以及多个形式神经元组成的神经网络具有以下特性，具体如表 5-4 所示。

表 5-4 神经网络的特性

分散性、并行性	有多个相同或相似的神经元，以及由神经元构成的单元。它们之间通过相互连接来交换信息
局部性	每个神经元接收到的信息会变成来自其邻接神经元的输入信号的状态、神经元自身的内部状态、输出信号的状态，或者邻接神经元的邻接神经元的状态

（续）

权重和	神经元在接收输入信号时，会根据神经元之间的连接情况施加权重（连接权重），把带权重的输入总和或输入值通过非线性函数进行转换，将得到的输出值作为神经元的内部状态
可塑性	连接权重根据神经元接收的输入信号发生变化，这称为可塑性。可塑性可用于神经网络的训练和自组织
泛化能力	神经网络不仅能够对学习过的特定情况做出符合期望的动作，还能通过插值和外推等来应对未学习过的情况

激活函数

形式神经元对接收的输入值进行输出时，会用到一个名为激活函数的非线性函数。该函数会基于阈值来调整神经元的输出。激活函数包括 McCulloch-Pitts 模型中使用的单位跃阶函数，还有 Step 函数和 Sigmoid 函数（图 5-27）。

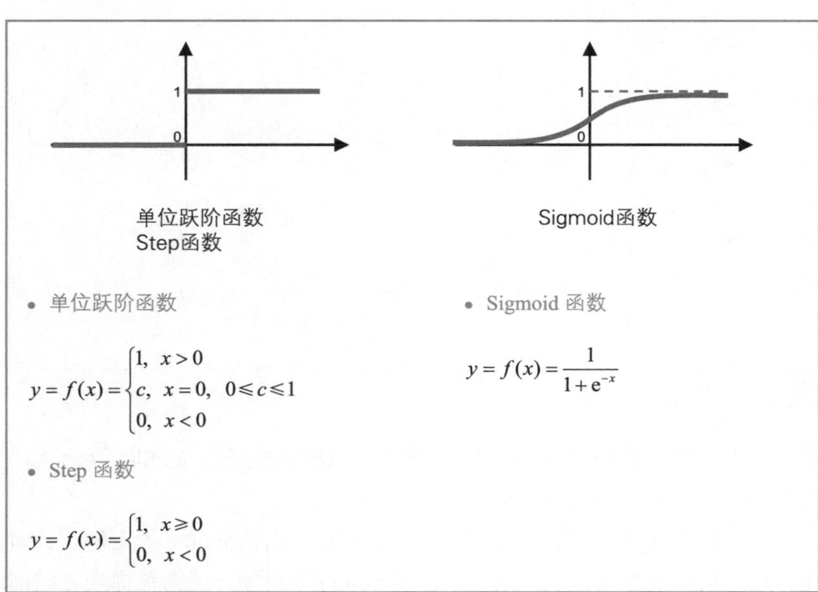

$$y=f(x)=\begin{cases}1, & x>0\\ c, & x=0,\ 0\leqslant c\leqslant 1\\ 0, & x<0\end{cases}$$

$$y=f(x)=\frac{1}{1+e^{-x}}$$

$$y=f(x)=\begin{cases}1, & x\geqslant 0\\ 0, & x<0\end{cases}$$

图 5-27 **激活函数**

Step 函数与单位跃阶函数相似，与狄拉克 delta 函数在 $(-\infty, +\infty)$ 上的积分相等。

Sigmoid 函数是一个连续函数，当 $x=-\infty$ 时，输出无限趋近于 0，当 $x=+\infty$ 时，输出无限趋近于 1，当 $x=0$ 时，输出为 0.5。该函数的计算公式与 Logistic 回归中使用的 Logistic 函数的反函数相同。Sigmoid 函数可以写作 sigmoid(x) 或 $\sigma(x)$。

另外，双曲正切函数 $\tanh(x)$ 与 Sigmoid 函数相似。当 $x=-\infty$ 时，输出无限趋近于 -1，当 $x=+\infty$ 时，输出无限趋近于 1。

感知器

在神经网络的早期研究中，20 世纪 50 年代提出的基于 McCulloch-Pitts 模型的学习机器就是感知器（图 5-28）。

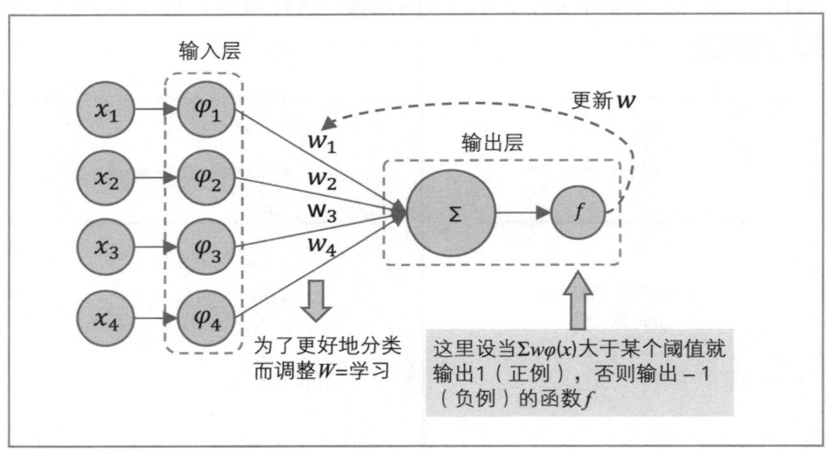

图 5-28　**感知器的模型图**

学习算法中应用了 Hebb 定律。根据函数的输出值，感知器会向正梯度方向或负梯度方向调整权重系数。

把两种状态分别设置为正例和负例。如果输出值 $w\varphi(x)$ 为正例，就向正梯度方向调整权重系数；如果输出值 $w\varphi(x)$ 为负例，就向负梯度方向调整权重系数。η 称为学习系数（图 5-29）。

- 为正时

$w \Leftarrow w + \eta \cdot \varphi(x)$

- 为负时

$w \Leftarrow w - \eta \cdot \varphi(x)$

图 5-29　**权重系数的更新公式**

关于单层感知器，存在以下定理。

- 感知器收敛定理

  如果训练数据是线性可分的（当训练数据分为正例和负例时），感知器算法会在有限次迭代运算后收敛，找到分类超平面。

但是，感知器算法也存在一定的局限性。如果数据线性不可分，算法就无法收敛，即使数据线性可分，算法也需要很长时间才能收敛（图 5-30）。

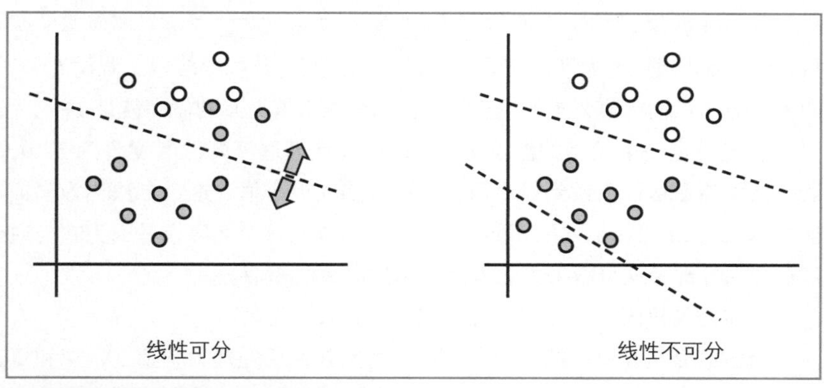

图 5-30　**数据线性可分 / 线性不可分**

玻尔兹曼机

感知器中的信息从输入节点单方向前进到达输出节点。而在 1986 年杰夫 · 辛顿（Geoffrey Hinton）等人提出的神经网络结构玻尔兹曼机（图 5-31）中，所有节点之间的连线都是双向的。所以玻尔兹曼机具有负反馈机制，节点向相邻节点输出的值会再次反馈到节点本身。

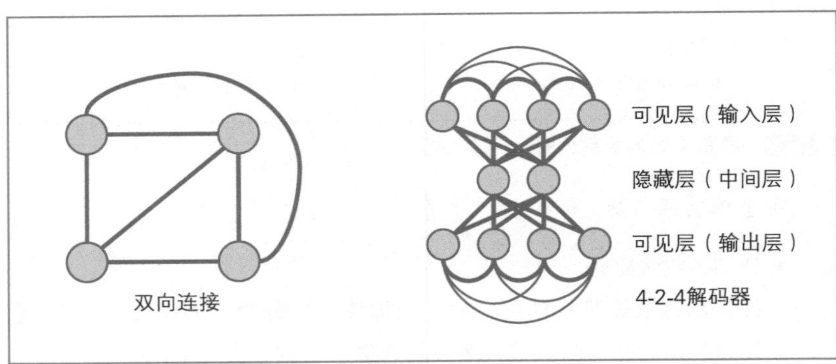

图 5-31　**玻尔兹曼机**

玻尔兹曼机的输出是按照某种概率分布进行的。

在 Sigmoid 函数中添加参数 T，计算 $f\left(\frac{x}{T}\right)=\frac{1}{1+\mathrm{e}^{-x/T}}$。$T$ 称为温度参数，Sigmoid 函数的梯度会随着 T 值的变化而变得陡峭或缓慢。假设 $f(x/T)$ 的函数值表示输出值为 1 的概率为 P，那么输出值为 0 的概率就是 $1-P$。

首先设定一个较高的温度 T，通过迭代计算逐渐降低温度直到 $T=0$，这样网络能量可以收敛到最小值，而不会陷入极小值。这个方法称为模拟退火算法（Simulated Annealing，SA）。之所以叫这个名字，是因为它与通过加热后冷却金属材料来去除内部缺陷的退火法相似。

玻尔兹曼机因样本分布遵循玻尔兹曼分布而得名。

玻尔兹曼机开辟了统计力学领域，特别是在研究热力学第二定律和概率计算之间的关系时，熵值可以用来表示气体中原子和分子等的混乱程度。熵值越大物质越不稳定，熵值越小物质越稳定，这与网络的能量函数会收敛到最小值直接相关。

和感知器一样，玻尔兹曼机也能进行学习。假设有一个由可见层和隐藏层组成的玻尔兹曼机，可见层节点与数据的输入输出有关，隐藏层节点的作用是提高内部自由度。这种玻尔兹曼机会使用可见层和隐藏层的节点数，它也可以称为 N-M-N 编码器（$M<N$）。图 5-32 中的公式使用了赤池

信息量准则[①]来衡量两层之间的环境差。

$$G=\sum_{\alpha}P_{\alpha}^{+}\ln\frac{P_{\alpha}^{+}}{P_{\alpha}^{-}}$$

※：ln 是以 e 为底数的自然对数

图 5-32　玻尔兹曼机学习的赤池信息量准则公式

玻尔兹曼机的学习指迭代实施正向学习阶段和反向学习阶段。P_{α}^{+} 表示在正向学习阶段，当用训练数据给定可见层的状态时，状态 α 出现的概率；P_{α}^{-} 表示在反向学习阶段，当网络中的所有节点自由运行时，状态 α 出现的概率（图 5-33）。

$$p_{ij}^{+}=\sum_{\alpha}P_{\alpha}^{+}x_i^{\alpha}x_j^{\alpha}$$
$$p_{ij}^{-}=\sum_{\beta}P_{\beta}^{-}x_i^{\beta}x_j^{\beta}$$
$$\Delta w_{ij}=\eta(p_{ij}^{+}-p_{ij}^{-})$$

图 5-33　权重系数的更新公式

α 表示节点的状态组合，其数量与训练数据的个数相等。只有当正向学习阶段和反向学习阶段的概率分布一致时，G 才会变成 0，否则 G 为正值。我们可以使用梯度下降法等方法来迭代更新权重系数以使 G 降到最小值。在更新权重系数时，需要根据节点的状态计算出 Δw_{ij}。这里的 η 表示学习系数，Δw_{ij} 也可以定义成一个常数。这里的 β 表示所有节点自由运行的状态，有 0 和 1 两种状态，组合数为 $2^{(2N+M=\text{节点数})}$。

这一系列过程可用图 5-34 表示。

① Akaike Information Criterion，简称 AIC，由日本统计学家赤池弘次创立和推进。赤池信息量准则建立在熵的概念基础上，可以权衡所估计模型的复杂度和此模型拟合数据的优良性。——译者注

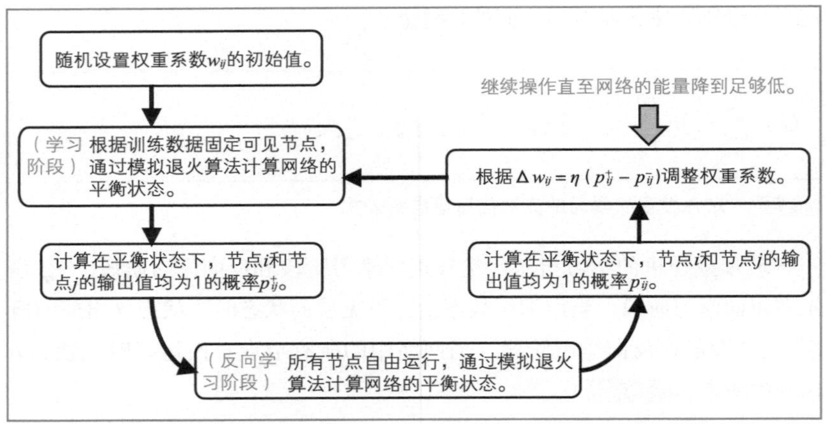
随机设置权重系数w_{ij}的初始值。
继续操作直至网络的能量降到足够低。
（学习阶段）根据训练数据固定可见节点，通过模拟退火算法计算网络的平衡状态。
根据$\Delta w_{ij} = \eta\ (p_{ij}^{+} - p_{ij}^{-})$调整权重系数。
计算在平衡状态下，节点i和节点j的输出值均为1的概率p_{ij}^{+}。
计算在平衡状态下，节点i和节点j的输出值均为1的概率p_{ij}^{-}。
（反向学习阶段）所有节点自由运行，通过模拟退火算法计算网络的平衡状态。

图 5-34 **玻尔兹曼机的学习算法**

我们可以把玻尔兹曼机看作约翰·霍普菲尔德（John Hopfield）于1982年提出的Hopfield神经网络的一种形态。玻尔兹曼机与20世纪70年代提出的联想记忆模型（associative memory model）和联结主义（connectionism）有一定关系。所以，当节点状态变化后，就连网络构建者也很难预测网络的全局状态，当时人们非常期待玻尔兹曼机在功能方面有所创新。

反向传播算法

玻尔兹曼机中相邻节点之间没有方向性，所以我们可以认为它具备反馈机制。在单向传播的神经网络中也能构建出这种机制。

笔者前面介绍过的感知器中的权重系数更新就是一种反馈机制。在包含多个中间层的阶层型神经网络中，有一种利用输出层的输出值与训练数据之间的误差来调整中间层神经元特性的机制——误差反向传播算法（backpropagation）。误差反向传播算法是20世纪80年代提出的学习方法。

多层感知器

单层感知器只有输入层和输出层，它仅对线性可分问题具有分类能力，并且特别耗时。为了解决这些问题，多层感知器应运而生（图 5-35）。

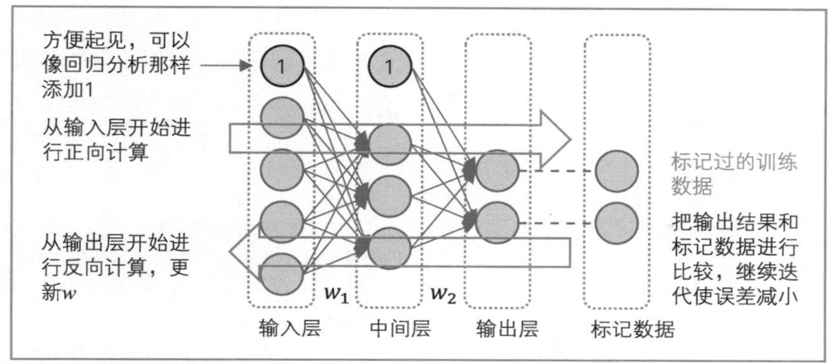

图 5-35　**多层感知器**

多层感知器由多个单层感知器组合而成，即使是非线性分布，通过硬性的映射迭代后也能转换为线性分布。

在多层感知器中，首先正向计算每一层的输出，然后通过反向传播算法从输出层开始反向更新权重系数。这个过程适用于有标记数据的网络学习（有监督学习）。

我们可以使用回归分析中使用的误差函数来反映最小二乘误差，然后使用梯度下降法，以此来比较输出结果与标记数据。

当神经网络的输出层只有一个节点时，可通过二分类（0 或 1）或实数来表示，当输出层有多个节点时，可通过多分类来表示。

自组织

在神经网络的学习过程中，通过网络和外界的信息交互，即通过输入数据和更新输出后的权重系数自发地向有序转变的过程称为自组织（self organization）。除了神经网络，自组织也存在于高分子化合物和生物体中。

例如，在制备有机薄膜时，利用同类型高分子聚合物易于聚集的特性，可通过天然方法制备有机薄膜，无须消耗过多的能量。而且在薄膜的制备过程中，通过改变温度和压力等条件，我们可以对有机薄膜进行多种操作。

在生物体中，已知在小鼠等啮齿动物大脑皮层的躯体感觉皮层中，神经元组成的“桶”与小鼠嘴上的胡须一一对应。这些“桶”排列在一起形成桶阵（图 5-36）。无论是从微观角度还是从宏观角度，相似的物质和功能总是位于相邻区域。通过这个现象，我们很容易想到神经网络经过学习后，可能也会产生类似的现象。

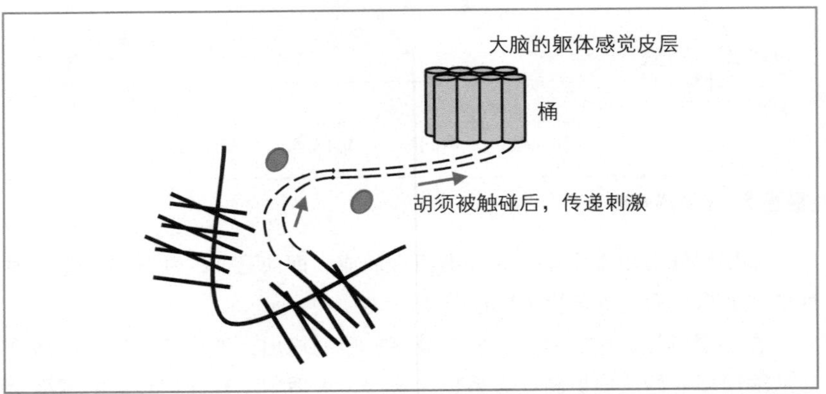

图 5-36 **小鼠的桶阵图**

专栏 大阪大学研究小组解密为什么美味的食物能够增进食欲

实验表明，人们在享受美味的食物时，肠胃的活动也会变得活跃，从而增进饮食。这可能是刺激通过味觉中枢传递到了相邻的控制肠胃的区域所造成的。

我们知道大脑中有一个叫作下丘脑的结构负责控制食欲。研究发现，可能存在一条路径使味觉中枢受到的刺激传递到控制肠胃的区域。

在自组织中，像桶阵那样，接收同一位置的刺激的功能体也会聚集在同一位置，不过功能体之间区分明确。还有一种情况是相关的功能之间（比如味觉和消化器官）可能存在联络通道，这在微观角度也能产生相应的作用。

由此我们可以预测，今后将有越来越多的人工智能研究人员通过模拟大脑中各功能区的位置和功能来设置神经网络中各组件的位置。不过，设置的位置与大脑相同就能自然而然地得到相应的功能吗？这就涉及其他话题了。

第6章 统计机器学习（概率分布和建模）

机器学习中利用了大量的神经网络，需要耗费大量的计算机资源，所以在21世纪以前，机器学习的引入受到了限制。与此同时，人们也利用基于概率分布函数和数学模型的统计机器学习对各种数据进行了研究和开发。本章，笔者将对各种概率分布和贝叶斯统计学的基础——贝叶斯定理、贝叶斯估计和MCMC（马尔可夫链蒙特卡罗方法）等进行说明。

统计模型和概率分布

下面来介绍一下统计模型和概率分布。

要点
- 机器学习
- 广义线性模型和基函数
- 主要的基函数
- 其他非线性函数

现象基于概率发生

世界上绝大多数事情的发生基于某种概率。比如抛掷硬币时是正面朝上还是反面朝上、台风向北移动时的预测范围及天气，甚至明天是否会发生交通事故、太阳是否升起等现象都可以用概率来表示。

在第 4 章的回归分析部分，笔者介绍了根据二维平面上的自变量和因变量的散点图拟合线性函数的方法。

这个方法看起来与概率无关，但实际上并非如此。在求最佳拟合函数时设定的误差函数与概率有关。这是因为在绘制某种测定结果的散点图时，误差出现的概率通常遵循某种概率分布。我们把这种误差称为测量误差，测量误差的分布服从正态分布规律。

某些遵循一定概率分布的误差会导致自变量和因变量产生偏差，同时自变量和因变量之间的相关性也服从某种概率，这样的模型称为概率分布模型（图 6-1）。

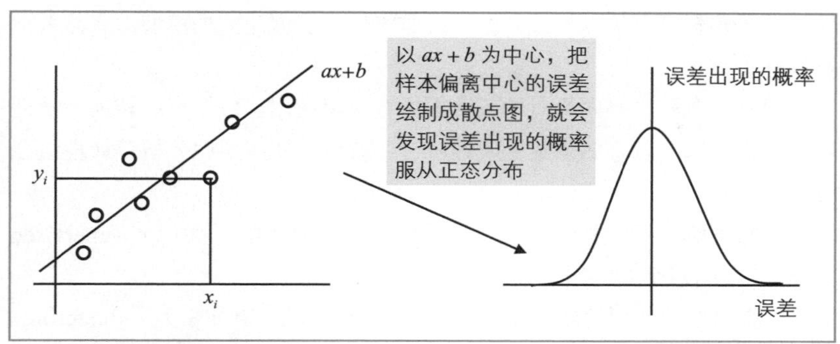

图 6-1　**测量误差和正态分布**

机器学习

机器学习这个词容易让人们联想到机器进行学习。我们在第 5 章中把神经网络根据输入数据调整自身权重系数的行为称为学习。

机器学习根据输入数据的特征和分布趋势，对数据进行自动分割和重建，以得到最优的数据描述。在统计机器学习中，这与概率的概念密切相关。

图 6-2 展示的内容略显杂乱，不过我们可以通过该图来看一下回归分析与机器学习之间的相关性。

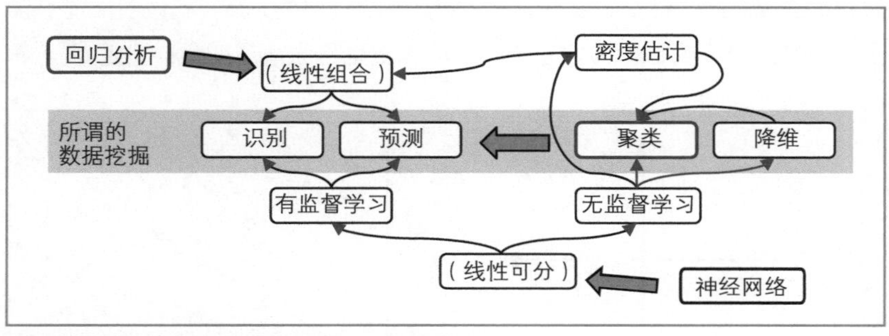

图 6-2　**回归分析与统计机器学习之间的相关性**

这里也包含了基于神经网络的方法。对输入数据进行回归分析的主要目的是识别和预测数据，利用的是数据可以通过线性组合来表示的特性。这与根据已标记的训练数据（或监督信号）创建数据模型的有监督学习相近。

另外，基于神经网络对输入数据进行学习利用了数据可以转换为线性可分的形式这一点。如果数据线性可分，就可以使用回归分析等线性组合方法。

我们也可以不通过神经网络，直接在有监督学习或无监督学习（unsupervised learning）中使用输入数据。

无监督学习使用的输入数据是完全没有标记的，例如聚类（clustering）和降维（dimensionality reduction）。另外，我们也可以把密度估计看作一种无监督学习。对数据进行识别、预测或聚类，进而发现新的数据特征的过程称为数据挖掘（data mining）。聚类和降维的主要作用是使数据挖掘的结果可视化，其目的是在不需要人类直接干预的情况下能识别和预测数据。

广义线性模型和基函数

如果自变量和因变量是一一对应的，绘制散点图时就可以用标准正交基来表示它们。标准正交基可以理解为直角坐标系中的空间向量的坐标轴。

在标准正交基中，变量的个数可以根据向量的维数增加，所以标准正交基也可以表示高于三维的模型。坐标轴两两垂直，即向量线性独立（或线性无关）。回归分析就是试图利用线性独立的自变量的线性组合（自变量的和）来预测因变量，如果自变量之间具有线性相关关系，就说明出现了自变量混淆。自变量也称为独立变量，因变量也称为从属变量。（图 6-3）。

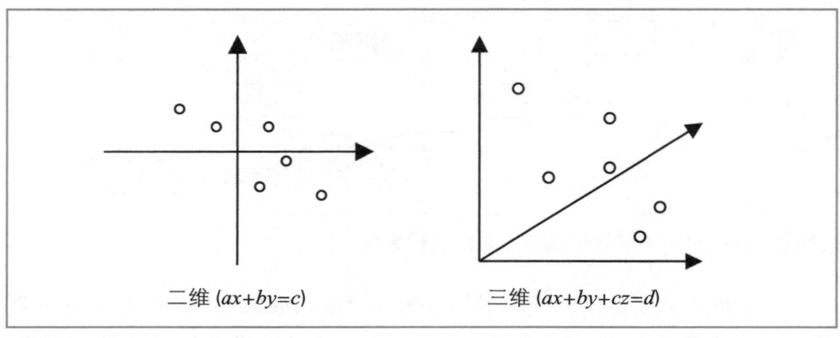

图 6-3 标准正交基

自变量也可以是一个函数，这种函数称为基函数。例如广义线性模型和混合正态分布等能够刻画非正态分布的混合模型，这种模型就是通过基函数或基函数的线性组合来构建的（图 6-4）。

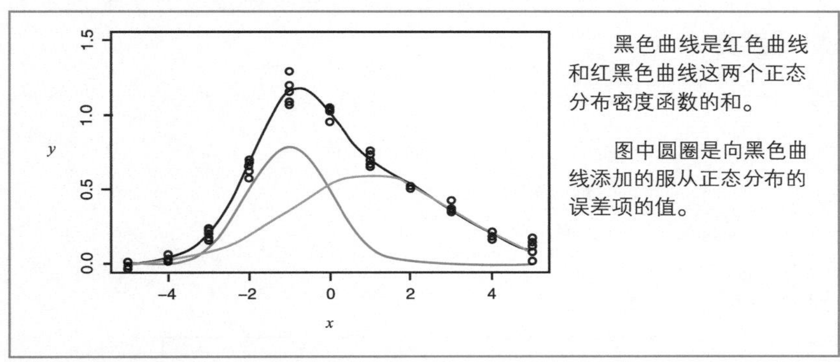

图 6-4　**混合正态分布**

主要的基函数

根据要使用的概率分布模型，我们可将基函数分为连续概率分布和离散概率分布（图 6-5）。

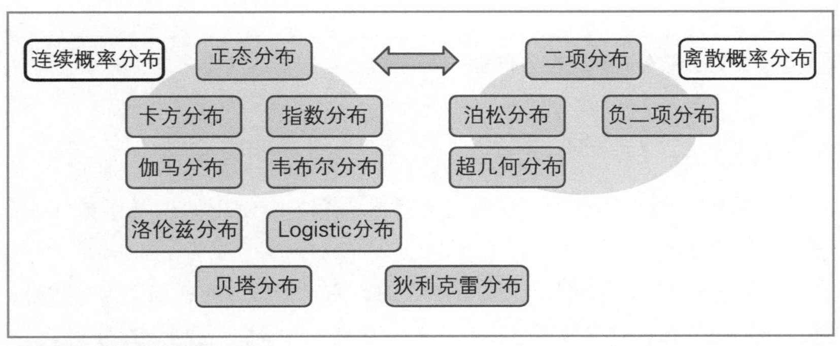

图 6-5　**主要的函数模型**

1. 正态分布

正态分布又称高斯分布，它是最常用的一种分布。自然界中的很多现象服从正态分布，实验中的测量误差和一些社会现象等也被认为服从正态分布。另外，当满足一定条件时，二项分布近似于正态分布。

严格来讲，为了便于计算和简化模型，对于不服从正态分布的数据，我们也会假设其服从正态分布。$E(x)$ 表示平均值（期望值），$V(x)$ 表示方差（图 6-6）。

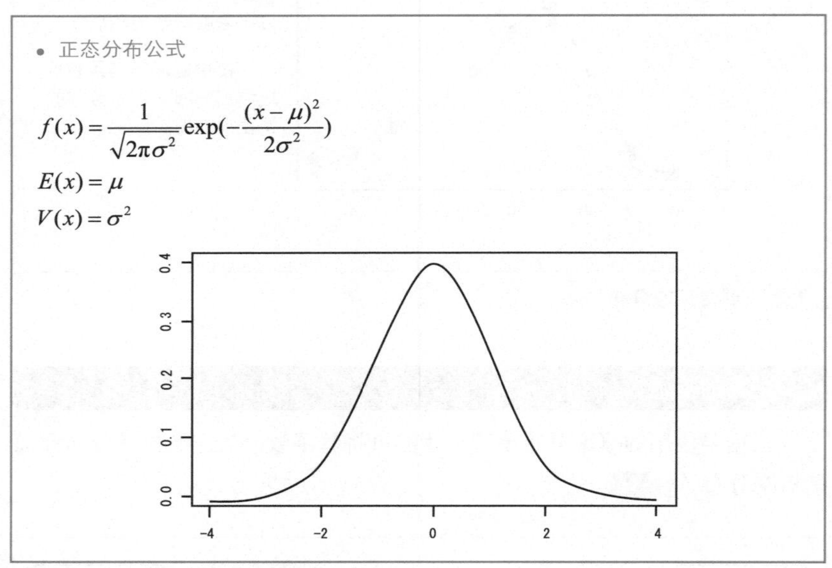

图 6-6 **正态分布公式和正态分布图**

2. 伽马分布

对于任意的自然数 N，伽马分布（图 6-7）中使用的伽马函数 Γ 等于 N 的阶乘 $N!$。

伽马分布有一些特例。比如当 $k=1$ 时，它是指数分布；当 k 为整数时，它是埃尔朗分布；当 k 为半整数 $((2n-1)/2)$ 且 $\theta=2$ 时，它是卡方分布。

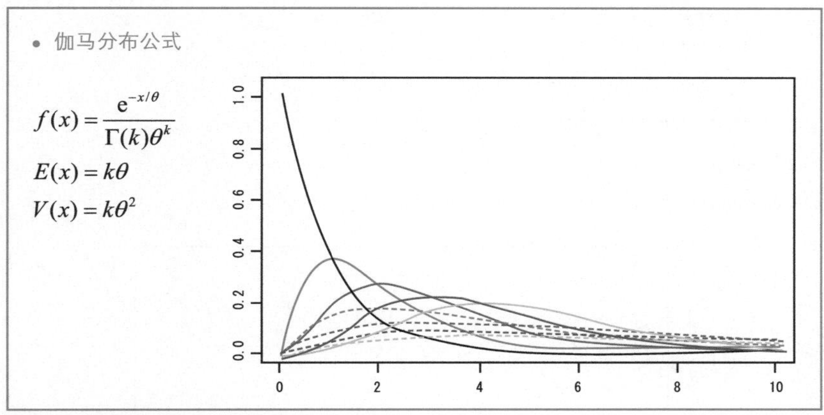

图 6-7　**伽马分布公式和伽马分布图**

3. 指数分布

指数分布是伽马分布的一种特殊形式（图 6-8）。指数分布是描述（独立）事件发生时间间隔的概率分布，λ 表示单位时间内事件的平均发生次数。指数分布与泊松分布也有着紧密的联系。指数分布与拉普拉斯分布的形状相似（图 6-9）。

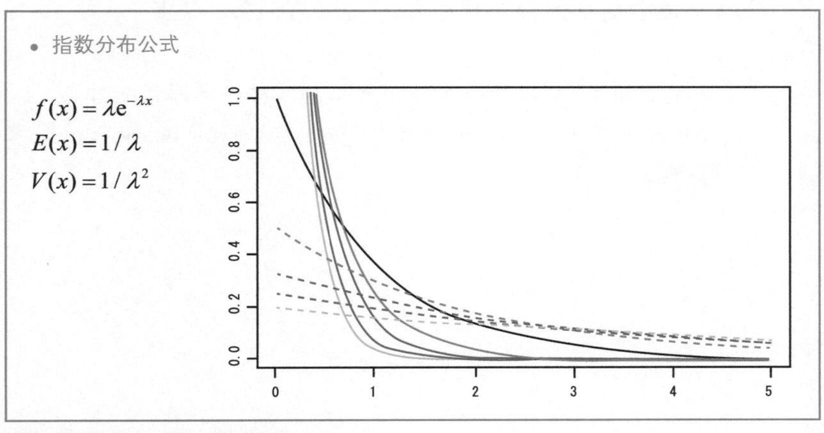

图 6-8　**指数分布公式和指数分布图**

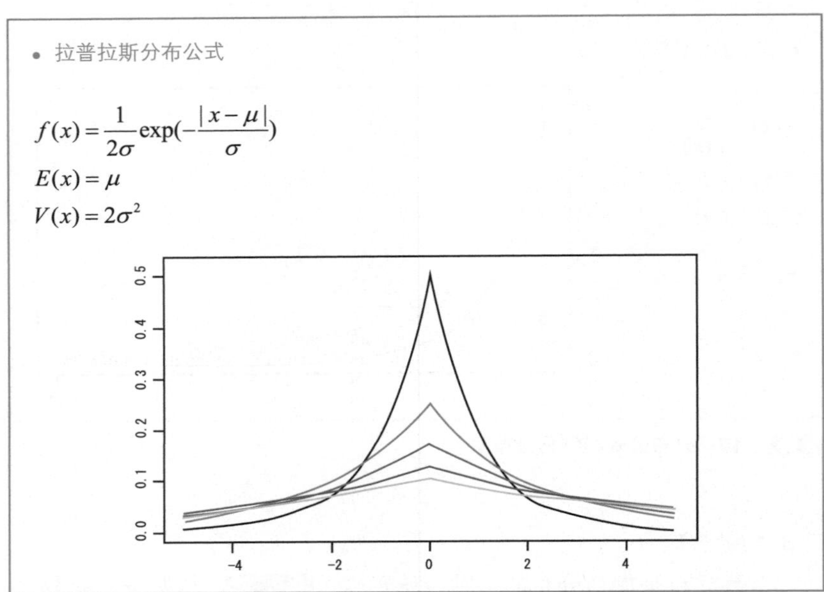

图 6-9　拉普拉斯分布公式和拉普拉斯分布图

4. 贝塔分布

贝塔分布中变量的分布函数正好是贝塔函数，满足 $\alpha>0$，$\beta>0$，$0\leqslant x\leqslant 1$。

通过调整 α 和 β，贝塔分布可以用来拟合多种不同形状的分布。因此，在贝叶斯统计学中，贝塔分布常作为先验分布（prior distribution）模型使用（图 6-10）。

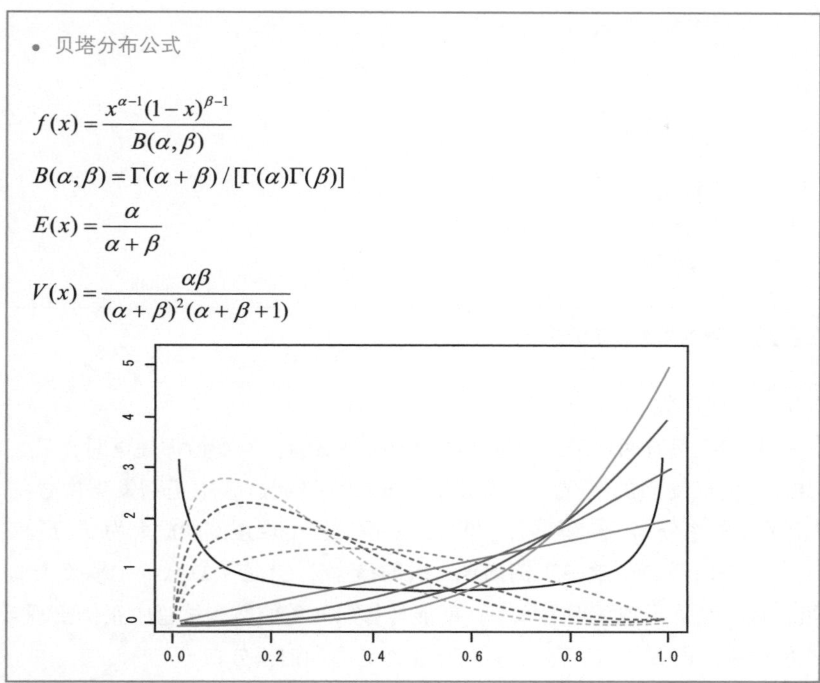

图 6-10　**贝塔分布公式和贝塔分布图**

5. 狄利克雷分布

狄利克雷分布又称多元贝塔分布，是将贝塔分布从二维扩展到多维的分布。狄利克雷分布虽然是一个连续函数，但它在二维平面上就不是连续函数了。多项分布表示事件出现的次数是一个随机变量，而狄利克雷分布表示事件出现的概率是一个随机变量。狄利克雷分布在自然语言处理中也被广泛应用（图 6-11）。

- 狄利克雷分布公式

$$f(x)=\frac{1}{B(\alpha)}\prod_{i=1}^{K}x_i^{\alpha_i-1}$$

$$B(\alpha)=\frac{\prod_{i=1}^{K}\Gamma(\alpha_i)}{\Gamma(\sum_{i=1}^{K}\alpha_i)}$$

图 6-11　**狄利克雷分布公式**

6. 二项分布

我们把只有两种结果的试验称为伯努利试验，例如抛掷硬币时，只会出现正面或反面的情况。二项分布是 n 重伯努利试验中正例发生次数的（离散）概率分布（图 6-12）。例如，一次试验出现正例的概率为 p，p^k 表示在 n 重伯努利试验中正例出现 k 次的概率，C_n^k 是从总数 n 中取 k 个的组合数。结合出现负例的概率，就能计算出 n 重伯努利试验中正例出现 k 次的概率（即 p^k）。二项分布近似于正态分布和泊松分布。

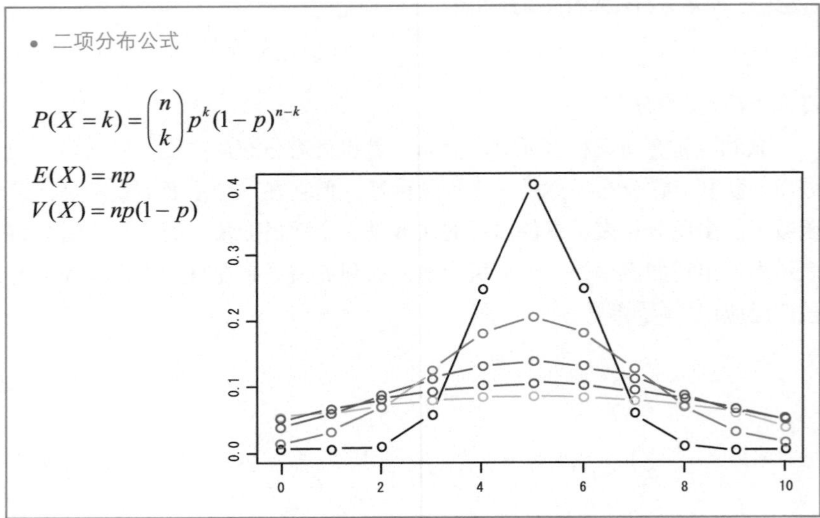

图 6-12　**二项分布公式和二项分布图**

7. 负二项分布

与二项分布不同，负二项分布表示恰好出现 r 次正例所需要的试验次数 n 的分布。它可以应用于生命科学领域（图 6-13）。

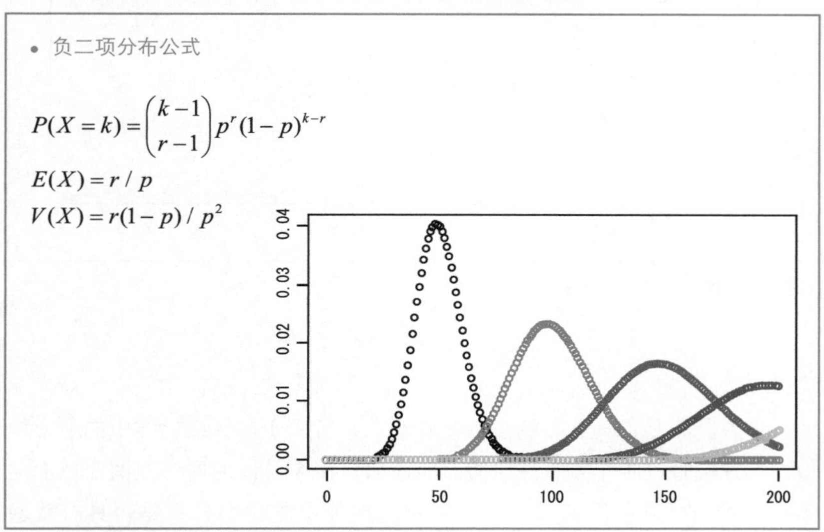

图 6-13　**负二项分布公式和负二项分布图**

8. 泊松分布

泊松分布用来描述单位时间内平均发生次数为 λ 的随机事件发生了 x 次的概率分布（图 6-14）。泊松分布描述的是单位时间内事件发生的次数的概率，而指数分布描述的是两次事件发生的时间间隔的概率密度。因此，我们可以认为泊松分布和指数分布是从两个方面来描述事件发生的概率的。

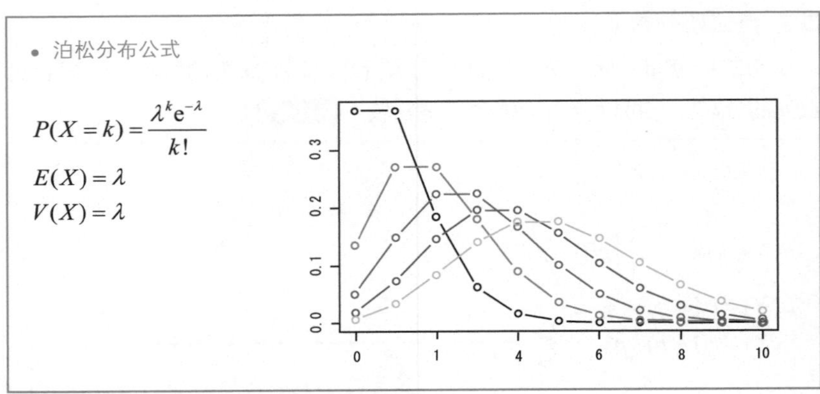

图 6-14 泊松分布公式和泊松分布图

9. 卡方分布

卡方分布是伽马分布的一种特殊形式，常用于推论统计学中的卡方检验。卡方检验也叫作独立性检验。对于来自多个总体的两个及两个以上的样本，我们可以利用卡方检验来检验这些样本的频率分布是否具有普遍性。卡方检验常用于临床试验和社会调查（图 6-15）。

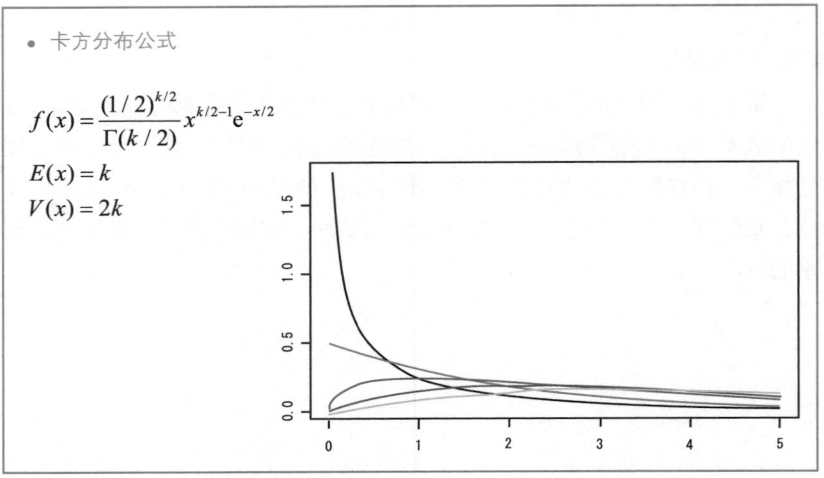

图 6-15 卡方分布公式和卡方分布图

10. 超几何分布

超几何分布描述无重复试验中事件发生的概率分布。例如，袋子中有红球和白球，从中取 n 次球时取到 k 个红球的概率（图 6-16）。

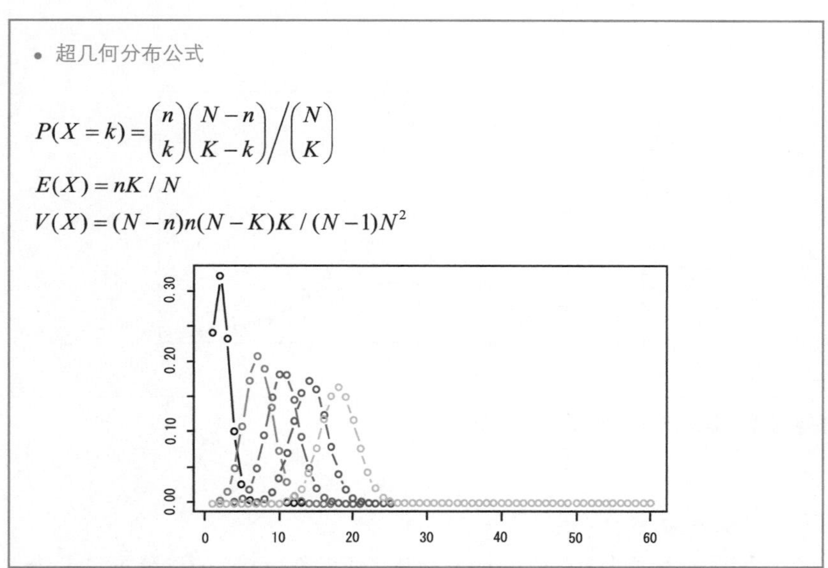

• 超几何分布公式
$P(X=k)=\binom{n}{k}\binom{N-n}{K-k}\Big/\binom{N}{K}$
$E(X)=nK/N$
$V(X)=(N-n)n(N-K)K/(N-1)N^2$
0.00
0.10
0.20
0.30
0
10
20
30
40
50
60

图 6-16　**超几何分布公式和超几何分布图**

若每次取出一个球之后放回袋中，超几何分布就会变成二项分布。超几何分布也能用于卡方检验等统计检验。

11. 洛伦兹分布

洛伦兹分布通常称为柯西分布，在物理学领域称为洛伦兹分布或 Breit-Wigner 分布。在光谱学中，柯西分布常用于描述在共振或其他机制作用下的电磁波和放射线的谱线分布（图 6-17）。

洛伦兹分布和正态分布的形状相似，但是洛伦兹分布的尾部衰减很慢，具有重尾特性，所以我们无法计算它的平均值和方差。

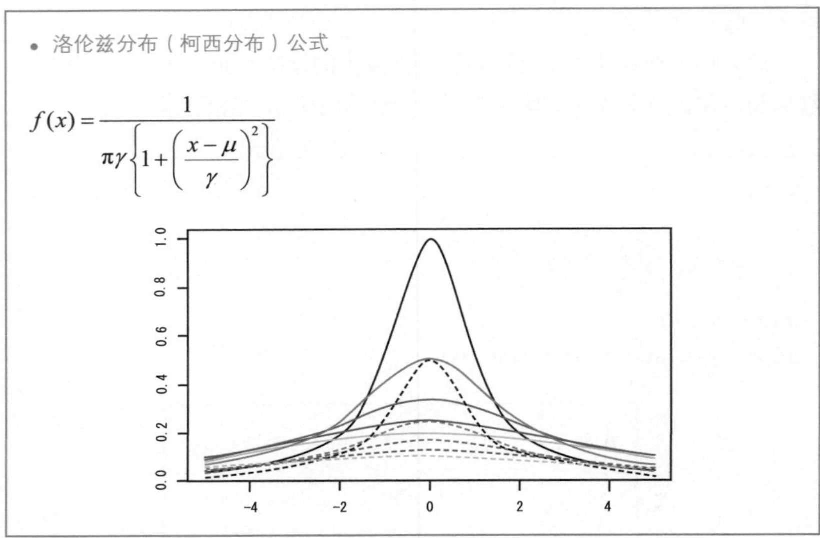

图 6-17 **洛伦兹分布公式和洛伦兹分布图**

12. Logistic 分布

累积分布函数是一个 Logistic 函数，所以称为 Logistic 分布。其形状与正态分布相似，但比正态分布更平坦，拖尾更长（图 6-18）。

• Logistic 分布公式

$$f(x)=\frac{e^{-\frac{x-\mu}{s}}}{s(1+e^{-\frac{x-\mu}{s}})^2} \qquad s>0$$

图 6-18 **Logistic 分布公式**

13. 韦布尔分布

韦布尔分布用于描述物体体积与强度之间的关系，可作为可靠性指标使用，表示机器的使用寿命和故障时间等（图 6-19）。

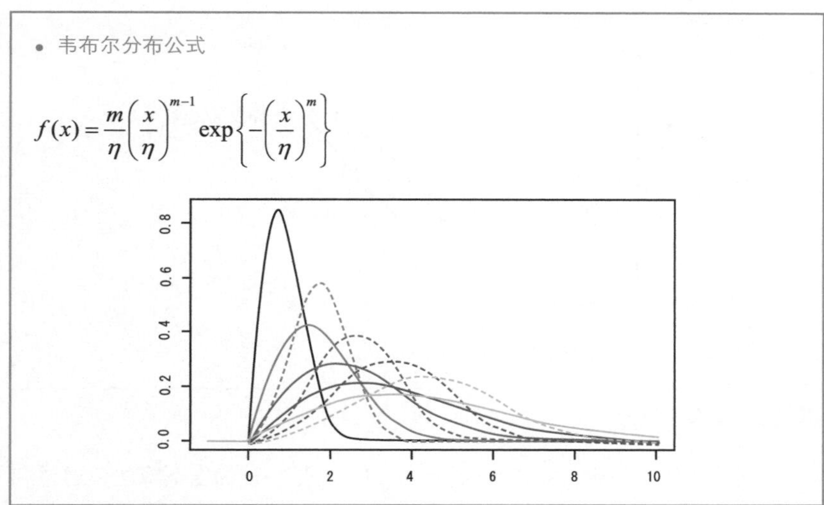

图 6-19　**韦布尔分布公式和韦布尔分布图**

韦布尔分布及其特例瑞利分布可用于表示雷达信号及散射信号强度的分布模型。

损失函数和梯度下降法

假设在对函数模型进行回归分析时，求使误差的平方和目标函数的值最小的参数。损失函数类似于目标函数。我们可以使用梯度下降法和最大似然估计（或最大似然法）来计算损失函数的最小值。

损失函数可以写成权重系数向量 $\boldsymbol{w}$ 的函数 L。损失函数对 w_i 求偏导后得到 L 的梯度 $\nabla L(\boldsymbol{w})$。当斜率值 $\nabla L(\boldsymbol{w}^*)=0$ 时，$\boldsymbol{w}^*$ 就是我们要计算的权重系数（图 6-20）。

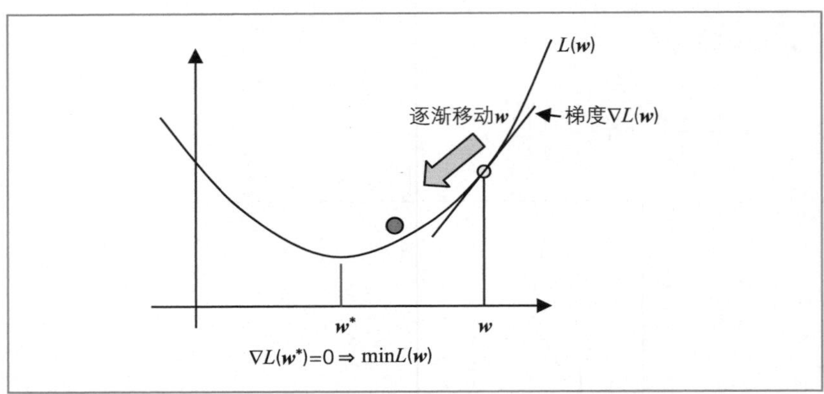

图 6-20 梯度下降法

最速下降法（steepest descent method）也是一种梯度下降法，通过利普希茨连续条件定义一个 G，使 $\boldsymbol{w}_k$ 中的梯度 $\nabla L(\boldsymbol{w}_k)$ 和 $\boldsymbol{w}_k$、$\boldsymbol{w}_{k+1}$ 之间的关系满足 $|L(\boldsymbol{w}_{k+1})-L(\boldsymbol{w}_k)| \leqslant G|\boldsymbol{w}_{k+1}-\boldsymbol{w}_k|$。这时我们把 $|\nabla L(\boldsymbol{w}_k)| \leqslant G$ 称为收敛条件（图 6-21）。

G、$\boldsymbol{w}_k$ 与 $\boldsymbol{w}_{k+1}$ 之间的间隔（步长）等参数通常需要根据启发式算法来确定。$\boldsymbol{w}$ 在满足收敛条件时为局部最优解，但有时局部最优解并不等同于全局最优解 $\boldsymbol{w}^*$。另外，如果步长过小，可能就要花费很长时间才能实现 $\boldsymbol{w}^*$。

为了避免这些问题发生，我们可以使用遗传算法或其他梯度下降法，还可以使用能够调整步长的牛顿法。

最速下降法需要计算所有给定数据的损失函数，算出权重系数。我们可以把它看成一种批处理方法。

但是，使用这种方法容易陷入局部最优解。另外，如果数据量很大，也会出现计算资源不足的情况。我们可以采用随机梯度下降法（stochastic gradient descent method），该方法同样能达到提取部分数据迭代更新权重系数的学习模型的效果。

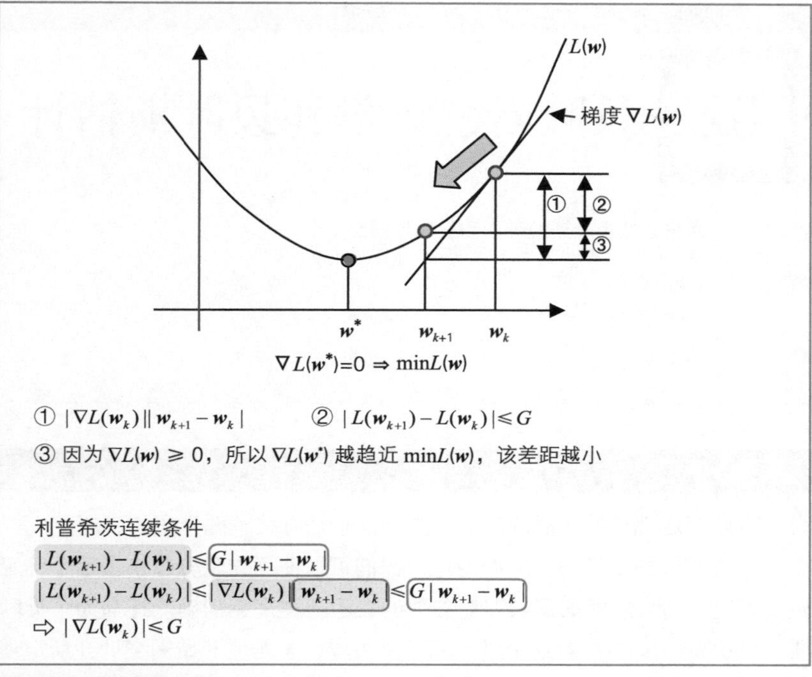

① $|\nabla L(\boldsymbol{w}_k)||\boldsymbol{w}_{k+1}-\boldsymbol{w}_k|$　　　② $|L(\boldsymbol{w}_{k+1})-L(\boldsymbol{w}_k)|\leqslant G$

③ 因为 $\nabla L(\boldsymbol{w}) \geqslant 0$，所以 $\nabla L(\boldsymbol{w}^*)$ 越趋近 $\min L(\boldsymbol{w})$，该差距越小

利普希茨连续条件

$|L(\boldsymbol{w}_{k+1})-L(\boldsymbol{w}_k)|\leqslant G|\boldsymbol{w}_{k+1}-\boldsymbol{w}_k|$

$|L(\boldsymbol{w}_{k+1})-L(\boldsymbol{w}_k)|\leqslant|\nabla L(\boldsymbol{w}_k)||\boldsymbol{w}_{k+1}-\boldsymbol{w}_k|\leqslant G|\boldsymbol{w}_{k+1}-\boldsymbol{w}_k|$

⇨ $|\nabla L(\boldsymbol{w}_k)|\leqslant G$

图 6-21　**最速下降法**

02 贝叶斯统计学和贝叶斯估计

下面来介绍贝叶斯统计学和贝叶斯网络。

要点
- 贝叶斯定理
- 最大似然估计
- 贝叶斯估计
- Logit 函数
- EM 算法
- 贝叶斯判别分析

贝叶斯定理

贝叶斯定理是贝叶斯统计学的基础，它是有关条件概率的定理。

所有的未知变量都有不确定性，我们可以使用先验分布来表示不确定性的程度，随着经验的积累，对参数的表示会越来越精确。托马斯·贝叶斯（Thomas Bayes）对这个过程非常感兴趣，于是他开始围绕贝叶斯定理展开研究，并在二项分布中发现了贝叶斯定理的特殊形式。但他未能把这种特殊形式泛化为我们现在普遍使用的贝叶斯定理。

贝叶斯的理论和应用的推进者是拉普拉斯，他发现并使用了贝叶斯定理。

贝叶斯定理用来描述两个条件概率之间的关系。

第一个公式定义了在事件 B 已经发生的条件下事件 A 发生的条件概率。对这个公式的表达形式进行转换就能得到我们常见的第二个公式。$P(A \cap B)$、$P(A|B)P(B)$ 以及 $P(B|A)P(A)$ 都表示事件 A 和事件 B 同时发生的概率。第三个公式定义了 n 个事件 $A_1, A_2, \cdots, A_n$ 为互斥事件时的条件概率（图 6-22）。

$$P(A \mid B) = \frac{P(A \cap B)}{P(B)}$$

$$P(A \mid B) = \frac{P(B \mid A)P(A)}{P(B)}$$

$$P(A_i \mid B) = \frac{P(B \mid A_i)P(A_i)}{\sum_{j=1}^{n} P(B \mid A_j)P(A_j)}$$

图 6-22　贝叶斯定理

赛马彩票等具有博彩性质的活动中常使用赔率（odds）一词。假设获胜的概率为 p，落败的概率为 $1-p$，赔率就等于 $p/(1-p)$。赔率越高说明获胜的可能性越低。对赔率取对数得到的 Logit 函数可在 Logistic 回归中使用。两个赔率的比称为比值比，用于表示两个总体中两个事件发生的可能性的大小。

例如，我们可以将比值比用作新药临床试验中的疗效指标，或者两个时期内男性人口数与女性人口数的变化趋势指标等。比值比也可以用贝叶斯定理表示，具体如图 6-23 所示。

$$\frac{P(A \mid B)}{1-P(A \mid B)} \bigg/ \frac{P(A)}{1-P(A)} = \frac{P(B \mid A)}{P(B \mid A^c)}$$

（A^c 中的 c 为 complement 的简略形式，表示事件 A 的互补事件）

图 6-23　用贝叶斯定理表示比值比

例 1：检查的阳性预测值

我们来看一下疾病检查中的阳性预测值。假设人类患某种疾病的概率是 0.01，患病者进行检查后结果为阳性的概率为 0.99，健康的人进行检查后结果为阳性的概率为 0.10。

患病者的检查结果呈阳性的概率很高，所以大家可能会认为该检查效果很好，但是计算一下就会发现，检查结果呈阳性且实际患病的可能性仅为 0.091，还不到 10%（图 6-24）。

$$P(疾病|阳性)=\frac{P(阳性|疾病)P(疾病)}{P(阳性)}=\frac{0.99\times 0.01}{0.01\times 0.99+0.99\times 0.10}=0.091$$

图 6-24 阳性预测值的计算公式

例 2：目击出租车的颜色

假设发生了一起出租车交通肇事逃逸事件，目击者称肇事出租车是蓝色的。假设这个城市只有两种颜色的出租车，其中蓝色的占 15%，绿色的占 85%。相同条件下的试验结果显示，被辨认为蓝色的出租车的颜色确实为蓝色的概率是 80%。这时计算目击者看到哪种颜色的出租车的可能性更高，结果显示，肇事出租车的颜色为绿色的概率是 59%（图 6-25）。

$$\frac{P(蓝色|目击)}{P(绿色|目击)}=\frac{P(目击|蓝色)}{P(目击|绿色)}\times\frac{P(蓝色)}{P(绿色)}=\frac{0.8}{0.2}\times\frac{0.15}{0.85}=\frac{12}{17}$$

$$P(蓝色|目击)+P(绿色|目击)=由此可得$$

$$P(绿色|目击)=\frac{17}{12+17}\cong 0.59$$

图 6-25 出租车颜色的计算公式

最大似然估计和 EM 算法

假设观测数据由原始数据真值和噪声组成，那么在使用最小二乘法等方法计算真值时，我们通常会设置一个损失函数，这个损失函数也可以用似然函数代替。

在求使似然函数最大的参数 θ 的值时，θ 就是最大似然估计（Maximum Likelihood Estimation，MLE）（图 6-26）。似然函数用于观测数据出现的可能性，而最大似然估计表示噪声分布最均匀、熵最大的状态。

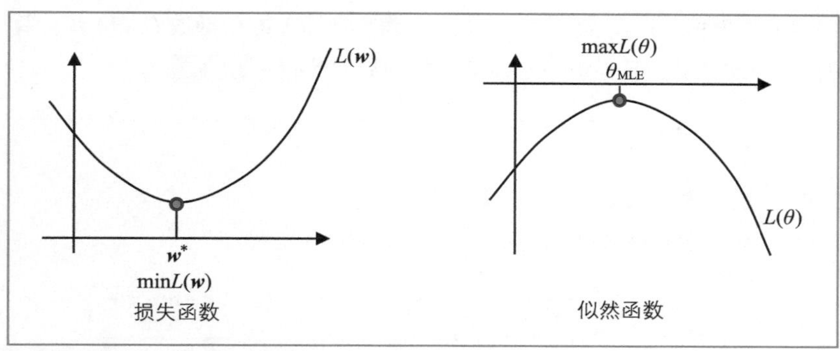

图 6-26　**损失函数和似然函数**

似然函数通常是因子乘积的形式，将它转化成对数似然方程式更方便求解（图 6-27）。

$$\frac{\partial \log L(\theta)}{\partial \theta_1} = \frac{\partial \log L(\theta)}{\partial \theta_2} = \cdots = \frac{\partial \log L(\theta)}{\partial \theta_k} = 0$$

图 6-27　**对数似然方程式**

对于比较复杂的似然函数，我们无法直接求得最大似然估计，所以通常选择迭代计算的方法。假设真值为完全数据 x，观测到的数据 y 就称为不完全数据。因为施加给 x 的作用 s 是未知的，所以我们无法根据数据 y 唯一确定数据 x（图 6-28）。

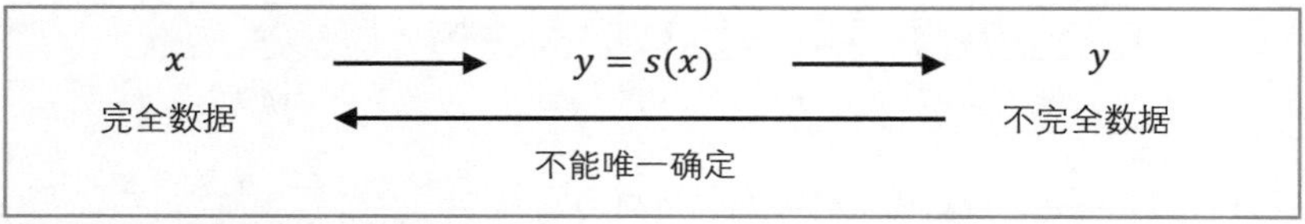

x ⟶ $y = s(x)$ ⟶ y

完全数据 ⟵ 不完全数据

不能唯一确定

图 6-28　**完全数据和不完全数据的关系图**

似然函数可通过将删失数据转化为虚拟的完全数据得到。对于含有隐变量的概率模型，我们可以通过不完全数据求该似然函数的最大似然估计，这种方法叫作 EM 算法。

EM 算法是一种迭代算法，由 E 步和 M 步组成，用于求出对数似然函数的最大值。E 步求依赖于 θ（用于确定下界）的凸函数 Q，M 步计算 θ，使 Q 最大化。E 步中的 Q 函数也称为后验分布（图 6-29）。

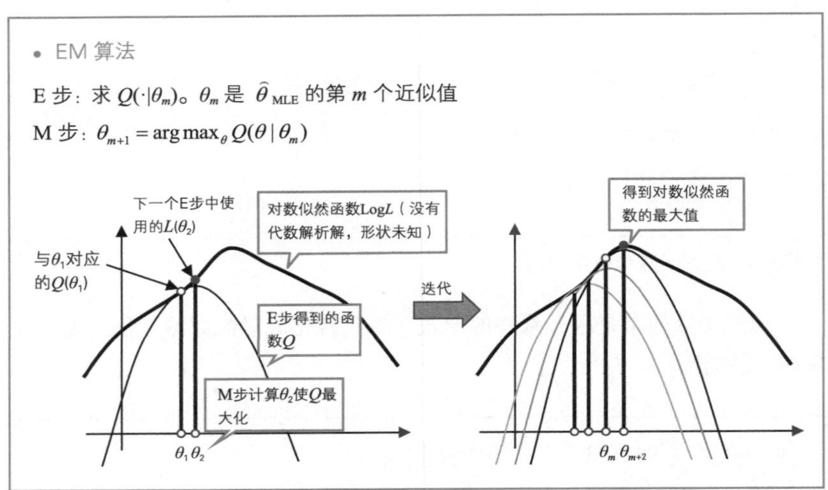

图 6-29　**EM 算法公式和 EM 算法图**

贝叶斯估计

贝叶斯估计法中样本数据的总体分布不具有唯一性，其密度函数用 $\pi(\theta)$ 表示，π 称为先验分布或主观分布（subjective distribution）（图 6-30）。

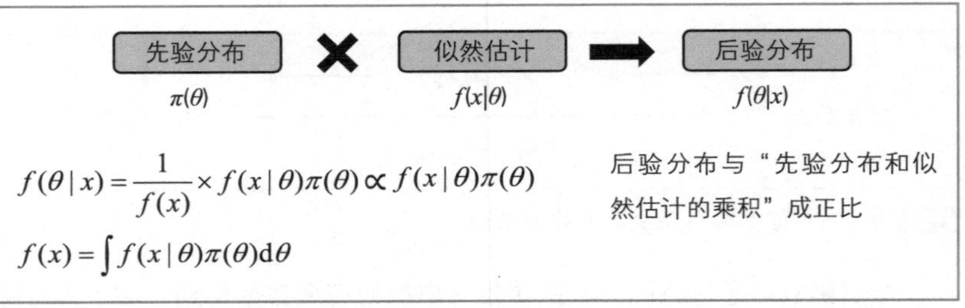

先验分布
$\pi(\theta)$
似然估计
$f(x|\theta)$
后验分布
$f(\theta|x)$
$f(\theta|x) = \frac{1}{f(x)} \times f(x|\theta)\pi(\theta) \propto f(x|\theta)\pi(\theta)$
$f(x) = \int f(x|\theta)\pi(\theta)\mathrm{d}\theta$
后验分布与“先验分布和似然估计的乘积”成正比

图 6-30　**贝叶斯估计法**

基于后验分布的参数有三种，分别是贝叶斯估计、后验中位数估计和MAP（最大后验概率）估计。

贝叶斯估计

将后验分布的平均值作为 θ 的点估计，该值会使后验分布的均方误差最小化（图 6-31）。

$$\hat{\theta}(x)=\arg\min_{t}\int_{\Theta}|t-\theta|^{2}\ f(\theta\,|\,x)\mathrm{d}\theta$$

图 6-31　**贝叶斯估计公式**

后验中位数估计

将后验分布的中位数作为 θ 的点估计，该值会使后验分布的平均绝对误差最小化（图 6-32）。

$$\hat{\theta}(x)=\arg\min_{t}\int_{-\infty}^{\infty}|t-\theta|\,f(\theta\,|\,x)\mathrm{d}\theta$$

图 6-32　**后验中位数估计公式**

MAP 估计

将后验众数估计作为 θ 的点估计，该值会使后验分布的密度最大化（图 6-33）。

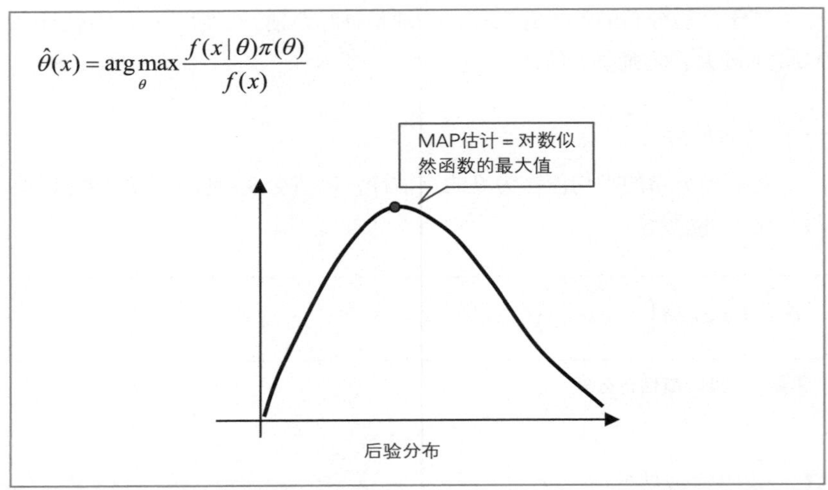

图 6-33 MAP 估计公式和 MAP 估计图

现代的贝叶斯估计通常无法计算 $1/f(x)$，但是我们可以将其转化为 $f(x|\theta)\pi(\theta)=f(x,\theta)$ 的形式，所以 MAP 估计能给出与数据 x 最匹配的参数。

如果先验分布 $\pi(\theta)$ 和后验分布 $f(\theta|x)$ 是同类，先验分布与后验分布就称为共轭先验分布（conjugate prior distribution）。

后验分布是直接计算出来的，其特点是易于处理。可以按照 $\pi(\theta|\alpha)$ 的方式增加参数，这在后验分布中用 $f(\theta|x,\alpha)$ 表示。这里的 α 称为超参数。

英文版维基百科中列举了很多共轭先验分布的例子。《贝叶斯方法的基础和应用》[①] 中也有一些例子。

例如，在一个由二项分布和贝塔先验分布组成的共轭先验分布中，两种分布之间的关系如图 6-34 所示。

① 原书名为『ベイズ法の基礎と応用 条件付き分布による統計モデリングとMCMC法を用いたデータ解析』，暂无中文版。——译者注

- 似然函数：二项分布 $B(N_i, p)$

$$f(x \mid p)=\prod_{i=1}^{n}\binom{N_i}{x_i} p^{xi}(1-p)^{N_i-x_i}$$

- 先验分布：贝塔分布 $Beta(\alpha, \beta)$

$$\pi(p \mid \alpha, \beta)=\frac{1}{B(\alpha, \beta)} p^{\alpha-1}(1-p)^{\beta-1}$$

$$B(\alpha, \beta)=\frac{\Gamma(\alpha+\beta)}{[\Gamma(\alpha)\Gamma(\beta)]}$$

- 后验分布：后验预测分布 $Beta(\alpha_*, \beta_*)$

$$\alpha_*=\alpha+\sum_{i=1}^{n} x_i,\ \beta_*=\beta+\sum_{i=1}^{n}(N_i-x_i)$$

- 后验预测分布：

$$f(x \mid \alpha, \beta)=\prod_{i=1}^{n}\binom{N_i}{x_i} \frac{B(\alpha_*, \beta_*)}{B(\alpha, \beta)}$$

图 6-34　**共轭先验分布　二项分布 – 贝塔先验分布的公式**

在给定新数据 D 时，用后验概率密度 $f(\theta|D)$ 求概率密度 $f(x|\theta)$ 的平均值，通过这种方式得到的 x 的密度函数可以用后验预测分布（posterior predictive distribution）表示（图 6-35）。

$$f(x \mid D)=\int f(x \mid \theta) f(\theta \mid D) \mathrm{d} \theta$$

图 6-35　**后验预测概率的计算公式**

图 6-36 表示在“后验预测分布 $f(x|D)$ 接近真实的密度函数 $f(x)$”的理论下，生成基于数据 D 预测后续 x 的预测公式。

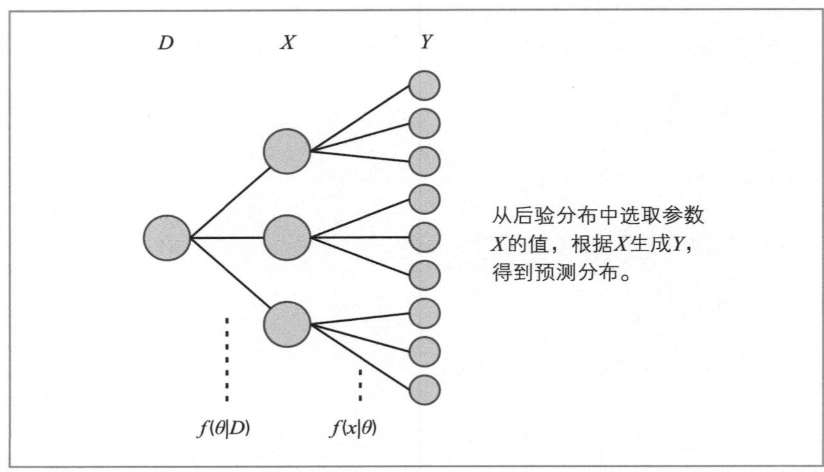
D
X
Y
从后验分布中选取参数
X的值，根据X生成Y，
得到预测分布。
f(θ|D)
f(x|θ)

图 6-36 **后验预测分布公式和后验预测分布图**

贝叶斯判别分析

贝叶斯判别分析是贝叶斯估计的应用示例之一。判别分析是用于判断数据 x 所属总体分布的一种统计分析方法。另外还有线性判别分析等方法，多数方法是基于标记数据进行判别的。将贝叶斯思想用于判别分析就得到了贝叶斯判别分析。

贝叶斯判别分析就是根据 N 个总体分布为 $f(x|i)$ 的总体和先验分布 $\pi(i)$，判断使后验概率最大的数据 x 来源于总体分布 $f(x|i)$ 的判别方法。i 是 MAP 估计（图 6-37）。

$$f(i\,|\,x)=\frac{f(x\,|\,i)\pi(i)}{\sum_{j=1}^{N} f(x\,|\,j)\pi(j)}\propto f(x\,|\,i)\,\pi(i)$$

图 6-37 **贝叶斯判别分析公式**

如果先验分布未知，则 $\pi(i)=1/N$，i 为最大似然估计。如果 $f(x|i)$ 中包含未知参数 θ，通过将 $f(x|i)$ 转换为 $f(x|i,\theta)$，就可以根据标记数据计算估计

值 $\hat{\theta}$，未知参数 θ 就能代替真实的参数 θ 使用了。

R 语言中的线性判别和二次判别分析

我们可以在 R 语言中使用 LDA 或 QDA 等函数来实现线性判别和二次判别分析。笔者在 R 语言中使用 LDA 函数对内置鸢尾花数据集 iris 进行了判别。

- 样本：ch06-rsample-lda.zip

下载地址：图灵社区本书主页

这个数据集中仅有 150 行数据，3 种鸢尾花各占了 50 行。我们按照奇数行和偶数行将其划分为训练集和测试集，用 s、c、v 代替 setosa（山鸢尾）、versicolor（变色鸢尾）和 virginica（维吉尼亚鸢尾）这 3 种鸢尾花。

在第 1 个 LDA 函数中，假设先验分布未知（3 种鸢尾花的概率均为 1/3），分类器用 Z 表示。分类器 Z 对训练集进行线性判别的错误率为 2/75，对测试集进行线性判别的错误率为 3/75。

在第 2 个 LDA 函数中，假设 3 种鸢尾花的先验概率分布分别为 1/6、3/6 及 2/6，分类器用 Z2 表示。分类器 Z2 对训练集进行线性判别的错误率为 1/75，对测试集进行线性判别的错误率为 2/75。

分类器中包括判别系数 LD1 和判别系数 LD2。将判别系数作为判别权重，可以推导出判别函数。我们可以在直方图中绘制基于 LD1 的第一判别函数得分。根据结果可知，分类器判别错误的原因是两种鸢尾花数据的分布有重叠。对于重叠部分的数据，分类器没有进行正确的判别（图 6-38、图 6-39）。

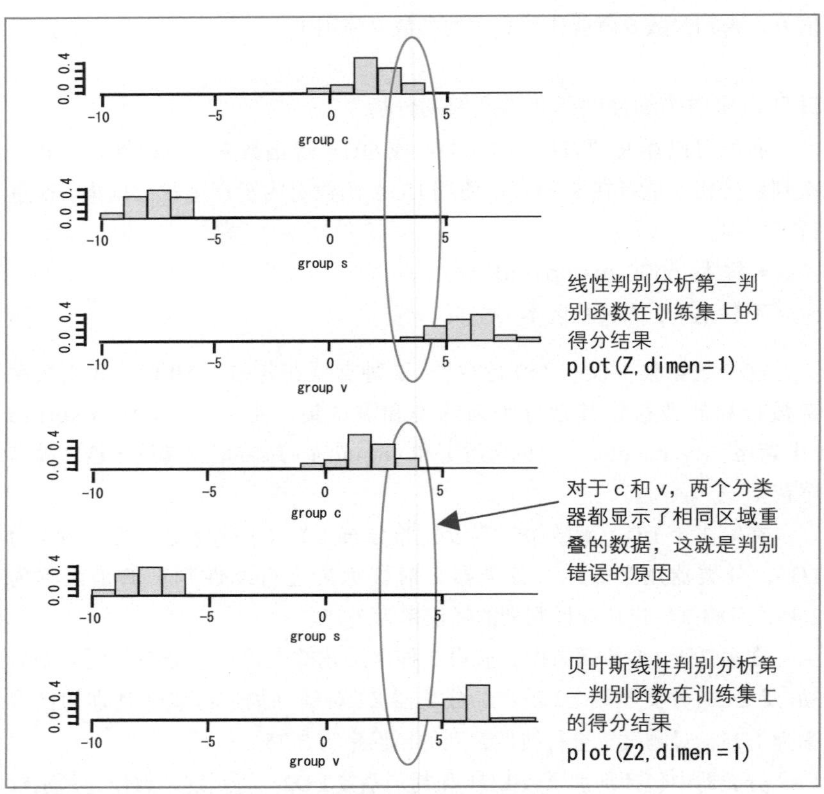

图 6-38 线性判别分析和贝叶斯线性判别分析的示意图

Z 的标记数据训练结果

	c	s	v
c	24	0	1
s	0	25	0
v	1	0	24

Z2 的标记数据训练结果

	c	s	v
c	24	0	1
s	0	25	0
v	0	0	25

Z 的测试数据判别结果

	c	s	v
c	24	0	1
s	0	25	0
v	2	0	23

Z2 的测试数据判别结果

	c	s	v
c	24	0	1
s	0	25	0
v	1	0	24

图 6-39 贝叶斯判别分析的标记数据训练结果和测试数据判别结果

03 MCMC 方法

下面来介绍 MCMC 方法。

要点
- 圆周率的近似值计算问题
- 蒙特卡罗方法
- 层次贝叶斯模型
- MCMC 方法

圆周率的近似值计算问题

在进行贝叶斯估计时，对组建的模型进行多次计算是非常重要的。最小二乘法或非贝叶斯方法的最大似然估计在求最优解时，不需要消耗大量资源就能多次迭代达到收敛，而现代的贝叶斯统计学在求分布时，对于不能用解析式表达的函数，必须进行类似于预测和优化的操作。这些操作仅凭人力很难实现，并且需要大量试验。

在大幅增加试验次数的情况下，能通过随机抽样抽取一些不同的参数是非常重要的。以蒲丰投针试验为代表的圆周率近似值计算问题（图 6-40）就通过迭代随机试验使结果收敛于期望值。

蒙特卡罗模拟

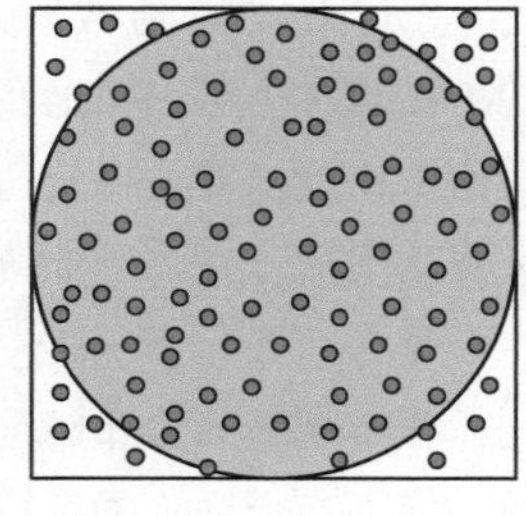

在正方形内随机取点，数出落在正方形内切圆内的点的个数，即可计算圆周率的近似值

蒲丰投针试验

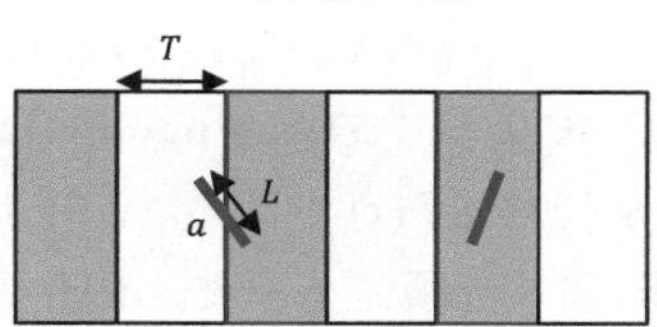

在一个平面上，画出间距为T的平行线并投掷长度为L的针，计算针和直线相交的概率（a），进而计算圆周率的近似值

图 6-40 **圆周率的近似值计算**

蒙特卡罗方法

蒙特卡罗方法最经典的应用示例就是计算圆周率的近似值。拉普拉斯于 1812 年提出可以通过随机试验来计算圆周率的近似值。

蒙特卡罗方法起源于 1946 年原子弹研制时期的一些想法。斯坦尼斯拉夫·乌拉姆（Stanislaw Ulam）发现可以通过随机试验来阐述中子在原子核内的运动，冯·诺依曼（John von Neumann）等人根据这个建议，提出了基于计算机的伪随机数生成方法以及把决定论问题转化为概率模型的方法。1949 年，尼古拉斯·梅特罗波利斯（Nicholas Metropolis）和乌拉姆在论文中将这些方法作为蒙特卡罗方法发表。

小贴士 蒙特卡罗方法这一名称的由来

乌拉姆的叔叔喜欢赌博，蒙特卡罗方法中的蒙特卡罗取自赌博之国摩纳哥的一个城市名。

与蒙特卡罗方法同一时期提出的是在原子弹研究过程中产生的随机抽样方法。梅特罗波利斯等人提出的 Metropolis 抽样是 MCMC（马尔可夫链蒙特卡罗方法）的起源。

第二次世界大战期间，Metropolis 抽样属于高度机密，直到 1953 年才得以发表。后来，威尔弗雷德·基思·黑斯廷斯（Wilfred Keith Hastings）将其扩展为一种通用的多维随机数生成方法，该方法称为 Metropolis-Hastings 算法。

在计算与概率分布 $P(x)$ 的概率密度函数成一定比例的函数时，MCMC 方法中的 Metropolis-Hastings 算法（亦称 M-H 算法）可以帮助我们从任意的 $P(x)$ 中采样。计算出来的函数只需要与概率密度函数成一定比例即可，无须完全一致，因此 Metropolis-Hastings 算法很适合在贝叶斯统计学中使用。

Metropolis-Hastings 算法会生成一个样本序列，样本越多其分布越接近目标分布 $P(x)$。虽然样本是通过迭代算法生成的，但下一个样本的生成概率只与当前样本有关。这个样本序列的生成过程具有马尔可夫性，称为马尔可夫链。也就是说，MCMC 方法是利用马尔可夫链渐进生成高维随机数的方法（图 6-41）。

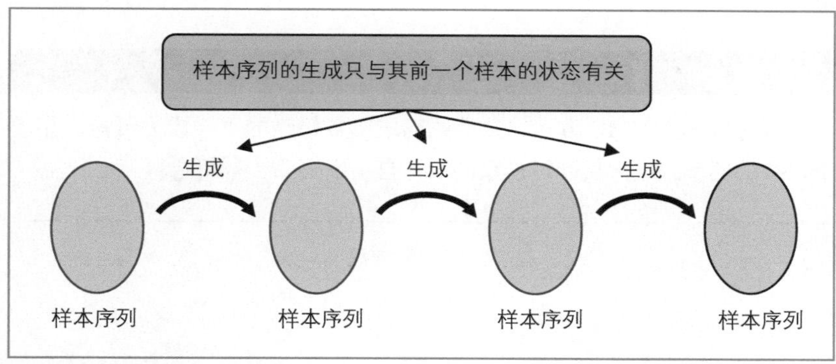

图 6-41　马尔可夫链

在似然函数或 MAP 估计的计算过程中，如图 6-42 所示，假设同心椭圆的圆心是最大似然估计或 MAP 估计，则黑点会沿着红色箭头朝圆心移动。在 Metropolis-Hastings 算法等 MCMC 方法中，黑点是随机移动的，如果似然估计比移动之前的小，黑点就会放弃移动，即黑点不会沿着黑色箭头的方向移动，而是朝着红色箭头所示的更高的似然估计的状态移动。

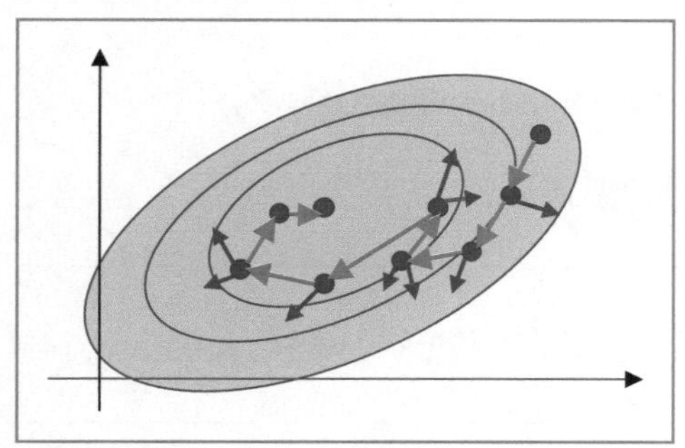

图 6-42　Metropolis-Hastings 算法

MCMC 方法是在第二次世界大战期间基于计算机发展起来的方法。随着计算机处理能力的提高，它还可以应用于更复杂的模型，在现实可接受的时间内进行采样。在实际运用 MCMC 方法时，根据不同的初始值产生多个独立执行的样本序列，对其进行比较后，把结果整合到一起的做法更安全。

层次贝叶斯模型

通过实施 MCMC 方法，复杂的高维参数模型的采样成为可能。相较于以往的模型，层次贝叶斯模型的设计自由度更高（图 6-43）

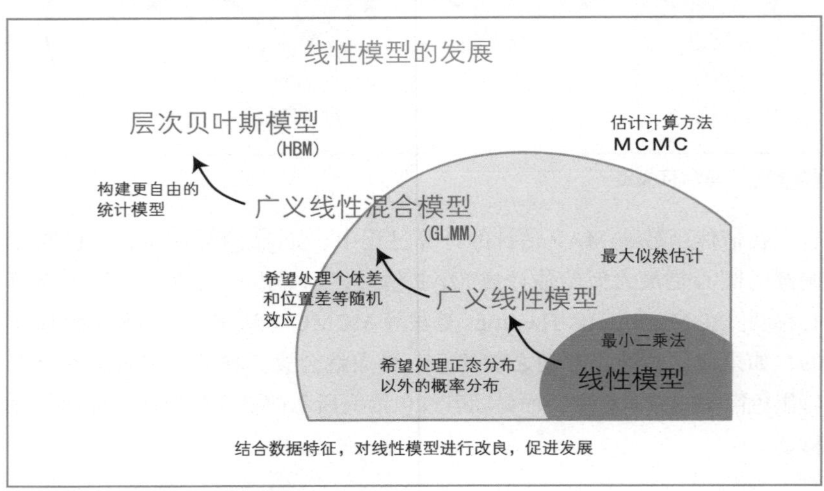

图 6-43 **层次贝叶斯模型**

摘自《MCMC 和层次贝叶斯模型　面向数据分析的统计建模入门》[①]

层次贝叶斯模型的公式如图 6-44 所示。

$$f(\theta,\lambda|x)=\frac{f(x|\theta)\pi(\theta|\lambda)\rho(\lambda)}{\int f(x|\theta)\pi(\theta|\lambda)\rho(\lambda)\mathrm{d}\theta\mathrm{d}\lambda}\propto f(x|\theta)\pi(\theta|\lambda)\rho(\lambda)$$

图 6-44 **层次贝叶斯模型的公式**

相较于以往的贝叶斯模型公式，我们可以看到层次贝叶斯模型的先验

① 原文名为「MCMC と階層ベイズモデル　データ解析のための統計モデリング入門」，暂无中文版。——译者注

分布 π 中增加了一个参数 λ，还增加了一个新的分布 ρ。建立层次模型后，参数 θ 的高维模型结构变得更加复杂，所以添加低维参数 λ 作为**超参数**，添加超先验分布 ρ 作为超参数的先验密度（图 6-45）。

超参数　　超先验分布

$$f(\theta,\lambda \mid x)=\frac{f(x\mid\theta)\pi(\theta\mid\lambda)\rho(\lambda)}{\int f(x\mid\theta)\pi(\theta\mid\lambda)\rho(\lambda)\mathrm{d}\theta\mathrm{d}\lambda}\propto f(x\mid\theta)\pi(\theta\mid\lambda)\rho(\lambda)$$

构建层次之前 $$f(\theta\mid x)=\frac{f(x\mid\theta)\pi(\theta)}{\int f(x\mid\theta)\pi(\theta)\mathrm{d}\theta}\propto f(x\mid\theta)\pi(\theta)$$

图 6-45　**层次贝叶斯模型公式比较**

与扩展前相比，扩展后的模型可以将层分离为数据受全局支配的规则层，以及数据受局部个别情况影响的层（图 6-46）。

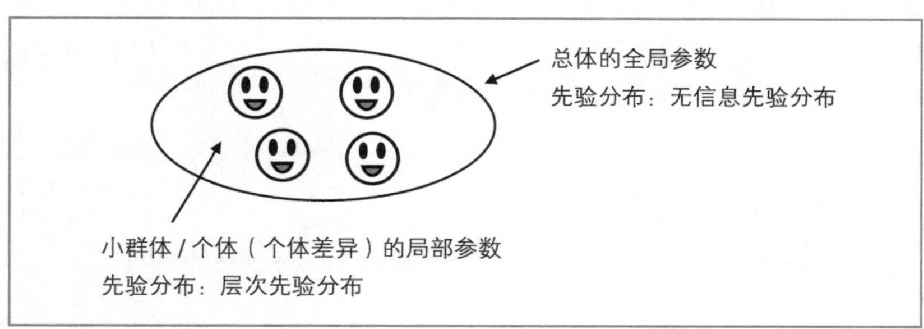

图 6-46　**全局参数和局部参数**

例如，在生态学的统计模型中，数据会受到个体差异的影响。如果把这部分数据分离到局部数据层，我们就能更加灵活地构建模型。另外，现在也有研究人员根据地震仪的地震数据，尝试使用层次贝叶斯模型来研究地震的规模和地表任意一点的震度的相关性。

04 HMM 和贝叶斯网络

下面来介绍 HMM 和贝叶斯网络。

要点
- 隐马尔可夫模型
- 贝叶斯网络

隐马尔可夫模型

向有限自动机等随着时间的推移发生状态变化的规律中引入马尔可夫性，就能得到马尔可夫过程或马尔可夫链。在马尔可夫模型中，利用马尔可夫性，状态 X 的概率可以简化为 $P(X_1, X_2, X_3, \cdots, X_n)=P(X_1)P(X_2|X_1)P(X_3|X_2)\cdots P(X_n|X_{n-1})$，非常方便（图 6-47）。

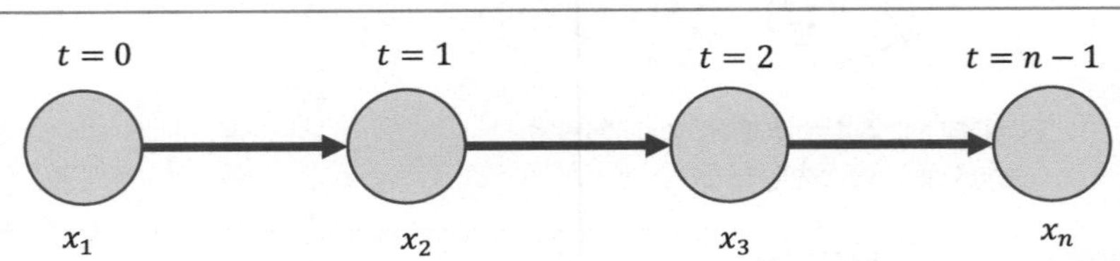

图 6-47 **马尔可夫模型**

但是，状态 X 有两个状态集合，一个是可以观察到的状态集合，另一个是未能观察到的马尔可夫链隐含状态集合。我们把不可观测的变量统一当成隐变量处理。

我们可以把状态 X 看作由多种模式组成，并估计每种模式的特点，还可以用概率来表示各种模式之间的状态转换。这种时间系列数据的混合分布预测模型就是隐马尔可夫模型（Hidden Markov Model，HMM）（图 6-48）。

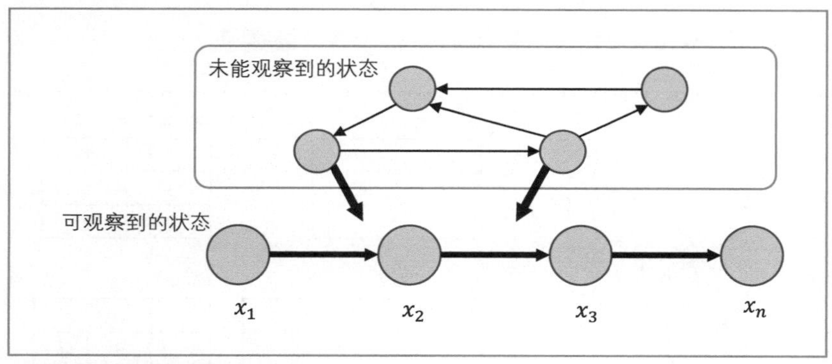

图 6-48　**隐马尔可夫模型**

隐马尔可夫模型中的维特比算法（viterbi algorithm）用于计算模型的最优（概率最大）状态序列，Baum-Welch 算法用于根据训练数据计算模型的似然估计，从而得到参数的最大似然估计。

维特比算法是一种动态规划算法，它根据输出符号序列来估计状态序列，可用于语法分析等。

Baum-Welch 算法利用 EM 算法根据输出符号序列来估计参数。该算法可在多个领域中使用，例如在语音识别系统中可用来检测音位属性，在自然语言处理中可用来估计单词的词性等。

贝叶斯网络

专家系统只会根据给定的条件提供匹配的答案，其预测规则缺乏灵活性，所以应用场景有限。推理系统贝叶斯网络向专家系统中引入了概率语法的概念，它是专家系统的改进版。

贝叶斯网络是一种图形化的概率模型，能够用于预测不确定性现象以及根据观测结果诊断故障。

贝叶斯网络的每个节点都表示一个随机变量，这些随机变量之间的条件依赖关系通过一个有向无环图来表示。

在贝叶斯网络中，相邻节点之间的条件概率用条件概率表表示，这一点与隐马尔可夫模型类似。假设有四个随机变量，它们分别是“R：下雨”“W：强风”“D：电车晚点”“C：迟到”。定义各节点之间的条件概率后，即可计算出又下雨又刮强风时迟到的概率（图 6-49）。

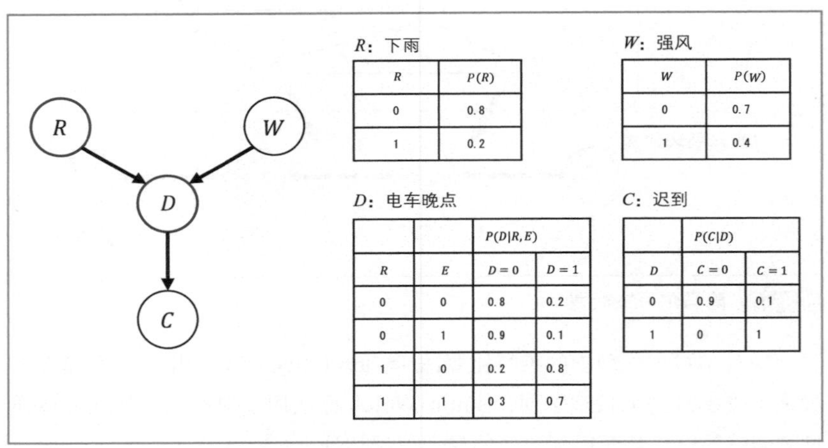

R：下雨

R	$P(R)$
0	0.8
1	0.2

W：强风

W	$P(W)$
0	0.7
1	0.4

D：电车晚点

		$P(D\|R,E)$	
R	E	$D=0$	$D=1$
0	0	0.8	0.2
0	1	0.9	0.1
1	0	0.2	0.8
1	1	0 3	0 7

C：迟到

	$P(C\|D)$	
D	$C=0$	$C=1$
0	0.9	0.1
1	0	1

图 6-49　**贝叶斯网络和条件概率表**

但是，贝叶斯网络也存在一些不便之处。如果网络结构非常复杂，条件概率表也会变得复杂；如果网络结构很常见，就很难进行概率推理，而且可用的方法也会变多。

如果是无环单连通无向图，就可以利用贝叶斯定理计算出任意网络模型的后验概率。可如果有多个连通分量，概率计算就会变得非常复杂，计算成本也会增加。

为了提高计算效率，目前人们想到的是使用了多种抽样方法的近似求解方法，比如事先将模型转换为单连通树状图，以此来提高计算精度等。另外，现在已经有工具能够在包含噪声的不确定的情况下，根据传感器的观测数据进行诊断和识别等推理。

第7章 统计机器学习（无监督学习和有监督学习）

前几章介绍了以概率分布函数为基础的数理模型和数据分布的分类识别。本章，笔者将从机器学习的角度对这些内容进行介绍。机器学习的常用方法有无监督学习和有监督学习，无监督学习不使用标记数据（正确答案），有监督学习使用标记数据。接下来笔者将对这两种方法中使用的算法进行说明。

无监督学习

下面来介绍无监督学习。

要点
- 聚类
- *K*-means 算法
- 主成分分析
- 奇异值分解
- 独立成分分析
- 自组织特征映射

有监督学习和无监督学习

笔者在前面的讲解中反复提及学习和标记数据等术语。学习是指通过迭代计算来更新权重系数，使要求解的函数逼近基函数和数据分布模型的过程。有监督学习基于标记过的训练数据来生成模型，而无监督学习在训练数据不含有标记的情况下生成模型。在无监督学习中，聚类（clustering）和数据降维是比较常用的两种算法。用图形表示学习结果，然后手动从图形中提取数据特征，这种工作就称为数据挖掘。

聚类和 *K*-means 算法

聚类是无监督学习中比较典型的一种算法。聚类算法会对平面上的散点图中的数据进行分组，分组指标是数据点之间的相似度（图 7-1）。

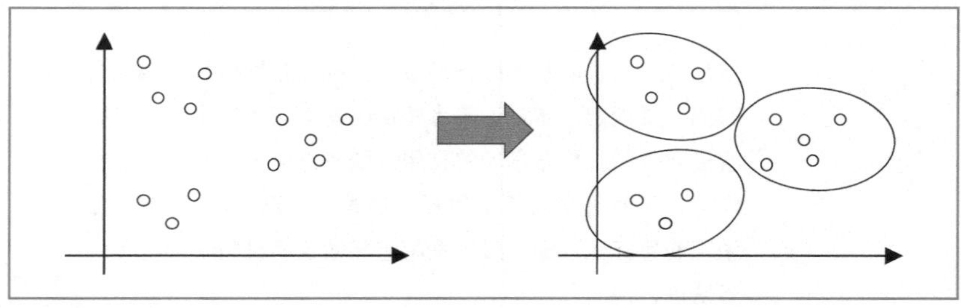

图 7-1 聚类

K-means 算法是一种常用的聚类算法。它会先把数据划分为 k 个簇，再把每个点随机划分进相应的簇，计算出每一个簇的中心（通常是重心），然后计算每个数据点到这些中心点的距离（欧氏距离等）。

计算出数据点到 k 个中心点的距离后，选取距离最近的中心点所在的簇为该点所在的簇。反复执行该操作，从而划分出 k 个簇，各个簇中的数据点距离相近（图 7-2）。

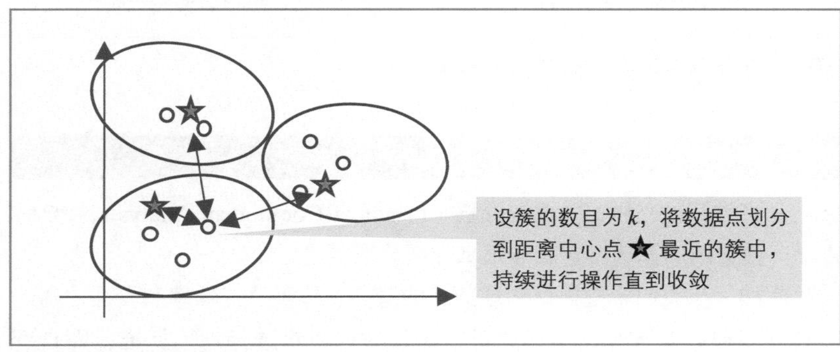

设簇的数目为 k，将数据点划分
到距离中心点 ★ 最近的簇中，
持续进行操作直到收敛

图 7-2　*K*-means **算法**

K-means 算法的分类结果依赖于初始聚类中心点，所以会出现聚类结果错误、计算时间过长等问题。为了解决这些问题，我们可以多次运行 K-means 算法取更优的结果，或者使用 K-means++ 算法做初始聚类的预处理，让初始聚类中心点之间的距离尽可能远。另外，k 值通常是凭感觉确定的，但其实它也可以通过计算得出。

在确定 k 值时，我们可以使用狄利克雷过程混合模型（Dirichlet Process Mixture Model，DPMM）。狄利克雷过程混合模型的聚类算法也是一种贝叶斯方法，它利用了狄利克雷分布是多项式分布的共轭先验分布这个特性。多项分布描述事件出现的随机概率，狄利克雷分布描述发生的事件种类，二者之间的关系类似于泊松分布和指数分布之间的关系。

我们可以基于狄利克雷过程将数据点划分到不同的簇中。这时，可能会出现某个数据点被划分到离它最近的中心点所在的簇中这一情况。使用 EM 算法等方法反复进行基于狄利克雷过程混合模型的数据分配，我们就可以观察聚类的个数以及各个聚类中数据的分布情况（图 7-3）。

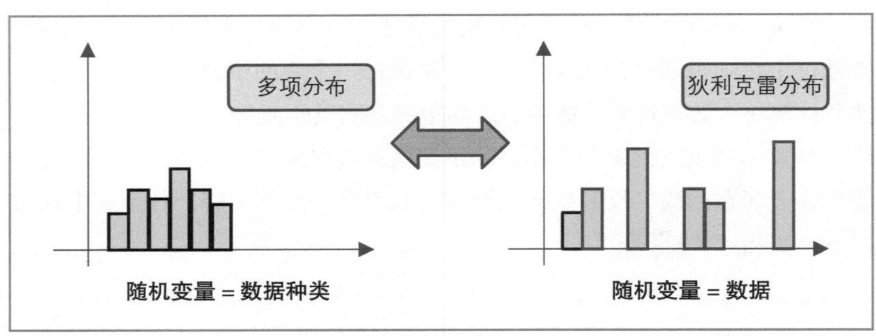

图 7-3 多项分布和狄利克雷分布的关系

主成分分析

和聚类算法一样，主成分分析（Principal Component Analysis，PCA）也是一种常用的算法，它能够用来降低数据维度。

例如，当我们希望根据棒球选手的身高、体重、击球率和参加比赛的次数等多种数据来和比赛成绩进行比较时，很难选择评判标准，即自变量。这时可以进行主成分分析，于是我们会得到汇总了多个自变量的坐标轴。横轴和纵轴分别称为第一主成分和第二主成分，主成分分析就是构建由多个主成分组成的直角坐标系（图 7-4）。

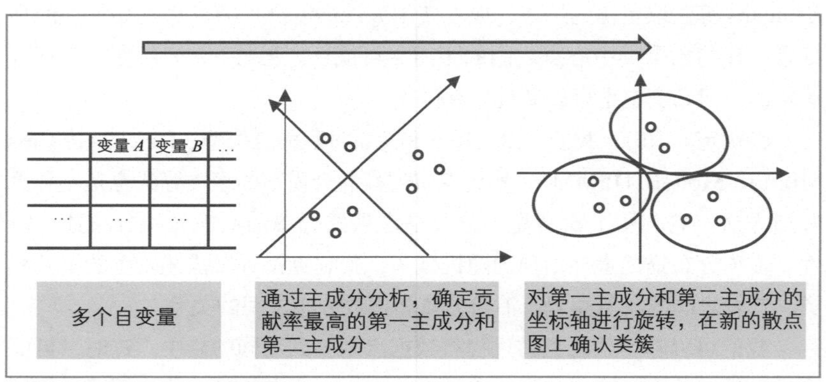

图 7-4 主成分分析的示例

这里得到的第一主成分和第二主成分等向量的方向称为特征向量，各主成分的贡献率是根据计算时得到的特征值来确定的。

特征值在物理学中表示能量的大小，在主成分分析中表示各主成分的方差大小。贡献率最大的是第一主成分，其次是第二主成分，依次类推。

提取主成分的时候，可以按照贡献率由高到低的顺序提取贡献率高的主成分，也可以将特征值大于 1 作为纳入标准，进行数据降维（图 7-5）。

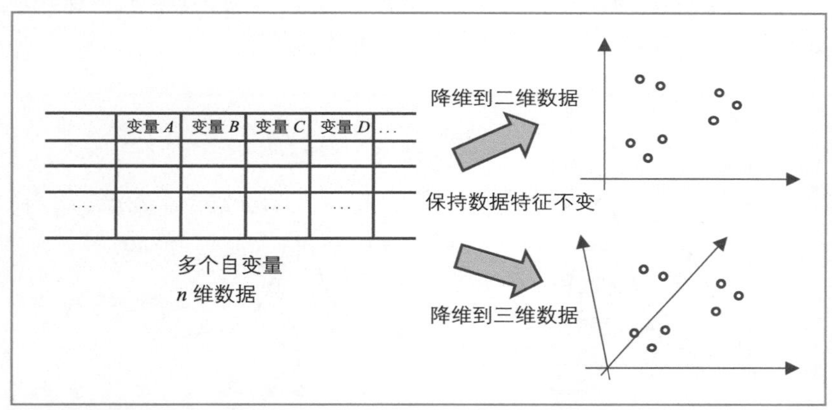

图 7-5 降维

通过主成分分析得到的主成分是各个原始变量的线性组合，所以我们可以根据主成分重建原始数据。也就是说，只选取贡献率高的数据特征来重建原始数据，这样既不会损失原始数据的特征，又可以压缩数据的大小，还可以提取峰值等拥有局部特征的部分（图 7-6）。

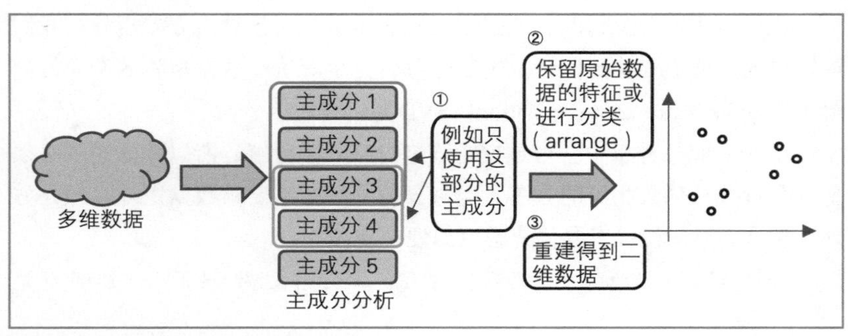

图 7-6 利用主成分分析重建原始数据

除主成分分析以外，*t*-SNE（t-distributed Stochastic Neighbor Embedding，*t*-分布随机邻域嵌入）算法也是一种对多维数据进行降维的方法。*t*-SNE 算法将多维数据之间的距离转换为服从正态分布的概率，当我们把数据映射到低维空间后，数据分布趋近于自由度为 1 的 *t* 分布。

与正态分布相比，*t* 分布具有长尾特性，所以在将多维空间的数据映射到低维空间时，附近的点能够映射到附近的点，远处的点能映射到更远处的点。它的聚类效果要比主成分分析的好（图 7-7）。

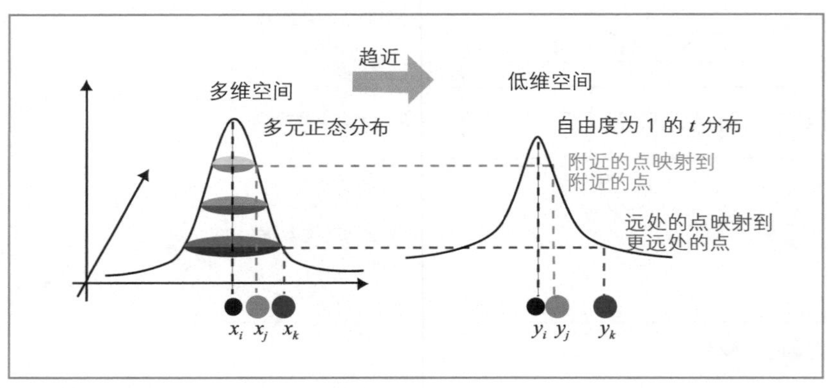

图 7-7 t-SNE

摘自株式会社 ALBERT《使用 *t*-SNE 算法进行降维的方法》[①] 附图

奇异值分解

在进行主成分分析时，通过用矩阵表示数据，计算协方差矩阵，我们可以得到特征值和特征向量。主成分分析完全等价于数据矩阵的奇异值分解（Singular Value Decomposition，SVD）。

由于主成分分析中会对数据矩阵进行特征值分解，所以数据矩阵必须是一个行数和列数相等的方阵，但奇异值分解中不要求数据矩阵必须是方阵。从这一点来说，奇异值分解更简便一些。

假设 $\boldsymbol{M}$ 是一个 $m \times n$ 阶矩阵，存在一个分解使 $\boldsymbol{M}=\boldsymbol{U\Sigma V}^*$，其中 $\boldsymbol{U}$ 是

① 原文名为「t-SNE を用いた次元圧縮方法のご紹介」，暂无中文版。——译者注

m 阶酉矩阵（参照小贴士），V^* 是 n 阶伴随矩阵（参照小贴士），Σ 是对角线元素为 $\sigma_1, \cdots, \sigma(\sigma_1 \geqslant \sigma_2 \geqslant \cdots \geqslant \sigma_q > 0)(q \leqslant \min(m, n))$ 的对角矩阵，这种分解就称为 M 的奇异值分解。对角线元素 σ 称为 M 的奇异值（图 7-8）。

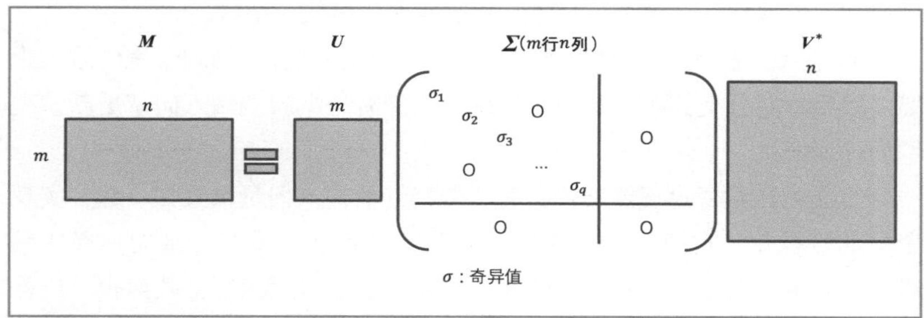

图 7-8　**奇异值分解**

> **小贴士　酉矩阵**
>
> 酉矩阵（正交矩阵）的逆矩阵是它的伴随矩阵，特征值的绝对值、奇异值以及行列式的绝对值均为 1。

> **小贴士　伴随矩阵**
>
> 伴随矩阵 A^* 是酉矩阵 A 的共轭转置矩阵。

奇异值分解除了可以代替主成分分析使用，还可以用来计算伪逆矩阵。伪逆矩阵可以用来求解最小二乘法。

独立成分分析

除了使用主成分分析和奇异值分解进行白化和降维，我们还可以使用独立成分分析（Independent Composition Analysis，ICA），它的作用是令观测数据中各个成分的统计独立性最大化。

声源数据等信号中的噪声主要包括概率密度函数服从高斯分布的高斯噪声和白噪声，所以在测量独立性时要计算非高斯性。

独立成分分析可用于盲源信号分离。盲源信号分离是指从若干观测到的混合信号中分离并恢复未知源信号。例如，对安装在多个不同位置的话筒所接收到的、由多个源信号组成的声源数据中混杂的语音和噪声进行分离。

自组织特征映射

神经网络对数据进行无监督学习的聚类称为自组织特征映射（Self Organization Map，SOM）。神经网络能够通过自动寻找输入数据中的内在规律和本质属性，自组织、自适应地改变网络参数与结构。

神经网络在得到一个输入向量时，会计算它到各类别的代表向量的距离，然后将它分类到距离最短的类别中，同时根据新的输入向量更新该类别的代表向量。

重复上述学习过程能够使具有相似特性的输入向量聚集在一起，实现聚类的可视化。自组织特征映射可以基于一维、二维或三维的神经元网络。如果输入向量是某种形式的空间向量，这时自组织特征映射也可以称为神经网络的空间映射。（图 7-9）。

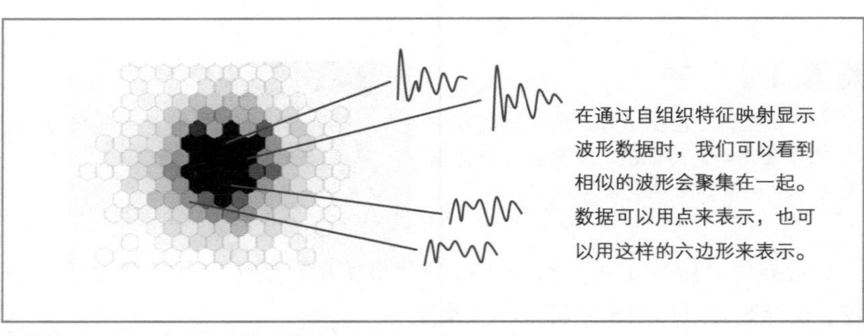

在通过自组织特征映射显示
波形数据时，我们可以看到
相似的波形会聚集在一起。
数据可以用点来表示，也可
以用这样的六边形来表示。

图 7-9 自组织特征映射的示例

02 有监督学习

下面来介绍有监督学习。

要点

- 支持向量机
- 贝叶斯过滤器·朴素贝叶斯分类器
- ID3 算法（构建决策树）
- 随机森林
- 合理性检验
- 判别模型的评估和 ROC 曲线
- ROC 曲线的评估方法
- hold-out 检验和交叉检验

支持向量机

支持向量机（Support Vector Machine，SVM）是为数据分布确定一个分类边界的方法。回归分析使用直线或曲线来拟合数据点，而支持向量机可以用于模式识别中的数据分类。它与使用多层感知器等神经网络进行的数据分类相似（图 7-10）。

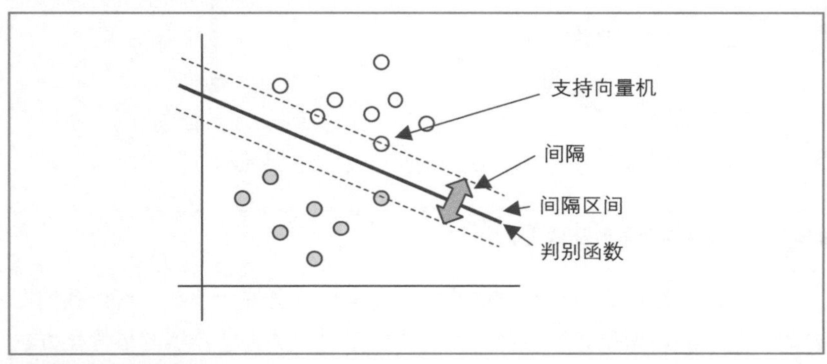

图 7-10 **支持向量机**

支持向量机的目的是寻找一个超平面来对样本进行分割，其原则是使正例和反例之间的距离最大。这个距离称为间隔（margin），求解判别函数就是最大化分类间隔。我们把位于间隔区间边缘的样本称为支持向量。支持向量机不仅可以求解线性判别函数，还能通过使用核技巧（kernel trick）来求解非线性判别函数。

我们来看一下线性判别函数，它比较简单。能够使间隔最大化的线性判别函数不仅能将所有的训练数据准确分开（训练错分率为 0），还能将训练数据与判别函数等于 0 的超平面之间的最短距离最大化。我们可以使用拉格朗日的伪非定常法（pseudo-unsteady methods）来求解这个最优化问题，可以推导出判别函数只依赖于支持向量。

判别函数中只包含输入数据的内积的线性组合，由此人们提出了一种建立非线性判别函数的方法，即使用核函数将输入空间内线性不可分的数据映射到一个线性可分的空间。该方法称为核技巧，核函数可以使用多项式核函数或高斯核函数。这种方法也可以用于主成分分析和聚类，统称为核方法（图 7-11）。

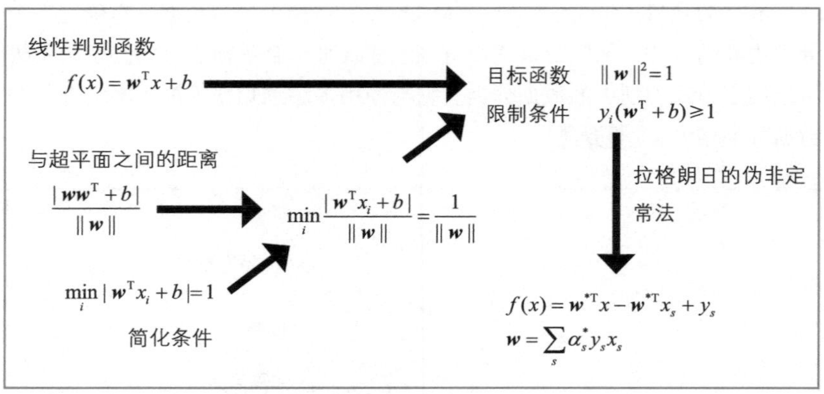

图 7-11 **线性判别函数及其最优化**

在实际应用中，很少出现能将数据完全准确分开的情况，所以我们需要为误分类的数据设置惩罚项。在支持向量机中加入惩罚项的最优化方法称为软间隔最大化。惩罚项采用的损失函数呈铰链形状，因此它又称为铰链函数或铰链损失函数（图 7-12）。

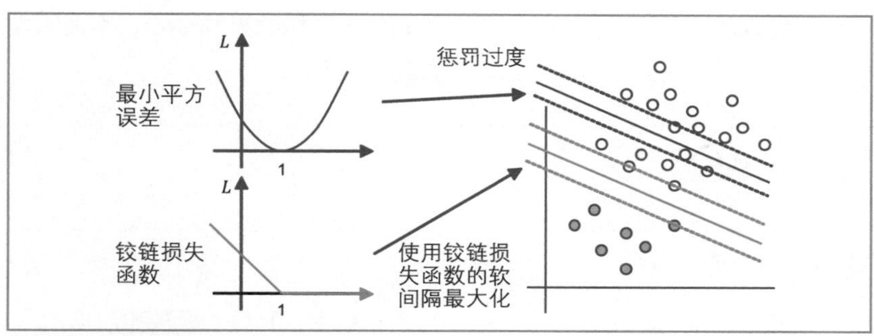

图 7-12　**铰链损失函数**

贝叶斯过滤器 · 朴素贝叶斯分类器

贝叶斯定理特别适用于网络学习。基于贝叶斯定理的有监督学习算法中包含了贝叶斯过滤器，其中最有名的当属朴素贝叶斯分类器。

贝叶斯过滤器在垃圾邮件的判定方面非常有名。提取邮件内的单词，如果这些单词包含在我们预先建立的字典中，则判定该邮件为垃圾邮件。在此基础上引入概率就能得到贝叶斯过滤器。贝叶斯过滤器还能用于文档分类（图 7-13）。

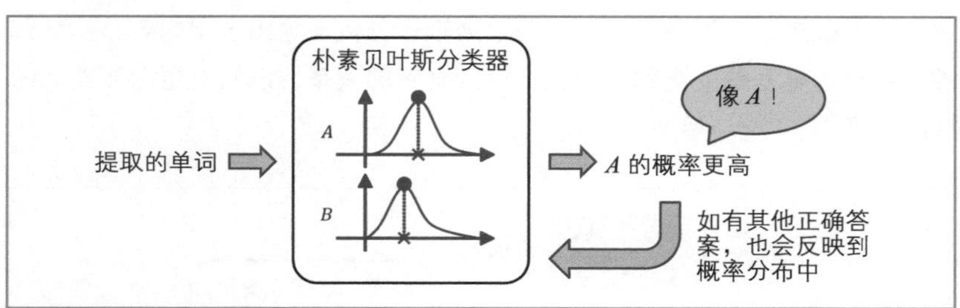

图 7-13　**贝叶斯过滤器**

如果用 $X_i = \{0, 1\}$ 来表示单词 i 在文档中是否出现，其中出现为 1，未出现为 0，该单词包含在文档的类别 c 中的联合概率就会如图 7-14 所示。

$$p(x, c) = p(x \mid c)p(c) = p(c \mid x)p(x)$$

图 7-14　**单词包含在各类别中的联合概率公式**

假设训练集的文档数为 m，各个类别中的文档数为 freq(c)，则训练集中 c 类别文档出现的类别概率 $p(c)$ 如图 7-15 所示。

$$p(c) = \frac{\text{freq}(c)}{m}$$

图 7-15 **类别概率公式**

由此可以推测单词在各个类别中的出现概率，具体如图 7-16 所示。

$$p(x_i = 1 \mid c) = \frac{\text{freq}(x_i = 1,\ \text{label} = c)}{\text{freq}(c)}$$

图 7-16 **单词在各个类别中的出现概率**

除此以外，PolyPhen-2 程序也使用了朴素贝叶斯分类器进行判定。PolyPhen-2 程序用于计算构成蛋白质的氨基酸序列在基因突变等情况下发生改变后会造成多大的影响。该程序基于过去发表过的病原体蛋白质的氨基酸变化信息，调查氨基酸哪里发生了变化。除了判定与病原体蛋白质一致的氨基酸组成，程序还能对相关数据进行分析，输出多项内容，比如曾经发表过的氨基酸变化和该变化与疾病之间的关系，以及对蛋白质功能的影响程度等（图 7-17）。

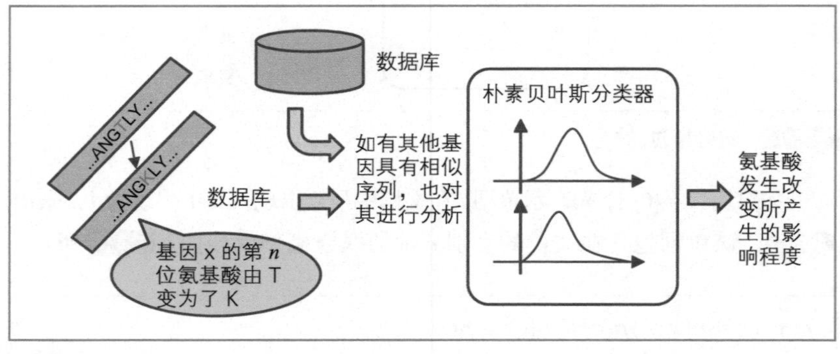

图 7-17 PolyPhen-2

ID3 算法（构建决策树）

ID3 算法是一种使用标记的训练数据构建决策树的方法。ID3 算法会在一棵空的决策树上不断添加节点，直到该决策树能正确分类所有数据。最终得到的决策树可能有很多种。考虑到分类效率和通用性，得到的决策树应尽可能简单（图 7-18）。

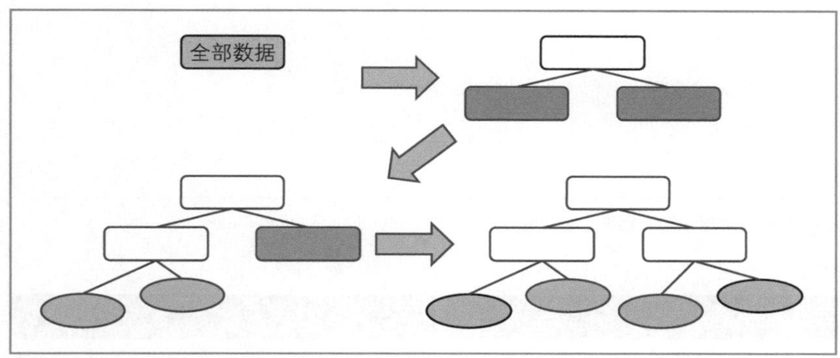

图 7-18　**构建决策树**

用 ID3 算法构建决策树

使用 ID3 算法构建决策树的步骤如下所示。

- 如果样本集 A 中的全部数据属于同一类别（如正例、负例），创建该类别相应的节点，决策树构建完成
- 从样本集 A 中选择一个属性（属性 B），生成判断节点
- 根据属性 B 的属性值划分样本集 A，生成相应的子节点
- 对于每个子节点，分别按照上述过程进行递归分类

在 ID3 算法中，属性的选择标准是使信息熵最小化，也就是使同一个类别中的数据对象尽可能相似。可以使用信息量的期望值（$-\Sigma p_i \log_2 p_i$，i 是属性或类别可以取的值），计算样本集 A 的各个类别及属性，寻找信息熵最小的属性作为此节点的扩展属性。决策树是一种分而治之（divide and conquer）的决策过程，它会为了整体最优化而将样本集划分为多个子集进行迭代优化。

在构建决策树的过程中，将决策树与数据分布重叠起来就可以看到决策树节点的分类边界，具体如图 7-19 所示。

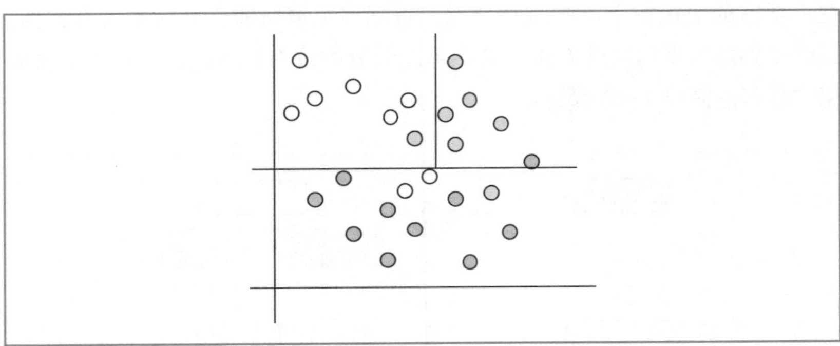

图 7-19　决策树的状态（分类树）

随机森林

和支持向量机一样，随机森林也是一种对数据进行分类的方法。它从原始数据中随机抽取数据构建多个决策树，这些决策树的结构各不相同。最后从中选取具有代表性的决策树模型（图 7-20）。

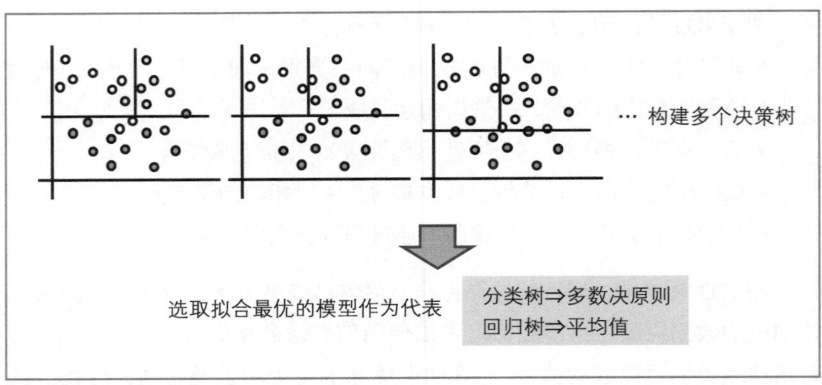

图 7-20　随机森林

合理性检验

模型构建完成后，我们需要客观地衡量模型的准确率，也就是需要进行合理性检验。

判别模型的评估和 ROC 曲线

判别模型构建完成后，我们可以通过绘制 ROC 曲线（Receiver Operating Characteristic curve）来评估模型的性能。

ROC 曲线的概念源于第二次世界大战期间美国的雷达研究，最初用于根据接收到的雷达信号识别敌机。ROC 曲线也叫受试者工作特性曲线或接收者操作特性曲线。

我们需要一组正确的数据（正例、负例）和识别结果来绘制 ROC 曲线。然后以此构建一个混淆矩阵（confusion matrix）进行评价。方便起见，我们假设有两种识别结果，由此可以得到一个 2×2 的混淆矩阵（交叉表）（表 7-1）。

表 7-1　混淆矩阵

	识别结果 阳性（+）	识别结果 阴性（-）	合　计
正例（+）	TP (TP/(TP+FN)⇒真阳性率 = 灵敏度) (TP/(TP+FP)⇒准确率) (TP/(TP+TN)⇒召回率)	FN (FN/(TP+FN)⇒假阴性率)	TP+FN
负例（-）	FP (FP/(FP+TP)⇒假阳性率)	TN (TN/(FN+TN)⇒真阴性率 = 特异度)	FP+TN
合计	TP+FP	FN+TN	TP+FN+FP+TN

混淆矩阵表中包括真阳性 TP（True Positive）、假阴性 FN（False Nagative）、假阳性 FP（False Positive）和真阴性 TN（True Negative）四项。TP 占所有阳性识别结果的比例称为准确率（或阳性预测值），FP 占所有阳性识别结果的比例称为假阳性率，TN 占所有阴性识别结果的比例称为真阴性率或特异度，FN 占所有正例的比例称为假阴性率，TP 占所有正例的比例称为真阳性率或灵敏度。

另外，我们可以计算正确的识别结果占所有识别结果的比例来得到正确率，也可以通过正例中正确的识别结果所占比例得到召回率。由于准确率和召回率相互制约，所以我们通常选取二者的调和平均值 F 值（F measure）作为一个综合的衡量指标（图 7-21）。

灵敏度 $\text{(sensitivity)} = \dfrac{\text{TP}}{(\text{TP}+\text{FN})}$

准确率 $\text{(precision)} = \dfrac{\text{TP}}{(\text{TP}+\text{FP})}$

召回率 $\text{(recall)} = \dfrac{\text{TP}}{(\text{TP}+\text{TN})}$

特异度 $\text{(specificity)} = 1-\dfrac{\text{FP}}{(\text{FP}+\text{TN})}$

F 值 $(F\ \text{measure}) = 2\times\dfrac{(\text{Precision}\times\text{Recall})}{(\text{Precision}+\text{Recall})}$

图 7-21　**根据混淆矩阵计算各种指标的公式**

我们可以绘制图 7-22 那样的 ROC 曲线。把识别结果和正确结果按照识别结果得分由大到小的顺序排列，并设置阈值。假设阈值以上是阳性，以下是阴性，这时我们可以构建混淆矩阵，计算真阳性率和假阳性率。不断改变阈值就能得到一条 ROC 曲线。

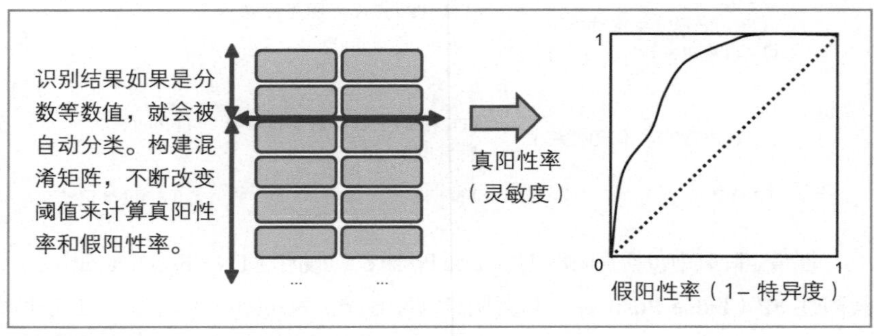
识别结果如果是分数等数值，就会被自动分类。构建混淆矩阵，不断改变阈值来计算真阳性率和假阳性率。
...
...
真阳性率
（灵敏度）
1
0
1
假阳性率（1– 特异度）

图 7-22　**绘制 ROC 曲线**

ROC 曲线的评估方法

ROC 曲线主要有以下三种评估方法（图 7-23）。

- AUC（Area Under Curve，曲线下面积）值

  AUC 值是指 ROC 曲线下面的面积。AUC 值在 0.9 以上表明分类准确率（accuracy）较高。在比较多个模型时，可以使用 AUC 值作为评估标准。

- 曲线与左上角的垂直距离

  AUC 值越高，ROC 曲线越“凸”向左上角，所以曲线到左上角的距离 a 越小，模型性能就越好。由此我们可以推测，a 最小的位置对应模型的最优参数（相当于绘制曲线时的阈值）。

- 正确指数（youden index，又称约登指数）

  AUC 值为 0.5 时，相应的模型分类效果最差，此时得到一条 45° 对角线。用对角线上距离曲线最远的距离 b 所对应的位置的真阳性率减去假阳性率（敏感度 + 特异度 −1），可以推断出这个值对应的是模型的最优参数。

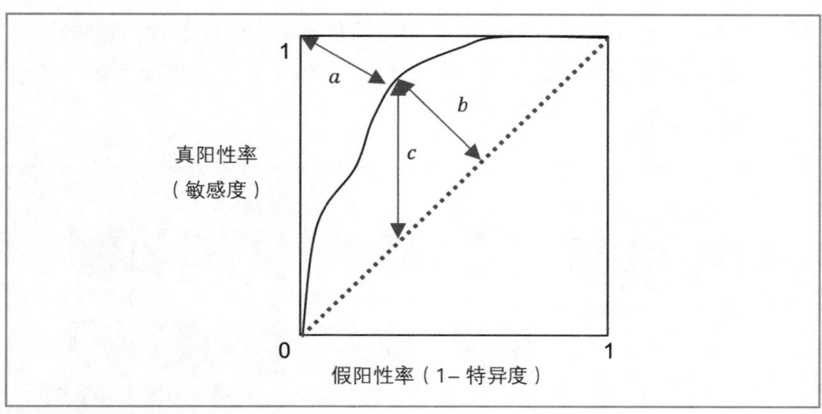

图 7-23 ROC 曲线

hold-out 检验和交叉检验

除了使用 ROC 曲线，我们还可以通过分割原始数据集来检验训练模型的识别准确率。原始数据集可以分割为训练集和测试集，训练集包括训练时使用的标记数据或训练数据，测试集包括在评估训练过的模型时使用的测试数据。分割数据集可以避免过拟合。

这与随机森林中随机抽取数据，构建多个决策树的过程一样。

检验方法如下所示（图 7-24）。

- hold-out 检验（holdout method）
  将原始数据集分为训练集和测试集两部分。首先使用训练集训练模型，然后利用测试集检验模型的效果。hold-out 检验不算交叉检验。
- *K* 折交叉检验（*K*-fold cross-validation）
  将原始数据分为 *K* 份，将其中一份作为测试集检验模型，其他的 $K-1$ 份作为训练集进行训练。取 *K* 次校验结果的平均值或标准差，以此来评估模型。*K* 值通常设置为 5～10。
- LOOCV（Leave-One-Out Cross-Validation）
  LOOCV 是 *K* 折交叉检验中 *K* 与原始数据集中的样本数相等的情况，即每个样本单独作为测试集的情况。LOOCV 可在数据量较少的情况下使用。

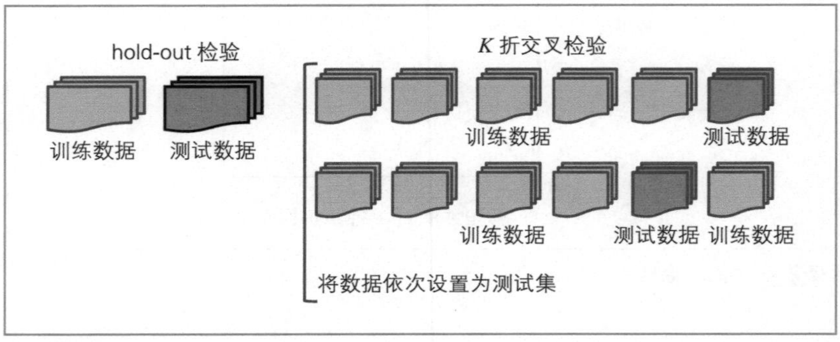

图 7-24 **检验方法**

第 8 章 强化学习和分布式人工智能

基于统计机器学习的分类器能够根据输入的数据来修改和优化权重，从而提高人工智能程序的分类性能和识别性能。为了进一步提高人工智能程序的性能，我们可以采用集成学习（ensemble learning）、强化学习和迁移学习（transfer learning）等方法。集成学习是通过构建多个分类器来完成学习任务的，而在强化学习和迁移学习的情况下，程序在与外界环境的交互过程中会接收环境反馈进行自主学习。本章，笔者将对这些内容进行介绍。

01 集成学习

下面来介绍集成学习。

要点

- 集成学习
- Bagging
- Boosting

集成学习

在使用基于统计机器学习方法构建的学习器和分类器进行分类或识别时，为了提高单个分类器的性能，在构建分类器模型时，要尽量减少分类器的数量。

之所以这么做，是因为结构简单才有助于人类更好地理解分类器的动作。换句话说，人类很难预测结构复杂的分类器的动作。可如果简单的分类器无法达到很好的效果，我们就需要使用集成学习了。

集成学习通过构建并结合多个分类器来完成学习任务，以此提高模型的泛化能力（参照小贴士）。

小贴士 泛化能力

泛化能力是指模型能够处理更多未知问题的能力。如果泛化能力差，就容易出现过拟合现象。

Bagging

Bagging 是集成学习的方法之一（图 8-1）。它利用自助法（bootstrapping）（参照小贴士）在训练集中进行 *m* 次有放回的随机抽样，共进行 *B* 轮，这

样就能得到 B 个训练集，每个训练集中包含 m 个样本。

每次使用一个训练集会得到一个弱分类器 h，把这些弱分类器结合起来就会构成最终的分类器 H。针对识别和判定问题，H 会选择最优弱分类器的结果；针对回归问题，H 会计算 h 的平均值作为最终结果。

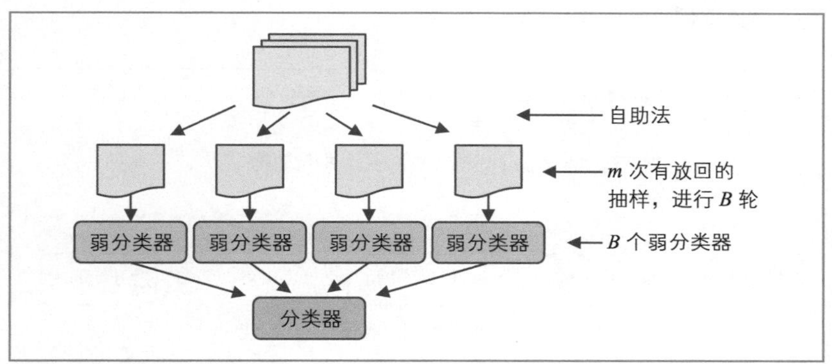

图 8-1　Bagging

小贴士　自助法和拔靴法

自助法又称自助抽样法，它是一种重采样方法，通过数据采样来生成一系列伪样本，可用来估计统计量的偏差及方差。自助法并不是指我们使用某种编程语言来构建该编程语言的编译器，也不是指在操作系统启动的过程中使用的启动。

拔靴法（bootstrap）源自 19 世纪一则神话故事中的短语 pull oneself up by one's bootstrap。该短语的字面意思是“拽着鞋带把自己拉起来”，比喻违背常理的事情。到了 20 世纪，这句话又被赋予了“不需要他人的帮助，凭借自身的努力和能力完成任务”的意思。

与随机森林的差异

随机森林会生成大量的决策树并综合这些决策树的结果进行最优分类。随机森林和 Bagging 一样是从数据集中随机抽取一小部分训练集来进行训练的。二者的区别在于 Bagging 会使用训练集中所有的自变量，而随机森林中的自变量是随机抽取的。

Boosting

Bagging 会同时构造多个弱分类器无差别进行组合，而 Boosting 会通过迭代优化的方式选择弱分类器（图 8-2）。Boosting 对于需要识别的数据集和其他数据集，会通过迭代选择弱分类器来得到识别正确率较高的强分类器。具有代表性的算法是 AdaBoost。

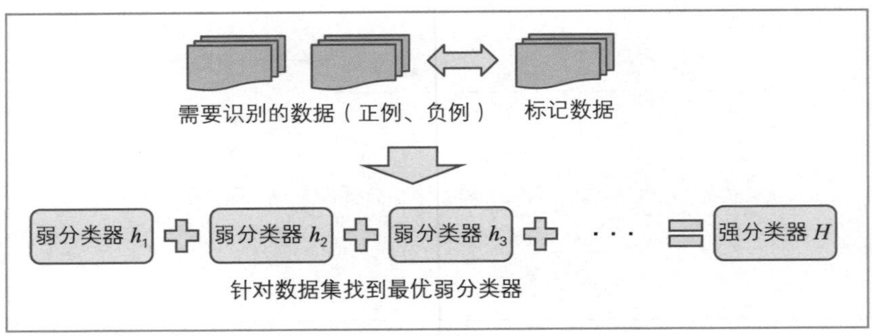

图 8-2 Boosting

AdaBoost

AdaBoost 是一种针对二元分类问题构建弱分类器的算法。

对于给定的训练集 (X, Y)，若 X 和 Y 分别对应于已标记的正例样本和负例样本，则 $x_1, \cdots, x_m \in X$，$y_1, \cdots, y_m \in Y=\{-1, 1\}$。首先使用自助法等方法构建多个弱分类器。

接下来按照训练样本的概率分布 $D_t(i)$（$i=1, \cdots, m$）选择弱分类器。初始化样本权重为 $D_1=1/m$，按照 $t=1, \cdots, T$ 开始迭代。迭代步骤如下所示。

- 对于构建的多个弱分类器，计算弱分类器的误差率，然后选择最小的弱分类器

  $$\varepsilon_t \sum_{i:h_t(x_i)\neq y_i} D_t(i)$$

- 如果 $\varepsilon_t > 0.5$，则结束迭代
- 计算的权重系数

$$\alpha_t = \frac{1}{2}\ln\left(\frac{1-\varepsilon_t}{\varepsilon_t}\right)$$

- 更新样本权重

$$D_{t+1}(i) = \frac{D_t(i)\exp(-\alpha_t y_i h_t(x_i))}{Z_t}$$

误差率表示弱分类器的分类精度。如果误差率大于 0.5，就说明分类精度比胡乱猜测的准确率还要低，此时需要立刻停止弱分类器的构建。

在根据误差率计算样本的权重系数，更新样本权重 D 时，要对分类正确的样本降低权重，对分类错误的样本增加权重（因为 $h_i(x_i)=\{-1, 1\}$，$y_i=\{-1, 1\}$）。这样，我们就能从第一个弱分类器开始，逐渐构建出针对简单特征的分类器以及针对复杂特征的分类器。Z_t 的作用是使更新后的权重的合计值为 1。

经过 T 次循环后得到 T 个弱分类器，把这 T 个弱分类器按权重系数相应的样本权重叠加起来，就可以得到强分类器 H（图 8-3、图 8-4）。

$$H(x) = \mathrm{sign}\left(\sum_{t=1}^{T}\alpha_t h_t(x)\right)$$

图 8-3　强分类器 H 的公式

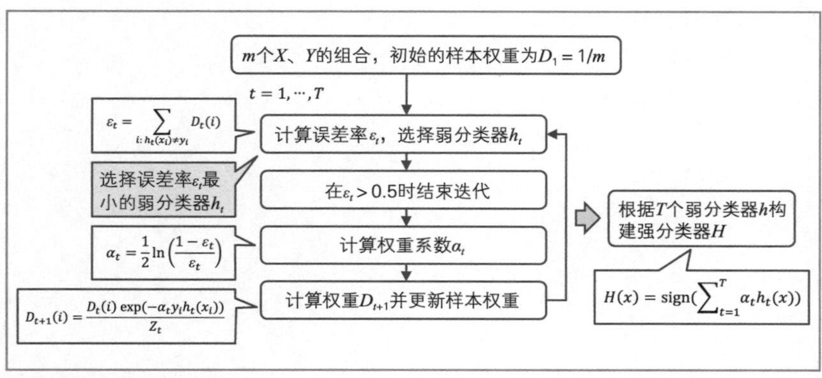

图 8-4　AdaBoost 算法

AdaBoost 既可以用于二元分类问题，也可以用于多元分类问题。另外，把强分类器 H 的公式中的 $\sum(-\alpha_t h_t(x_i))$ 作为损失函数，对 AdaBoost 进行通用扩展后还能得到 MadaBoost 和 U-Boost 等算法。

02 强化学习

下面来介绍强化学习。

要点
- 强化学习理论
- 回报和价值函数
- Q 学习
- 随机系统
- 贝尔曼方程

强化学习理论

人在刚出生的时候，大脑中并不会有关于这个世界的全部信息。人类是在成长的过程中，通过与外界环境的交互来获取经验进行学习的。

机器也是如此。类脑计算机就是通过与环境的交互作用来实现自主学习的系统。

然而实际上，机器只是参照人类基于知识库、规则以及统计模型等构建的分类器来代替人类作出判断。让机器在未知的学习环境中能像人类那样自主改变分类器的机制叫作强化学习。

强化学习理论（reinforcement learning theory）把通过反复试错获得回报的学习模式用数学模型表示了出来。它基于心理学上的操作性条件反射（参照小贴士），其名字源于自主行为发生频率增强的现象——强化（reinforcement）。

小贴士 心理学上的操作性条件反射

心理学家认为，（生物体）通过自发的反复试错行为所获得的回报会让其做出相应的行为。有一个使用了斯金纳箱的实验比较有名。斯金纳箱是一个按下盒子上的按钮就会出现食物的实验装置，鸽子等动物通过获得食物这一奖励，自发学会了按按钮。

随机系统

在前面介绍机器学习时，除了贝叶斯估计，笔者大多使用了批量处理的优化方法。例如动态规划就是一个典型的批量处理方法。我们把使用这些方法的系统称为确定性系统。

而强化学习中涉及的马尔可夫决策过程（Markov Decision Process，MDP）具有不确定性，我们把这类系统称为随机系统（图 8-5）。

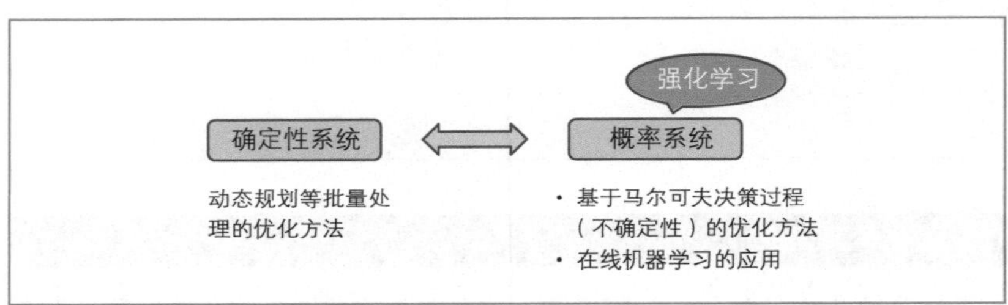

图 8-5 确定性系统和随机系统

随机系统可以通过不断输入数据的流处理来进行机器学习。需要采用流处理方式这一点也是随机系统的特征之一。

为了与批处理机器学习（批量学习或离线学习）对应，我们把这种适合流处理的机器学习称为在线机器学习（在线学习）。在线机器学习适用于贝叶斯统计学和强化学习。

策略和强化学习

在强化学习中，智能体（agent）（这里指程序）会从分类器产生的规则集中选择某项规则，然后对外界环境刺激做出反应并从环境中获得相应的回报，进而更新分类器（图 8-6）。

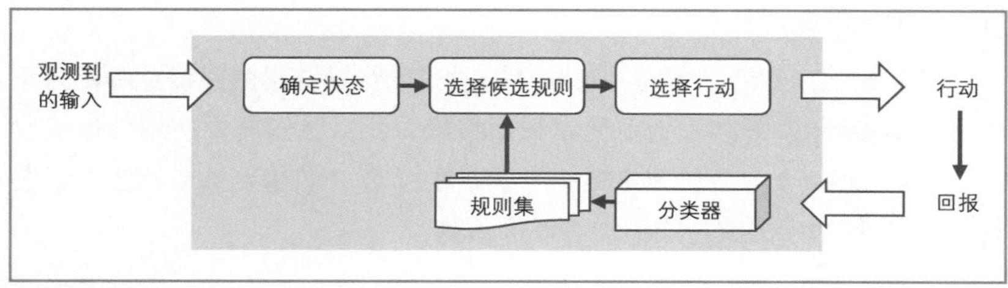

图 8-6　**强化学习的框架**

当环境处于某种状态时，智能体会随机选择接下来的动作。我们把状态到动作的映射称为策略（policy），用 π 表示（图 8-7）。

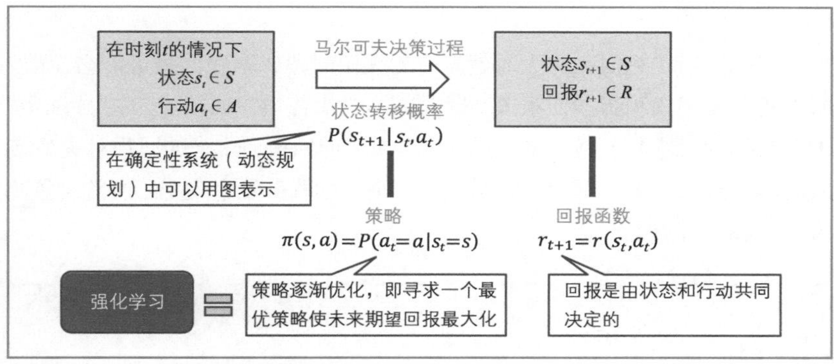

图 8-7　**马尔可夫决策过程和强化学习**

假设在时刻 t 观测到的环境状态为 s_t，按照策略 π 采取动作 a_t 后，根据规定的状态转移概率能够确定下一时刻 $t+1$ 的状态 s_{t+1}。

由此可见，马尔可夫决策过程是一个强化学习模型，下一时刻的状态只与当前时刻 t 的状态和采取的动作有关。行动的回报为 r_{t+1}。

回报是由状态和行动共同决定的。强化学习的目的是不断选择好的策略，即寻求一个最优策略使未来期望回报最大化。

回报和价值函数

为了使选择的动作能够获得最大的回报，我们还需要考虑未来的期望回报。

累积折扣回报

从初始状态到终止状态，智能体通过采取行动获得的回报总和称为累积回报（参照小贴士）。为了使累积回报最大化，我们需要使用价值函数（value function）来评价未来的一个状态或行动。价值函数就相当于动态规划和 A* 算法中的收益或成本（评价函数）。

小贴士 累积回报

累积回报的公式如下所示。

$$\sum_{k=0}^{T} r_t + k + 1$$

但是，当 T 趋向无穷大时就演变为无限时段，累积回报可能会发散。所以我们使用累积折扣回报 R_t（图 8-8）来代替累积回报。γ 称为折扣因子（参照小贴士）。γ 越小表示越不看重未来的回报，未来的回报对决策结果的影响越小。使 R_t 最大化的策略会随着 γ 的取值发生改变。通常 γ 会设为 0.9 等较大的值。

$$R_t = \sum_{k=0}^{\infty} \gamma^k r_{t+k+1} \quad (0 \leqslant \gamma < 1)$$

图 8-8 **累积折扣回报的公式**

小贴士 折扣因子

折扣因子的概念与商品价值的计算方法是相通的。投资决策理论中也会使用累积折扣回报作为投资决策的指标，该指标称为净现值（Net Present Value，NPV）。

为了找到最优策略，我们需要用价值函数来准确地估计一个状态或动作的价值。

价值函数包括状态价值函数（state-value function）$V_\pi(s)$ 和动作价值函数（action-value function）$Q_\pi(s, a)$。

状态价值函数

当环境处于状态 s 时，在策略 π 下的累积折扣回报的期望值是从状态 s 出发，使用策略 π 所带来的累积折扣回报（图 8-9）。

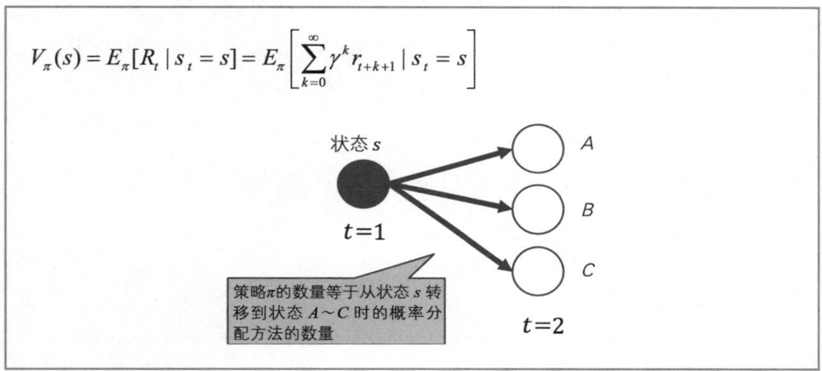

图 8-9　**状态价值函数**

动作价值函数

当环境处于状态 s 时，根据策略 π 采取行动 a 之后得到的累积折扣回报期望值 $Q_\pi(s, a)$ 也称为 Q 值（Q-value）。状态价值函数 $V_\pi(s)$ 可以用策略 π 和动作价值函数 $Q_\pi(s, a)$ 表示（图 8-10）。

$$Q_\pi(s,a)=E_\pi[R_t \mid s_t=s,a_t=a]$$
$$V_\pi(s)=\sum_a \pi(s,a)Q_\pi(s,a)$$

图 8-10　**动作价值函数的公式**

让动作价值函数的值最大的函数称为最优动作价值函数（optimal action-value function）$Q^*(s, a)$，其对应的策略用最优策略 π^* 表示（图 8-11）。

$$Q^*(s,a)=Q_{\pi^*}(s,a)=\max_\pi Q_\pi(s,a)$$

图 8-11　**最优动作价值函数的公式**

贝尔曼方程

状态价值函数和动作价值函数使用累积折扣回报来计算长期回报，这适用于通过不断试错来进行学习的在线机器学习。

在马尔可夫决策过程中，状态价值函数 $V_\pi(s)$ 可以用递归的形式表示，此时得到的方程称为贝尔曼方程。价值函数的贝尔曼方程可以用状态 s、动作 a 和下一个状态 s' 来表示，具体如图 8-12 所示。

$$V_\pi(s)=\sum_a \pi(s,a)\sum_{s'} P(S_{t+1}=s' \mid s_t=s,a_t=a)[r_{t+1}+\gamma V_\pi(s')]$$

$$Q_\pi(s,a)=r(s,a)+\gamma\sum_{s'} V_\pi(s')P(s' \mid s,a)$$

$$V_\pi(s')=\sum_{a'} \pi(s',a')Q_\pi(s',a')$$

图 8-12 价值函数的贝尔曼方程

时刻 t 的价值函数由回报 r_{t+1} 和 $V_\pi(s')$ 来确定，我们可以通过函数近似的方法来拟合 r_{t+1} 和 $V_\pi(s')$。求解方法有 SARSA（State-Action-Reward-State-Action）算法、Actor-Critic 算法、Q 学习等。

Q 学习

在强化学习中，Q 学习（Q-Learning）是十分典型的例子（图 8-13）。Q 学习是对最优动作价值函数 $Q^*(s, a)$ 的 Q 值进行估计以求得最优策略的方法。

最优策略 π^* 推荐我们选择具有最大动作价值的动作。下一个状态的 Q 值和实际 Q 值之间的误差用 TD 误差（Temporal Difference error）δt 表示，这个误差不会收敛到零。

用 TD 误差乘以学习率（学习系数）α（$0<\alpha\leqslant 1$）可以得到接近平衡状态的冲量。α 越大，动作价值函数的更新越快，但是也会导致环境不稳定，所以我们通常把 α 设为 0.1 左右。

Q 学习对最优动作价值函数的 Q 值进行估计
动作价值函数
$\delta_t = (r_{t+1} + \gamma \max_{a_{t+1} \in A} Q(s_{t+1}, a_{t+1})) - Q(s_t, a_t)$
TD 误差
$Q(s_t, a_t) \leftarrow Q(s_t, a_t) + \alpha \delta_t$
TD误差
$a_t^* = \arg\max_a Q(s_t, a)$
$\pi(s_t, a_t) = P(a_t \mid s_t)$
根据 $P(a_t|s_t)$ 的内容，策略会是贪心算法、随机化算法、ε-贪心算法或玻尔兹曼选择算法等

图 8-13　**Q 学习**

Q 学习通过使 TD 误差趋于零来估计最优动作价值函数的 Q 值，但我们要另行考虑如何寻找策略。

为了充分利用学习结果，我们要选择有最大 Q 值的动作。根据选择的动作，有以下几种算法。

贪心算法

贪心算法也叫贪婪算法。在求解问题时，它总是选择 Q 值最大的动作（图 8-14）。

$\delta(a, b)$ 称为克罗内克函数（Kronecker delta，又称克罗内克 δ 函数）。贪心算法总会做出当前最好的选择，即使有其他动作可能会使整体更优，也不会进行搜索，即不从整体最优进行考虑，可以说是一种停止思考的状态。

$$P(a_t \mid s_t) = \delta(a_t, a_t^*)$$

$$\delta(a,b) = \begin{cases} 1 & (a = b) \\ 0 & (a \neq b) \end{cases}$$

图 8-14　**贪心算法**

随机化算法

随机化算法基于随机方法进行搜索。它会随机选择动作，所以累积折扣回报也是随机的，得不到最大值。

◘ ε- 贪心算法

ε- 贪心算法（随机贪心算法）是结合了随机化算法和贪心算法的方法。以 ε 的概率进行探索，以（1−ε）的概率利用基于知识的贪心算法来选择当前最优的动作，由此我们可以通过改变 ε 来调整贪心选择性质和随机性质的权重（图 8-15）。

$$P(a_t \mid s_t) = (1-\varepsilon)\delta(a_t, a_t^*) + \frac{\varepsilon}{\#(A)}$$

图 8-15 ε- 贪心算法

◘ 玻尔兹曼选择算法

玻尔兹曼选择算法中有一个负热力学温度（inverse temperature）β 系数（图 8-16）。上述的 ε- 贪心算法在基于概率 ε 选择动作时，完全不考虑 Q 值的大小。而在玻尔兹曼选择算法中，Q 值越大的动作被选择的概率越高，Q 值越小的动作被选择的概率越低，在这一点上可以说它是 ε- 贪心算法的改良版。β 值越大，基于知识的贪心选择性质就越强，β 值越小，随机性质就越强。

$$P(a_t \mid s_t) \propto \exp(\beta Q(s_t, a_t))$$

图 8-16 玻尔兹曼选择算法

关于强化学习和利用 TD 误差的 TD 学习，大家可以通过图灵社区本书主页相关文章中的链接了解相关内容。

DQN（Deep Q-Network）算法与深度学习相结合，并在 Q 学习中基于神经网络进行 TD 误差的优化计算。

DQN 算法由 Google 的子公司 DeepMind 开发，最初用于打砖块（Breakout）和吃豆子（PAC-MAN）游戏，后来连 AlphaGo 的围棋训练中也采用了该算法。

03 迁移学习

下面来介绍迁移学习。

要点
- 域和域自适应
- 元学习

域和域自适应

假设有一个针对某个任务训练好的分类器，它的性能很好，而且似乎可以迁移到新的模型中帮助解决新的课题。但是，两个任务并不完全相同，而且分类器在泛化能力方面还有所不足，也没有大量的训练样本。在这样的情况下，我们可以采用迁移学习的方法。

迁移学习是将从一个或多个任务中学到的知识用于高效构建新任务的有效假设的问题，即为了高效地完成新任务而重新使用其他任务的训练数据和训练结果。我们把解决这个问题的方法统称为域自适应。

我们把从已经学习过的任务中得到的知识及分类器的领域称为源域（source domain），与之相对的新领域称为目标域（target domain）。源域和目标域之间既有相同点又有不同点，而迁移学习的目标是尽量充分利用源域的信息，有效获取符合目标域的、准确度高的分类器。

例如，源域是一个日语的语言模型，我们可以把它当成日英翻译时使用的翻译模型的构建素材来使用（图 8-17）。

迁移学习就是把源域的知识用于目标域的新任务中。迁移学习有几个不同的名称。

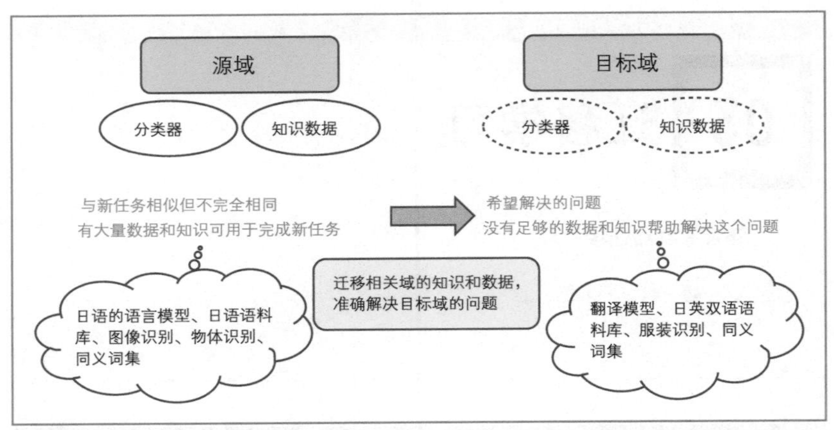

图 8-17　迁移学习的框架

按照源域和目标域中训练数据是否带有标记，我们可以将迁移学习分为归纳迁移学习、直推式迁移学习、自学习和无监督迁移学习。

通常情况下，我们会把要解决的问题设为直推式迁移学习或自学习（图 8-18）。

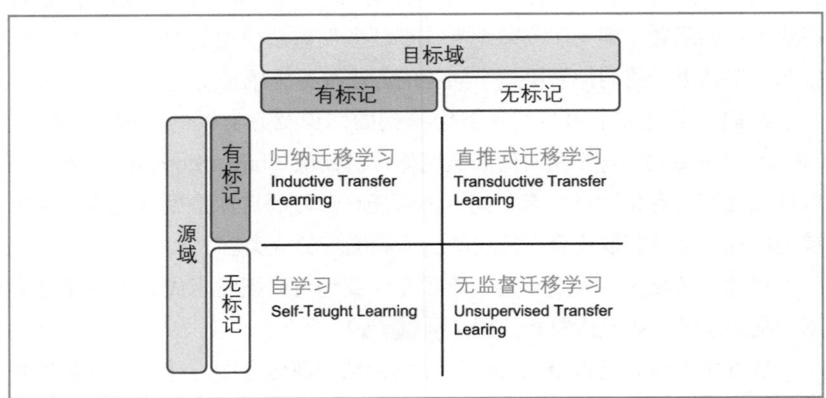

图 8-18　迁移学习的种类

按照迁移知识的方式，迁移学习可以分为知识发送者（源域）的迁移和知识接收者（目标域）的迁移，源域的学习又可以分为基于实例的迁移和基于特征的迁移。目标域的学习是基于模型的迁移。迁移学习的方法如图 8-19 所示。

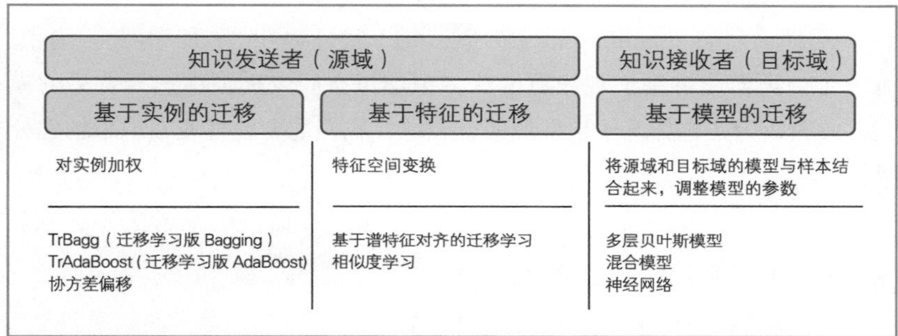

图 8-19　**迁移学习的方法**

在基于深度学习的图像识别任务中，当识别新的图像时，通常会借助现有的知识进行迁移学习。

源域和目标域均没有标记数据的迁移学习称为无监督迁移学习。无监督迁移学习是一种相似性学习，它会根据对源域数据进行聚类所得到的距离与目标域距离的相关性，在源域和目标域之间建立对应关系。

半监督学习与迁移学习的区别

如果待识别的数据和标记数据的分布不同（常见现象），我们可以通过迁移学习来提高分类器对未知数据的泛化能力。半监督学习会利用少量的标记数据和大量的未标记数据进行学习，从而提高分类器的泛化能力。

多任务学习

迁移学习中存在发送知识的源域和接收知识的目标域。源域和目标域之间互相迁移，以此来增加共同知识的方法称为多任务学习（multi-task learning）。多任务学习的目标是提高所有域中分类器的性能。

元学习

一些分类器和算法在特定的域中有很好的泛化能力，但它们很难应用到其他域中。总体来看，其性能和一些通用分类器或算法没有太大区别。这就是没有免费的午餐定理（参照小贴士）。使用这个定理能够很好地解释一些对域加以限制后出现的框架问题。

元学习（meta learning）（参照小贴士）就是学习“如何学习”。例如，有一个分类器能够基于观测数据从多个虚拟空间或模型中选择合适的模型。此时，为了选择基于顶层域的分类器，我们需要获得元知识来构建分类器。

小贴士 没有免费的午餐定理

使用代价函数的极值搜索算法对所有可能的代价函数求平均，得到的结果是所有算法的性能相同（Wolpert 和 Macready）。

小贴士 元学习

在心理学和认知科学中，个体对自己的认知活动的客观认知称为元学习。

04 分布式人工智能

下面来介绍分布式人工智能。

要点
- 智能体
- 黑板模型

智能体

程序具有学习能力后，能够通过感知环境来决定自己的行动。我们很容易联想到机器人，不过这里的动作主体叫智能体或智能主体。

一些没有实体装置的软件如果能够通过输入驱动定期或不定期地运行，也可以称为智能体。

智能体包括理性智能体、自治智能体和多智能体等（图 8-20）。

和现有的知识库相比，自治智能体会优先使用自己学习到的经验知识。它是一种创新系统，能做出系统设计者预料之外的动作。

在多智能体系统中，如果智能体个体的功能结构相同就称为同构（homogeneous）系统，如果不同就称为异构（heterogeneous）系统。

在智能体中，任务分配的协商协议通常使用的是合同网协议（contract net protocol）。合同网协议用于对管理者进行任务的公布和投标。

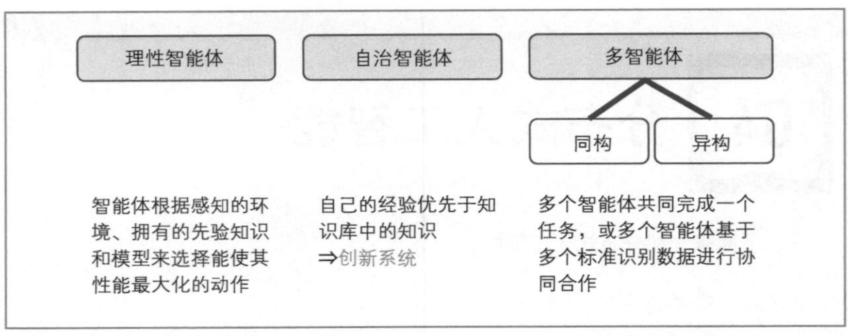
理性智能体
自治智能体
多智能体
同构
异构
智能体根据感知的环境、拥有的先验知识和模型来选择能使其性能最大化的动作
自己的经验优先于知识库中的知识
⇒创新系统
多个智能体共同完成一个任务，或多个智能体基于多个标准识别数据进行协同合作

图 8-20 **智能体的类型**

黑板模型

当多智能体协同合作求解问题时，它们会共享一块存储区域，这就是黑板模型。

在黑板模型中，黑板被看作一个共享的任务求解空间（共享内存）。假设黑板上记录着问题（一些假说）和初始数据。智能体会从黑板上读取数据进行推理，再把推理结果写到黑板上供其他智能体使用。重复这一过程，就能轻松解决一些复杂的问题了。

第9章 深度学习

深度学习是基于多层神经网络和多个单元的神经网络学习，2010年后受到广泛关注。本章，笔者将比较神经网络学习和深度学习，并对当前热门的卷积神经网络（Convolutional Neural Network，CNN）和循环神经网络（Recurrent Neural Network，RNN）这两种深度学习网络结构进行说明。

多层神经网络

下面来介绍多层神经网络。

要点
- 多层感知器
- 随机梯度下降法
- 正则化和 Dropout
- 激活函数和梯度消失问题
- 训练误差和测试误差
- 网络学习改进

多层感知器

在介绍深度学习之前，笔者先带大家简单回顾一下神经网络，并对其中与深度学习有关的内容加以说明。

由输入层、中间层和输出层组成的多层感知器的应用是神经网络有监督学习领域的一项巨大突破（图 9-1）。另外，误差反向传播算法（back propagation）通过调整网络输入的权重系数来降低实际输出与标记数据之间的误差，它在神经网络有监督学习领域也发挥了重要的作用。

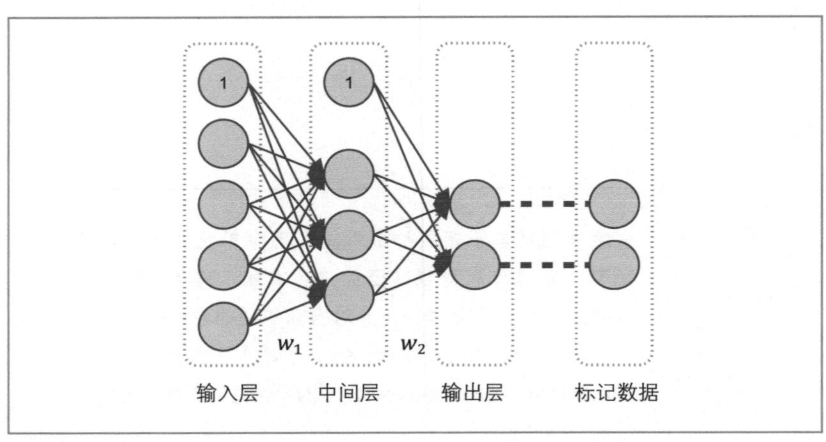

图 9-1 多层感知器

激活函数和梯度消失问题

神经网络中使用单位跃阶函数和 Logistic 函数作为激活函数。随着输出层的输出值不断增大，这些激活函数能把网络的最终输出值收敛于 1。

而在深度学习中，使用上述函数可能无法完成学习。深度学习中通常使用的是修正线性单元（Rectified Linear Unit，ReLU）。修正线性单元也称为斜坡函数（ramp function）。

2011 年泽维尔等人发表论文称，作为激活函数使用修正线性单元的效果优于双曲正切函数和 softplus 函数。

Sigmoid 函数和双曲正切函数的导数包含了原函数本身，而修正线性单元的导数只包含最简单的数字 0 或 1，非常便于计算。另外，在深度神经网络中进行前向传播和反向传播时，Sigmoid 函数经过多次运算后，会使权重系数发散或使曲线梯度变为零，即出现梯度消失问题（vanishing gradient problem），所以现在通常使用修正线性单元作为激活函数（图 9-2、图 9-3）。

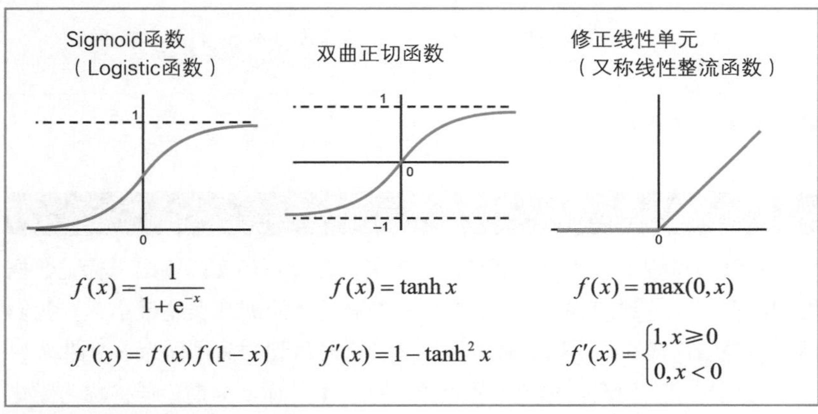

图 9-2　激活函数

$$f(x)=\log(1+e^{x})$$

图 9-3　softplus 函数的公式

随机梯度下降法

在统计机器学习中，我们使用了最大似然估计和梯度下降法来拟合函数模型。在拟合过程中，可以使用最速下降法来求解损失函数或误差函数。这个方法适用于一次性输入全部数据样本的批量学习。

在神经网络的学习过程中，我们使用的是随机梯度下降法（Stochastic Gradient Descent，SGD），从整体抽取一部分数据作为一个小批量（mini-batch）来迭代更新权重系数（图 9-4）。

要提前选好合适的小批量数据 D_i，D_i 的数量通常为 10 ~ 100 个。

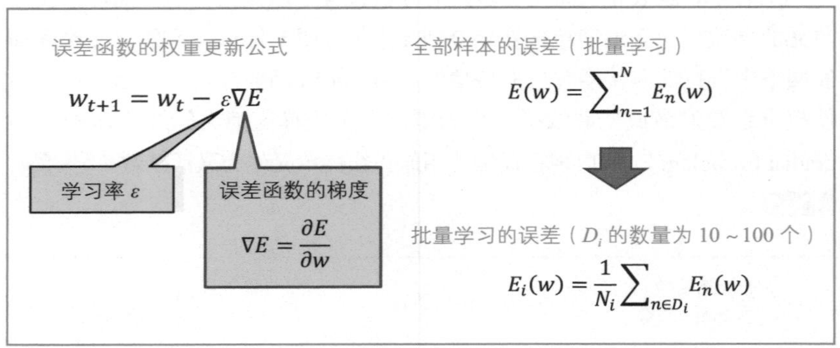

误差函数的权重更新公式
$w_{t+1} = w_t - \varepsilon\nabla E$
学习率 ε
误差函数的梯度
$\nabla E = \frac{\partial E}{\partial w}$
全部样本的误差（批量学习）
$E(w) = \sum_{n=1}^{N} E_n(w)$
批量学习的误差（D_i 的数量为 10 ~ 100 个）
$E_i(w) = \frac{1}{N_i}\sum_{n\in D_i} E_n(w)$

图 9-4 **梯度下降法**

训练误差和测试误差

在学习过程中，我们用训练误差来表示分类器的实际输出与标记数据之间的差异（图 9-5 左图）。在构建分类器时要使训练误差最小化。我们用横轴表示迭代次数，用纵轴表示误差，这时得到的曲线称为学习曲线。

在训练集上的误差称为训练误差，在样本总体上的期望误差称为泛化误差。为了评价分类器的性能，我们需要知道分类器在新样本上的误差，即泛化误差。

但是，由于准备新数据的难度较大，所以我们通常使用测试数据的测试误差来评价分类器的泛化能力（图 9-5 右图）。

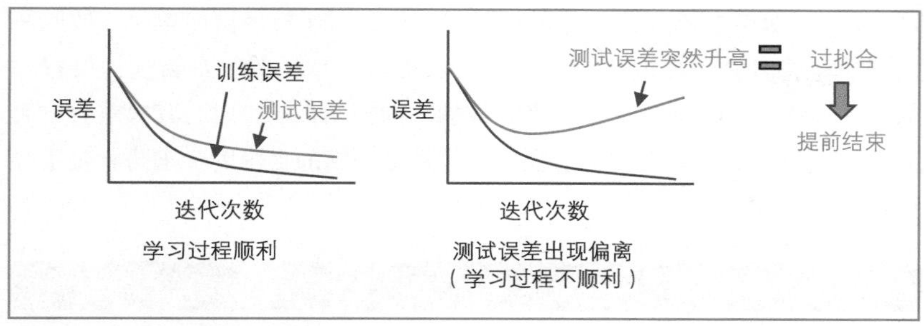

图 9-5 **训练误差和测试误差**

如果学习过程很顺利，那么训练误差和测试误差的学习曲线的变化趋势相同。如果测试误差曲线出现偏离，就表示学习效果不佳，很可能发生了过拟合现象（过度学习）。这时通常会提前结束测试。

正则化和 Dropout

为了防止过拟合现象发生，我们可以使用正则化方法给权重系数加上限制，也可以用与正则化类似的惩罚函数法给权重系数设置上限。另外，Dropout 也是一种防止神经网络模型发生过拟合的方法（图 9-6）。

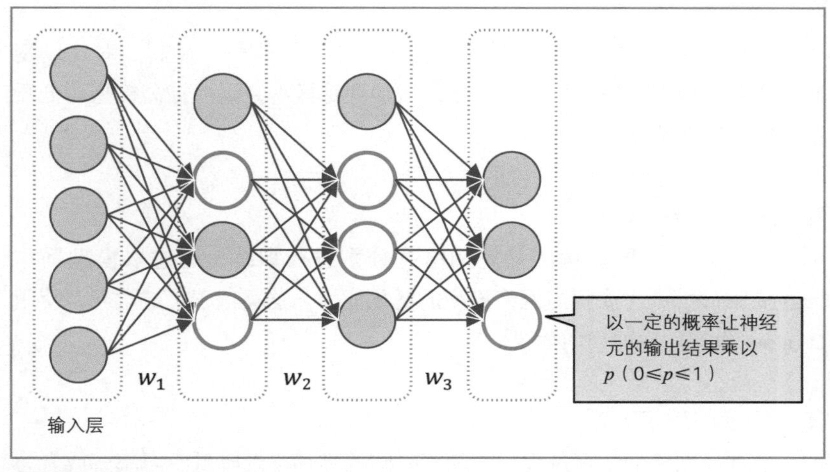

图 9-6 Dropout

Dropout 是指在神经网络的训练过程中，对于神经网络单元，按照一定的概率将其暂时从网络中移除，每次更新权重系数时重新选择要移除的单元。在 Dropout 方法中，临时被删除的单元在输出时，其权重会放大 p 倍（$0 \leqslant p \leqslant 1$）。该方法通过强制减小神经网络的自由度[①]来防止发生过拟合。

网络学习的改进

在神经网络的训练过程中，人们还进行了以下几点改进。

数据归一化

基于数据的平均值和方差进行标准化的操作叫作数据归一化，也叫数据规范化（normalization）或标准化（standardization）。具体做法通常是“使数据的平均值为 0”或“使数据的方差（或标准差）为 1”。

另外，数据白化（whitening）指将特征之间的相关性降为 0 的操作。归一化和白化都是预处理方法。如果在训练神经网络时实施了预处理，那么在开展识别工作时也需要实施相同的预处理。

数据增强

在图像识别中，我们通过对图像进行平移、镜像、旋转、对比度变换、颜色变换以及噪声扰动等操作来增加训练样本，以此提高模型对低质量图像的识别精度。

使用多种神经网络

构建多种不同结构的神经网络并分别进行训练，通过取模型平均（model averaging）来提高网络模型的泛化能力。这类似于集成学习，使用 Dropout 也能达到同样的效果。

学习率的确定方法

在神经网络的学习过程中，随着时间的推移逐渐降低学习率，或者为

---

① 指线性神经网络中所有权值和阈值的个数总和。——译者注

不同层设置不同的学习率，都能提高网络的学习效率。还有一些算法能够自适应地为每个参数分配不同的学习率，比如 AdaGrad 算法。该算法中，更新量的变换公式如下所示。

$$-\varepsilon\nabla E_t \rightarrow -\frac{\varepsilon}{\sqrt{\sum_{t'=1}^{t}(\nabla E_{t'})^2}}\nabla E_t$$

02 受限玻尔兹曼机

下面来介绍受限玻尔兹曼机（Restricted Boltzmann Machine，RBM）。

要点
- 玻尔兹曼机和受限玻尔兹曼机
- 预训练

玻尔兹曼机和受限玻尔兹曼机

如图 9-7 左图所示，玻尔兹曼机的各节点连接成一个无向完全图，形成一个多层结构。玻尔兹曼机由可见层和隐藏层组成。

不同于包含输入和输出的有向图结构的感知器，玻尔兹曼机在计算方面非常复杂。所以人们又提出了受限玻尔兹曼机（图 9-7 右图）。受限玻尔兹曼机由可见层和隐藏层这两层结构组成，相同层内单元之间均无连接。

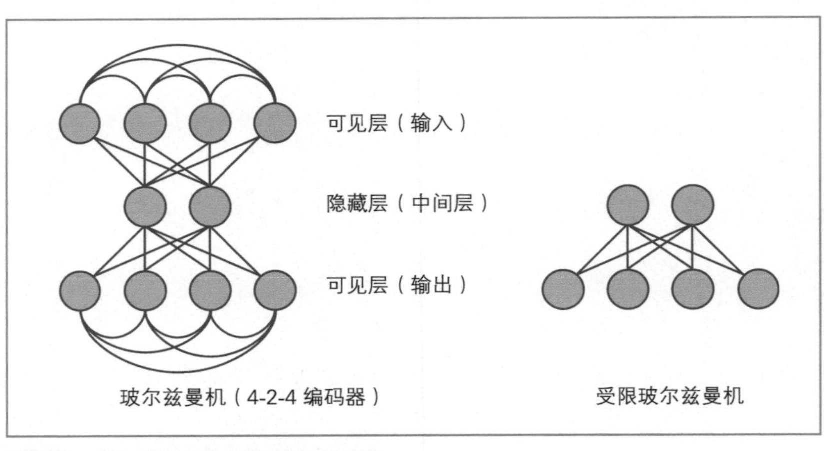

图 9-7 **玻尔兹曼机和受限玻尔兹曼机**

预训练

在多层网络训练的过程中可能会出现梯度消失的问题，从而无法完成深层网络的训练。神经网络越深，这个趋势越显著，其原因可归结于权重参数的随机初始化。我们可以使用预训练模型来解决这个问题。

在预训练的过程中，多层神经网络会从输入层开始顺次分成受限玻尔兹曼机那种两层结构的形式，然后通过无监督学习确定初始值。这是一个把分离出来的网络当成自编码器（autoencoder）的方法，只在最后的输出层随机设置权重。这样，输出层之前的多层神经网络就可以作为特征提取器使用，从而防止梯度消失的问题发生，顺利完成神经网络的训练。

03 深度神经网络

下面来介绍深度神经网络（Deep Neural Network，DNN）。

要点
- 有监督学习和无监督学习
- 深度信念网络
- 自编码器
- 稀疏编码

有监督学习和无监督学习

前面介绍的多层感知器和玻尔兹曼机的网络层数还能更多更深。我们把单元数和层数达到 100 以上的多层神经网络称为深度神经网络。

基于深度神经网络的机器学习称为深度学习。深度学习可以分为有监督学习和无监督学习，但是我们很难根据使用的学习方法明确划分网络类型（图 9-8）。

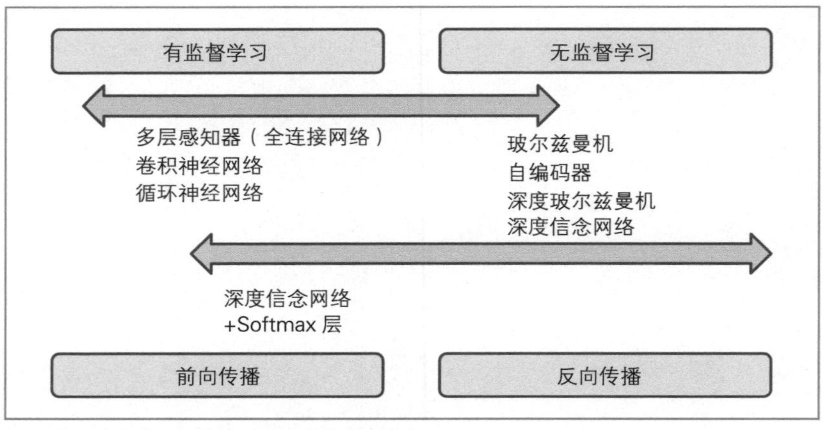

图 9-8 有监督学习和无监督学习的分类

无监督学习中通常只使用前向传播，而有监督学习中除了使用前向传播，还需使用反向传播更新权重，并训练多层神经网络。

深度信念网络

2006 年，辛顿等人提出了由受限玻尔兹曼机堆叠构成的深度信念网络（Deep Belief Network，DBN），并使用它来进行学习（图 9-9）。这种方法与从可见层开始采用受限玻尔兹曼机的结构进行学习的预训练和自编码器密切相关。

在深度信念网络中，受限玻尔兹曼机的堆叠部分采用无监督学习的训练方式，在最顶层级联一个 Softmax 层实现有监督学习的网络，通过把输出结果与期望输出进行比对，再把误差反向传播到所有底层网络。

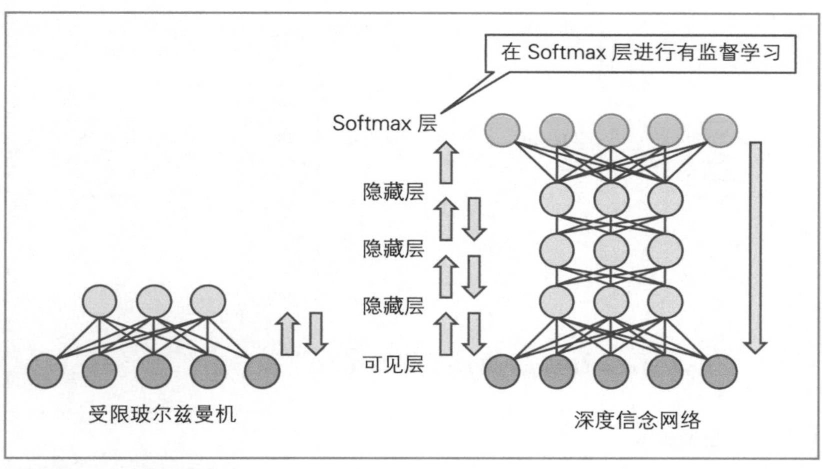

图 9-9 深度信念网络

自编码器

自编码器是一种捕捉数据特征并进行特征表达的前向传播网络。先将训练数据输入到训练网络的第一层得到一个输出，然后将该输出作为第二层的输入再得到一个输出，由此复现最初的训练数据（图 9-10）。自编码器是一种没有标记数据的无监督学习。网络结构与受限玻尔兹曼机相似，可在预训练中使用。

被称为编码器的输入层（受限玻尔兹曼机中的可见层）首先通过 $y=f(\boldsymbol{W}_X+\boldsymbol{b})$ 的运算得到数据特征（中间层、隐藏层的特征表达），然后构建输出层，使其与输入层的单元数相等，用调整权重系数 $\boldsymbol{W}$ 和偏置 $\boldsymbol{b}$ 的 $\tilde{\boldsymbol{W}}$ 和 $\tilde{\boldsymbol{b}}$ 作为解码器的参数进行计算。这样就实现了训练数据复现的处理。

但是，如果中间层的单元数与输入层和输出层的单元数相等，或者 $\boldsymbol{W}\tilde{\boldsymbol{W}}=\boldsymbol{I}$（单位矩阵），从输入到输出就变成了恒等映射，不能实现"用较少的特征表达原始数据"的目的。所以中间层的单元数要少于输入层的单元数。这里能够使误差函数减到最小的 $\boldsymbol{W}$ 和 $\tilde{\boldsymbol{W}}$ 在本质上与没有标记数据的主成分分析相同。

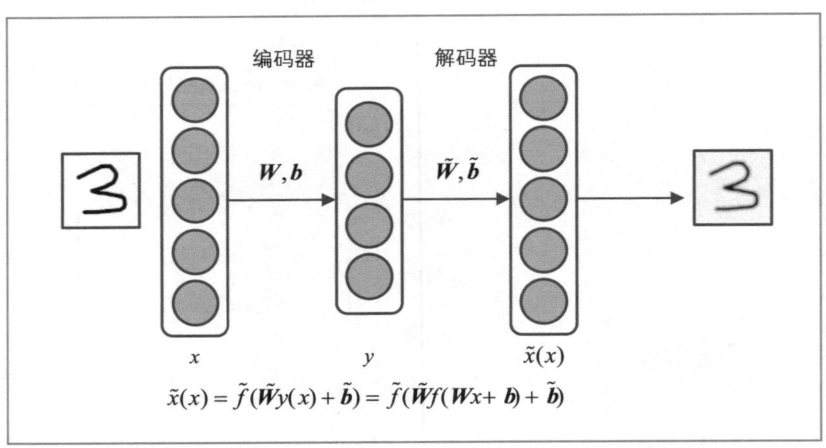

图 9-10 自编码器

稀疏编码

对人类、猴子或猫等生物体的研究实验表明，视觉信息由过滤器筛选后会传递到大脑皮层特定的视觉发生区，从而被大脑识别。

如果一个向量或矩阵中大多数元素为 0，我们则把它叫作稀疏向量或稀疏矩阵。例如，在把图像作为网络的输入时，我们可以通过添加正则化项来得到图像的稀疏表示，从而在计算图像的特征向量（基底）（参照小贴士）时能够确认大脑初级视觉皮层的局部性、方位选择性和空间频率选择性的状态。由此得到一种假说，即大脑中存在一种机制，能够通过少量神经元来表达复杂的外部环境信息。这种机制称为稀疏编码。

在对稀疏数据进行分析时，我们需要搜索向量或矩阵中非零元素的位置和数值，这就是计算量庞大的 NP-hard 问题。但是，如果数据的特征能够稀疏表示，我们就会得到一种有效的特征提取和数据压缩的方法。

在深度学习中，一个复杂的输出结果也能对应神经网络内部简单的特征表达。这是因为将绝大多数元素设为 0，让有效特征变得稀疏，能够大幅提高模型的泛化能力和预测计算效率。稀疏编码在以深度学习为代表的机器学习领域占据着重要的地位。

小贴士　基底

基底就是主成分分析中表达数据的特征向量。主成分分析通过正交基底来分解矩阵，并得到表达数据的特征值。

04 卷积神经网络

下面来介绍卷积神经网络。

要点
- 卷积操作
- 卷积神经网络的结构

卷积操作

卷积神经网络的英文缩写 CNN 中的 C 表示卷积。卷积是一种运算，两个函数的卷积运算就是一个函数的元素与另一个函数的元素对应相乘再求和。一些功能丰富的图像编辑软件也支持卷积操作，通过指定矩阵形式的参数就可以编辑像素值。

卷积操作可以在图像上实现平滑、边缘提取和浮雕等效果（图 9-11）。

0	0	0	0	0
0	1/9	1/9	1/9	0
0	1/9	1/9	1/9	0
0	1/9	1/9	1/9	0
0	0	0	0	0

平滑滤波

0	0	0	0	0
0	−1	−1	−1	0
0	−1	9	−1	0
0	−1	−1	−1	0
0	0	0	0	0

锐化滤波（反锐化掩模）

图 9-11 **卷积滤波器的示例**

卷积神经网络的结构

卷积神经网络主要由四种类型的层组成。它的卷积层和池化层对一个输入图像进行特征提取后，输出图像的特征映射图就形成了（图 9-12）。

有时，卷积层和池化层之间还会加上一个归一化层。归一化层对卷积层处理过的图像进行减法归一化，使整体像素的平均值为 0，或者进行除法归一化来统一方差。这些层可以反复排列，最后经过全连接层（参照小贴士）输出结果。

如果希望得到带有对象名称的分类结果或识别结果，可以使用 Softmax 函数为每个标签设置一个概率，再让所有标签的概率之和等于 1，这样就用能概率来表示结果了。

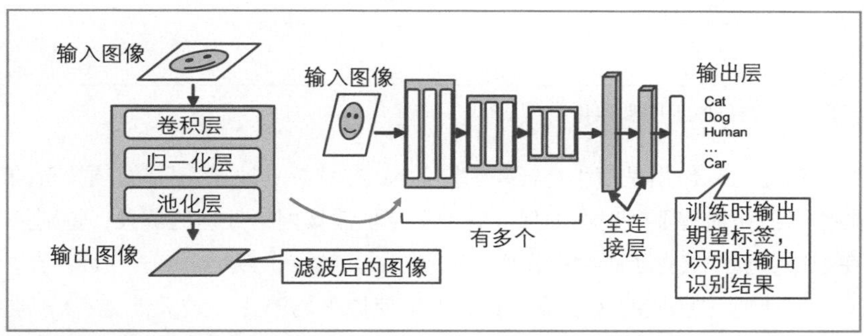

图 9-12 **卷积神经网络的结构**

> **小贴士 卷积神经网络中的全连接层**
>
> 2016 年出现了使用 Network In Network（NIN）来代替全连接层的做法，这种做法已成为当前的主流做法。

卷积处理和滤波处理一样（图 9-13 左），但是通过卷积处理得到的特征映射图的尺寸会小于输入图像的尺寸，缩小的尺寸与卷积核大小有关。为了得到和原始输入图像大小相同的特征映射图，我们可以先对输入图像进行填充（padding）处理，再进行卷积操作。

填充是指用 0 填充输入图像边界，或根据图像设定相应的数值，并把得到的特征映射图用激活函数激活后传递给池化层（图 9-13 右）。

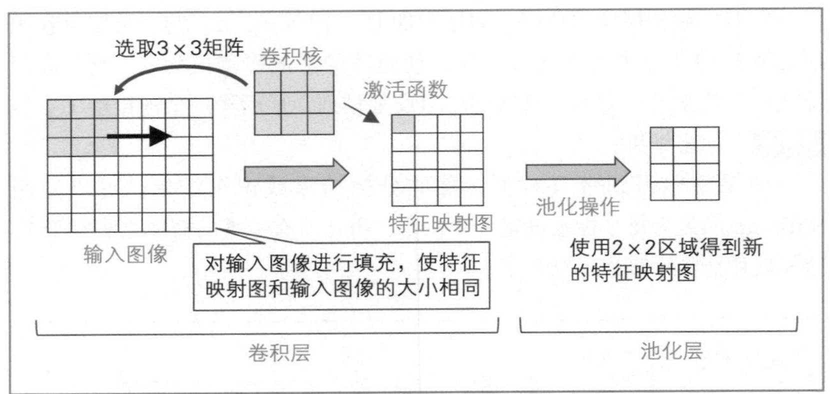

图 9-13 **特征映射图和池化层**

池化层的作用是缩小特征映射图的尺寸。这一步虽然不是必须执行的操作，但压缩特征映射图的尺寸有助于降低后续网络处理的负载，特别是在物体识别中发挥了很大的作用。

对于选定区域的像素值，我们可以使用平均池化、最大池化、Lp 池化等方法进行池化操作。Lp 池化是通过突出图像区域的中央值来计算新的特征映射图的方法。

打开图灵社区本书主页相关文章中相应章节的链接，我们可以看到对图像中的数字进行识别的整个过程。

在 2012 年的 ImageNet 竞赛中，加拿大多伦多大学开发的 AlexNet 网络使用卷积神经网络进行图像识别，在图像分类任务中取得了优异的成绩，其分类准确度远远超过当时基于特征提取的方法。Google 开发的 GoogLeNet 获得了 2014 年 ImageNet 竞赛的冠军。微软研究院推出的 ResNet（deep residual learning，深度残差学习）获得了 2015 年 ImageNet 竞赛的冠军。

上述网络都采用了卷积神经网络的结构，而 GoogLeNet 中移除了全连接层，随后不含全连接层的卷积神经网络逐渐成了常规形式。

05 循环神经网络

下面来介绍循环神经网络。

要点 ✔ 循环神经网络的结构

✔ 长短期记忆网络

循环神经网络的结构

循环神经网络的输出值受前面历次输入值的影响，所以可以用来学习前后具有关联关系的时间序列数据。目前循环神经网络已被应用在语音和自然语言等波形数据的学习上。另外，递归神经网络（Recursive Neural Network）的缩写也是 RNN，但这是两种不同的神经网络。

与卷积神经网络中的权重系数相对应，循环神经网络中有两种线性算子 $\boldsymbol{W}$ 和 $\boldsymbol{H}$。循环神经网络的特征是利用带反馈回路 $\boldsymbol{H}$ 的中间层来构建循环网络。

图 9-14 上图是用网络来表示时间序列数据的图示。

在各个时刻 t，网络都有一个输入 x 和与之相对应的输出 y，h 是时刻 t 的中间层输入。

神经网络的输入值是 x_t 和 h_{t-1}，输出值是 h_t 和 y_t。从理论上来说，h_t 受到前面所有输入值 x 的影响。

在 h_t 和 y_t 的计算公式中，$b_{\boldsymbol{H}}$ 和 $b_{\boldsymbol{W}}$ 分别表示 $\boldsymbol{H}$ 和 $\boldsymbol{W}$ 的偏置，f 为激活函数，s 为激活函数或 Softmax 函数。梳理整个过程可以得到如图 9-14 下图所示的网络结构。

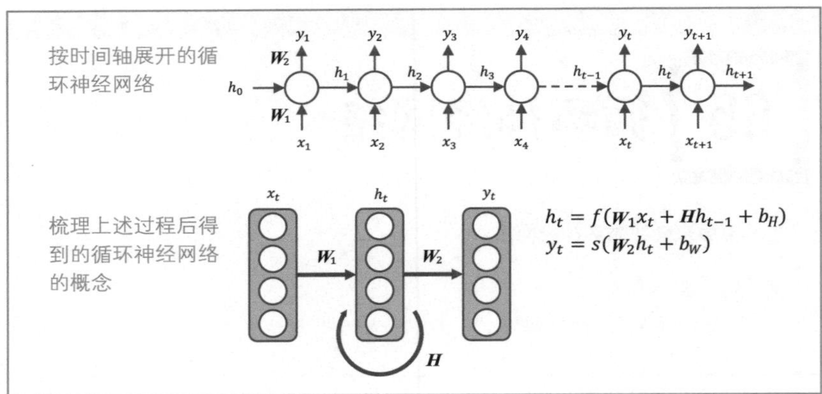

图 9-14 **循环神经网络的结构**

循环神经网络的学习过程采用了随机梯度下降法，利用 RTRL（Real Time Recurrent Learning，实时递归学习算法）或 BPTT（Back Propagation Through Time，基于时间的反向传播算法）来更新网络权重。

BPTT 算法是反向传播算法的一个简单变体，更新权重时能够反馈前面的信息。但是，如果要计算的节点距离太远，就可能会出现梯度消失问题，增加网络学习难度。

另外，还有多层的深层循环神经网络（Deep RNN）和双向循环神经网络（Bidirectional RNN）等循环神经网络的变体（图 9-15）。

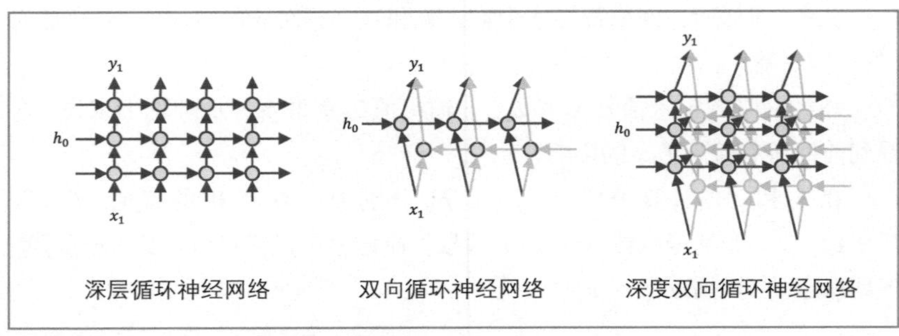

图 9-15 **深层循环神经网络和双向循环神经网络**

长短期记忆网络

循环神经网络在计算距离较远的节点时，可能会出现梯度消失问题，导致网络无法完成学习。我们可以采用长短期记忆网络（Long Short-Term memory，LSTM）来解决这个问题（图 9-16）。

在长短期记忆网络中，LSTM 重复模块的存储单元代替了循环神经网络中间层的单元。长短期记忆网络的重复模块共包含三个门结构，它们分别是输入门、遗忘门和输出门。遗忘门会参照存储单元中保存的前一个时间步骤的状态（元素积）（参照小贴士），相应地打开和关闭输入门与遗忘门，从而调整输出。

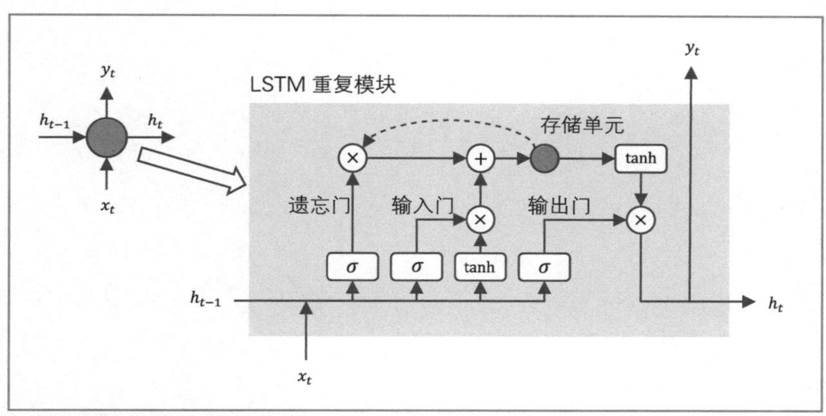

图 9-16　**长短期记忆网络的结构**

> **小贴士　元素积（哈达玛积）**
>
> 哈达玛积指将两个矩阵中相同位置的元素相乘的运算。

第10章 图像和语音的模式识别

机器学习在模式识别中的常见应用示例包括图像识别和语音识别。这些识别技术研究历史悠久，数学分析在其中也发挥了重要作用。因此在本章的前半部分，笔者会先介绍傅里叶变换等数据表达形式的变换方法。本章除了会介绍基于数学分析的传统机器学习方法和近期备受瞩目的深度学习方法，还会介绍图片风格转换等应用示例。

01 模式识别

下面来介绍典型的模式识别构建方法。

要点
- 基于传统机器学习的方法
- 基于深度学习的方法

模式识别

通过前面几章的讲解，大家应该已经了解到通过有监督学习，机器能够根据标记数据进行学习，并预测未知数据和输出结果。

图像数据和声音数据的模式识别其实就是从数据中提取特定的模式进行比对。这就是模式识别程序所做的工作。模式识别程序的构建方法包括历史悠久的基于传统机器学习的构建方法和近年来逐渐开始被广泛使用的基于深度学习的构建方法（图 10-1）。

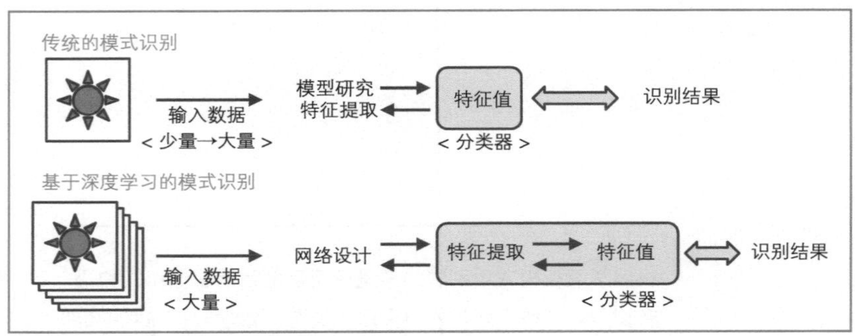

图 10-1 **模式识别程序的构建方法**

基于传统机器学习的模式识别中有很多种特征提取的方法，我们从中选取最有效的方法来构建模型，然后把得到的特征值信息送到分类器中进行分类。这就是传统的模式识别程序。

而在基于深度学习的模式识别中，网络的设计就相当于构建模型的过程。深度学习会根据设计好的神经网络自动提取特征，并把得到的特征值信息送到分类器中进行分类。

与基于传统机器学习的模式识别相比，在特征提取方面，基于深度学习的模式识别还要在设计网络时通过不断试错来对参数进行调整。另外，由于很难探察到深度学习中的神经网络是如何发挥作用的，所以在出现意料之外的学习结果时，我们很难找到原因。从这一点来看，基于深度学习的模式识别要难于基于传统机器学习的模式识别。

但是，得益于大量开源的深度学习网络模型，我们可以借助迁移学习技术，直接使用现有的网络模型对识别对象进行分类。这也是深度学习在图像识别领域的一项优势。

02 特征提取方法

下面来介绍特征提取。

要点

- 特征提取
- 基于传统数学分析的特征提取
- 傅里叶变换
- 小波变换
- 基于矩阵分解的特征提取

基于传统数学分析的特征提取

传统的特征提取方法以数学分析为基础，比较常见的是泰勒展开（Taylor expansion）。泰勒展开是用函数的导数值作为系数，构建一个多项式来近似表达这个函数的方法。用 Σ 表示的无限项连加式称为级数（这里是泰勒级数）（图 10-2），$f^{(n)}$ 表示函数 f 的 n 阶导数。在泰勒展开中，我们在余项 a 上近似表达函数 f。当 $a=0$ 时，泰勒展开就会变成麦克劳林展开（Maclaurin expansion）（图 10-3）。像主成分分析一样，泰勒展开相当于将一个数据（函数）拆分成多个组成部分（函数）表示。

$$f(x)=\sum_{n=0}^{\infty}\frac{f^{(n)}(a)}{n!}(x-a)^n$$

图 10-2 **泰勒展开式**

$$f(x)=\sum_{n=0}^{\infty}\frac{f^{(n)}(0)}{n!}(x)^n$$

图 10-3 **麦克劳林展开式**

一些函数的麦克劳林展开式如图 10-4 所示。

$$e^x = \sum_{n=0}^{\infty} \frac{x^n}{n!}$$

$$(1+x)^\alpha = \sum_{n=0}^{\infty} \binom{\alpha}{n} x^n$$

$$\sin x = \sum_{n=0}^{\infty} \frac{(-1)^n}{(2n+1)!} x^{2n+1}$$

$$\cos x = \sum_{n=0}^{\infty} \frac{(-1)^n}{(2n)!} x^{2n}$$

$$\tan x = \sum_{n=0}^{\infty} \frac{B_{2n}(-4)^n(1-4^n)}{(2n)!} x^{2n+1}$$

$$\left(|x| < \frac{\pi}{2}, B_0 = 1, B_n = -\frac{1}{n+1} \sum_{k=0}^{n-1} \binom{n+1}{k} B_k \right)$$

图 10-4　麦克劳林展开式的示例

这里的 $\binom{n}{k}$ 为二项式系数（图 10-5），B 为伯努利数。在这个级数展开式中，在 n 趋近于无穷大时截断计算就能得到一个近似解。例如，1.05 的 10 次方等于 1.6288946...，我们可以通过 $(1+0.05)^{10} \fallingdotseq 1+10\times0.05+45\times0.05^2=1.6125$ 求出近似值。

$$\binom{n}{k} = \frac{n!}{k!(n-k)!}$$

图 10-5　二项式系数的公式

傅里叶变换

下面我们考虑用三角函数来近似描述一个函数。假设函数 f 为周期函数，同时也是一个实值函数。当周期为 2π 时，该函数可以由余弦函数（cos）和正弦函数（sin）的线性组合表示，具体如图 10-6 所示。

$$a_n = \frac{1}{\pi}\int_{-\pi}^{\pi} f(t)\cos nt\mathrm{d}t$$
$$b_n = \frac{1}{\pi}\int_{-\pi}^{\pi} f(t)\sin nt\mathrm{d}t$$
$$f(x) = \frac{a_0}{2} + \sum_{n=1}^{\infty}(a_n\cos nx + b_n\sin nx)$$

图 10-6 **傅里叶级数展开式**

有人可能会质疑为什么突然增加了周期函数这一限制，这是因为语音信号和电子信号都可以看成具有周期性的波。即使是不具有周期性的图像也可以看作具有周期性。

利用含有虚数单位 i 的复数和欧拉公式可以简化三角函数（图 10-7），即将三角函数由以 a_n 和 b_n 为系数的傅里叶级数展开，变成以 c_n 为系数的傅里叶级数展开（图 10-8）。

$$\mathrm{e}^{\mathrm{i}\theta} = \cos\theta + \mathrm{i}\sin\theta$$

图 10-7 **欧拉公式**

$$c_n = \frac{1}{2\pi}\int_{-\pi}^{\pi} f(t)\mathrm{e}^{-\mathrm{i}nt}\mathrm{d}t$$
$$f(x) = \lim_{m\to\infty}\sum_{n=-m}^{m} c_n\mathrm{e}^{\mathrm{i}nx}$$

图 10-8 **傅里叶级数展开的复数形式**

接下来将函数的周期 2π 改为 T，c_n 改为 n/T。通过这种方式得到的 F 称为函数 f 的傅里叶变换（图 10-9）。当前使用的傅里叶变换计算，主要是通过离散傅里叶变换（Discrete Fourier Transform，DFT）中的快速傅里叶变换（Fast Fourier Transform，FFT）实现的。

$$a_n = F(n/T) = \int_{-T/2}^{T/2} \mathrm{e}^{-2\pi i n x/T} f(x)\mathrm{d}x$$

$$f(x) = \frac{1}{T}\lim_{m\to\infty}\sum_{n=-m}^{m} F(n/T)\mathrm{e}^{2\pi i n x/T}$$

图 10-9　**傅里叶变换的公式**

那么，傅里叶变换的作用是什么呢？简而言之，傅里叶变换是把时间和振幅的关系转换为时间和频率的关系。另外，时间与频率的关系函数又能恢复为时间与振幅的关系函数，这叫作傅里叶逆变换（图 10-10）。傅里叶变换时的频域称为频谱，将信号变换至频域加以分析的方法称为频谱分析（spectral analysis）。

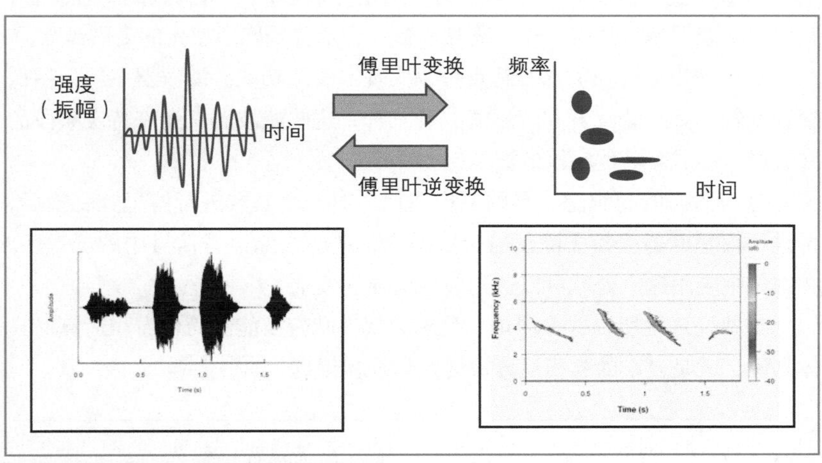

图 10-10　**傅里叶变换和傅里叶逆变换**

当 $f(x)$、$g(x)$、$h(x)$ 表示原函数，a、b 表示复数，$F(s)$、$G(s)$、$H(s)$ 分别表示 f、g、h 的傅里叶变换时，图 10-11 的内容成立。

- 线性 $h(x)=af(x)+bg(x) \Leftrightarrow H(s)=aF(s)+bG(s)$
- 平移 $h(x)=f(x-x_0) \Leftrightarrow H(s)=\mathrm{e}^{-2\pi \mathrm{i} x_0 s}F(s)$
- 调频 $h(x)=\mathrm{e}^{2\pi \mathrm{i} x s_0}f(x) \Leftrightarrow H(s)=F(s-s_0)$
- 常数倍数 $h(x)=f(ax) \Leftrightarrow H(s)=\frac{1}{|a|}F\left(\frac{s}{a}\right)$
- 复共轭[①] $h(x)=\overline{f(x)} \Leftrightarrow H(s)=\overline{F(-s)}$
- 卷积 $h(x)=(f*g)(x) \Leftrightarrow H(s)=F(s)G(s)$

图 10-11 **傅里叶变换的性质**

傅里叶变换能够将一个周期为 T 的函数表示成三角函数的线性组合，其中包括表示信号舒缓变化的低频函数和表示信号剧烈变化的高频函数。

利用傅里叶变换的这个特点可以实现滤波的功能。滤波器主要包括低通滤波器、高通滤波器和带通滤波器三种，这些滤波器只允许特定频段的波通过，会屏蔽其他频段的波。

这与图像的卷积滤波器的原理相似。对一个函数进行傅里叶变换后，再进行傅里叶逆变换去除低频带的噪声，就能去除语音信号中的低音区。在图像中应用这个处理可以达到边缘增强的效果。

这些处理之所以这么简单，是因为傅里叶变换能够简化卷积运算。具体来说，就是复杂的卷积运算被简化为乘积运算（图 10-12）。

$$(f*g)(x)=\int_{-\infty}^{\infty}f(y)g(x-y)\mathrm{d}y$$

图 10-12 **卷积运算的计算公式**

除了图像和语音信号，傅里叶变换还可用于电子信号、生物信号、X 射线晶体结构分析，以及射电望远镜（数码频谱仪）获得的各种信号的预处理、分析和转换。另外，为了使傅里叶变换更好地应用于控制系统和工

① 复共轭：$c=a+b\mathrm{i}$ 的复共轭为 $\bar{c}=a+b\mathrm{i}$。

程学，人们又提出了拉普拉斯变换和 Z 变换。

另外，在进行信号分析时，小波变换（Wavelet Transform，WT）比傅里叶变换的优势更加明显。所以现在主要使用小波变换进行信号分析。

小波变换

与基于三角函数线性组合的傅里叶变换不同，小波变换是基于小波基函数进行的变换。

用多个小波的伸缩和平移的线性组合来拟合目标函数（波形数据），这种变换称为小波变换。

小波变换中的每个小波都可以构成规范正交系。小波变换中的小波称为小波函数 $\varphi(t)$，有些小波函数会与尺度函数 $\phi(t)$ 成对使用（图 10-13）。

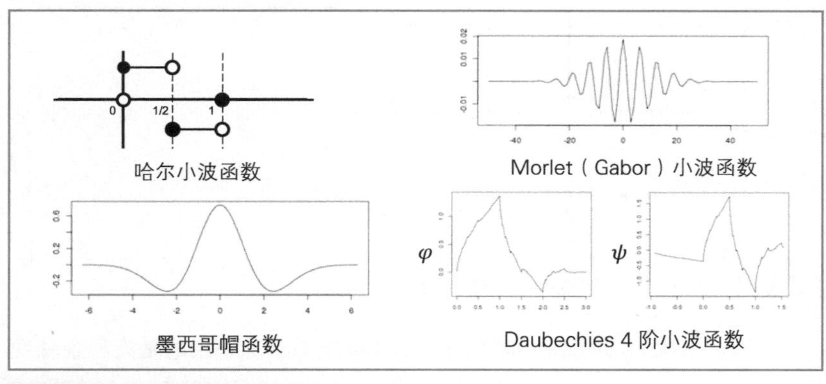

图 10-13　**小波函数的示例**

小波变换主要包括连续小波变换（Continuous Wavelet Transform，CWT）和离散小波变换（Discrete Wavelet Transform，DWT）。图像处理中使用的是离散小波变换。

小波函数由小波组成，小波包括母小波（mother wavelet）和支撑母小波的父小波（father wavelet）。

连续小波变换中使用的母小波包括 Meyer 小波函数、Morlet 小波函数和墨西哥帽函数，离散小波变换中使用的母小波包括哈尔小波函数和 Daubechies 小波函数等。

Morlet 小波函数和 Gabor 小波函数一样可以作为基图像滤波器使用，通过模仿人类视觉系统来进行虹膜识别、指纹识别和物体定位。

基于离散小波变换的分析可用于图像处理及压缩等多种场景。特别是在图像中，二维小波变换（图 10-14）比较常用。二维小波变换将图像分成两部分，左下角为低频分量，右上角为高频分量。这有助于提高图像的压缩效率。通过逆变换，图像能实现还原。

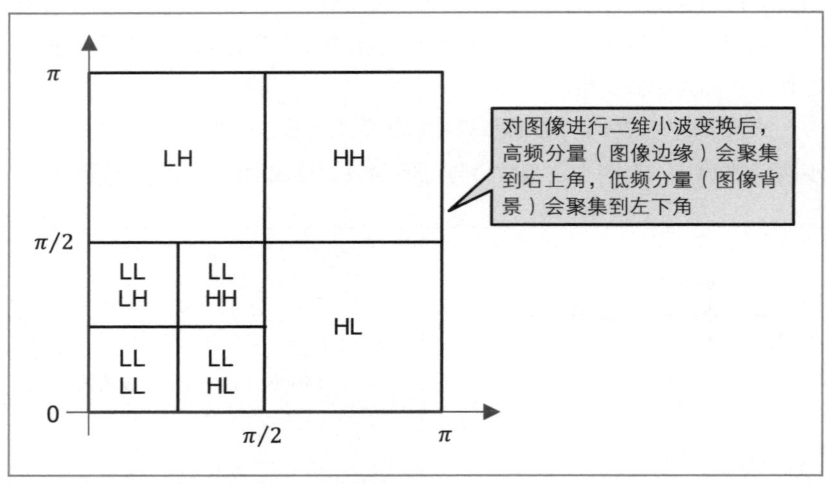

图 10-14　基于二维小波变换的图像变换

图像压缩使用 JPEG 2000 标准。JPEG 压缩标准采用的是离散余弦变换，图像会被分为 8×8 的像素块，产生分块效应，而 JPEG 2000 标准能克服这一缺点，并且支持无损压缩。

傅里叶变换中所有频段的时间分辨率都相同，而小波变换可对不同频段的时间分辨率进行调节。在高频的情况下，小波变换的时间分辨率较高。

在离散小波变换中，利用了这个特性的分析方法称为多分辨率分析。

除了本章介绍的语音数据，傅里叶变换和小波变换还常用于脑电波、肌电位和心电图等波形数据的处理。

小波分析程序包括 R 语言包 wavethresh。

基于矩阵分解的特征提取

除了傅里叶变换和小波变换，我们还可以使用主成分分析等方法进行特征提取。除主成分分析之外，矩阵分解还包括独立成分分析、非负矩阵分解（Nonnegative Matrix Factorization，NMF）和稀疏编码等（图 10-15）。

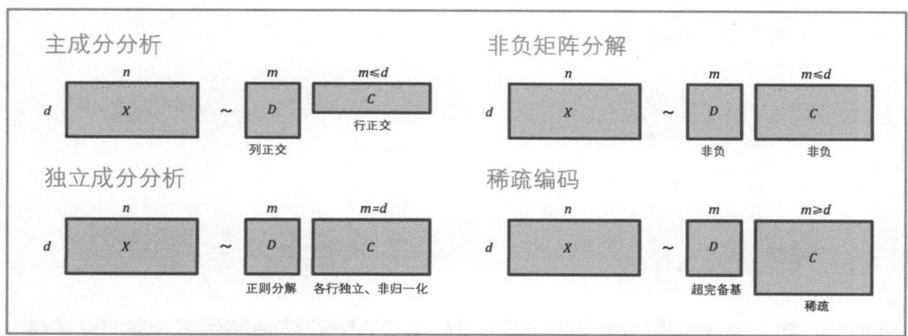

图 10-15　**矩阵分解的种类**

摘自《计算机视觉 前端技术指南 6——CVIM 系列教程》[①] 第 3 章第 69 页

非负矩阵分解是将非负的大矩阵分解成两个非负的小矩阵。因此，基于非负矩阵分解提取的特征与基于主成分分析提取的特征并不相同。

例如，基于主成分分析的人脸特征提取是按照人脸特征值的大小来提取特征的，而基于非负矩阵分解的特征提取是按照人脸各组成部分的位置来提取特征的。后者利用了人脸图像中每个像素的值大于等于 0（非负值）的特性。

① 原书名为『コンピュータビジョン　最先端ガイド 6　—CVIM チュートリアルシリーズ—』。暂无中文版。——译者注

图像识别

下面来介绍图像识别。

要点
- 计算机视觉
- 基于图像处理的识别方法
- 基于深度学习的识别方法
- 基于特征提取的图像变换

计算机视觉

图像由像素组成，每个像素都被分配了像素值。机器接收到图像摄取装置的输入数据后，如何进行图像处理以理解图像，对此进行研究的领域就是计算机视觉。人工智能致力于识别和理解静态图像和动态图像（视频）。

所以，计算机视觉的研究包括物体的识别和检测、文字的识别和检测、利用阴影构建三维模型（三维恢复）、为图像生成文本描述，以及视频场景推测（视频理解）等，这些内容与图像处理和图像识别技术密切相关。

在图像识别领域，目前国际上常用的图像数据库包括 ImageNet、MNIST、CIFAR-10 等。

基于图像处理的图像识别方法

我们可以使用矩阵特征中的 Haar-Like 特征来进行人脸识别和物体识别（图 10-16）。使用 AdaBoost 算法把矩形特征作为弱分类器，构建一个强分类器。

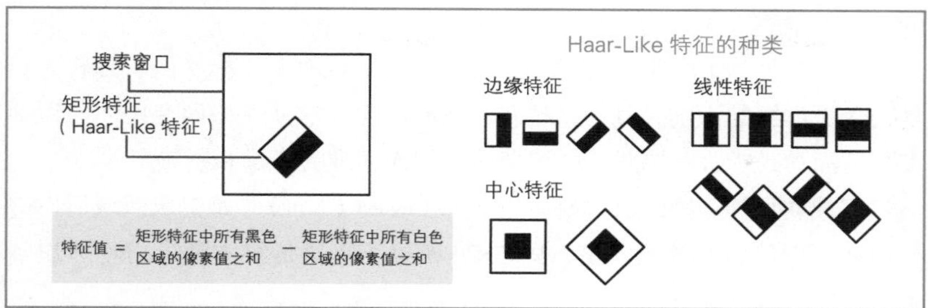

图 10-16　**Haar-Like 特征和特征值的计算**

设置一个搜索窗口，特征值就等于矩形中所有黑色区域的像素值之和减去白色区域的像素值之和。

我们让人脸进入搜索窗口，并计算特征值，这样就能得到一个人脸识别分类器。另外，还可以在搜索窗口内设置子窗口来进行小范围检测。OpenCV（Open Source Computer Vision Library）（参照小贴士）中使用了这种检测方法，这种方法称为 Viola-Jones 人脸检测方法。

> 小贴士 OpenCV
>
> 关于 OpenCV，大家可以参考 OpenCV 官网中的内容。

另外，有一种计算特征的方法叫作 HOG（Histograms of Oriented Gradients，方向梯度直方图）特征。它会把样本图像分成多个像素的单元（cell），再根据一个像素及其相邻 8 个像素的灰度值，在单元内对所有像素的梯度方向和强度进行直方图统计，然后将多个单元组成一个大的块（block），在块内归一化梯度直方图，从而得到整个窗口的特征。HOG 特征主要用于行人检测以及运动行人检测。

基于深度学习的识别方法

在图像识别领域，神经网络主要用于图像处理，或作为一种图像预处理方法来增加标记数据集中的图像变体。

我们主要使用神经网络中的卷积神经网络及其变体进行图像处理。深度学习的相关章节中提到的 AlexNet、GoogLeNet 以及 ResNet 等网络在

ImageNet 竞赛中都取得了优异的成绩。

基于机器学习和深度学习的图像识别已经从对单一标签的识别转为更复杂和更详细的识别。例如，现在已经有程序能够从一张照片中同时识别多个目标，或者从连拍照片中识别出三维或四维的图像和视频了。

区域卷积神经网络 R-CNN（region-based CNN）[①] 是提取区域后再进行物体识别的卷积神经网络。R-CNN 相当于采用传统方法进行物体识别时使用的区域分割方法。

另外，我们还可以使用 BING（Binarized Normed Gradients for Objectness Estimation）、Geodesic *K*-means 或 Selective Search 等程序和算法来估计目标区域并提取候选区域。

提取候选区域属于预处理，所以在使用卷积神经网络进行训练时还需要调整图像尺寸。对卷积神经网络进行改进后，我们就能得到 Fast R-CNN[②] 和 Faster R-CNN[③]。在设计卷积神经网络等神经网络时，在调整参数方面的注意事项可以参考 Fast R-CNN 和 Faster R-CNN。

另外，我们还可以使用 TensorFlow 中的试用程序（TensorFlow Deep Playground）。该程序能够将训练过程中的参数可视化，以衡量模型的泛化能力。

基于特征提取的图像变换

卷积神经网络除了用于图像识别，还可以用于实现图像的超分辨率。例如 2015 年发布的 waifu2x 在日本国内备受瞩目（参照图 10-17）。

超分辨率技术能够将一幅低分辨率图像扩大成清晰的高分辨率图像。在使用传统的图像放大算法时，像素会被直接放大。虽然我们可以采用抗锯齿技术进行平滑处理，缓和图像边缘的“锯齿”，但还是会感觉图像不够清晰。基于卷积神经网络的图像超分辨率方法能够有效抑制模糊，更加自然地放大图像。

① 可在 GitHub 上搜索 R-CNN : Regions with Convolutional Neural network Features 获取相关信息。

② 可在 GitHub 上搜索 Fast R-CNN 获取相关信息。

③ 可在 GitHub 上搜索 Faster R-CNN (Python implementation) 获取相关信息。

图 10-17　**使用 waifu2x 得到的超分辨率图像**

样本：ch10-waifu2x-sample.zip

下载地址：图灵社区本书主页

可以说当前的深度学习热潮源自无监督学习的深度信念网络。除深度信念网络之外，还有一种无监督学习的模型——GAN（Generative Adversarial Networks，生成对抗网络）。

正如 Adversarial 这个词所表达的意思一样，对于已经完成的分类器，输出结果的概率是连续型概率分布，所以基于 GAN 的概率生成模型可以用于生成自然图像。

将 GAN 与卷积神经网络组合起来可以得到深度卷积对抗生成网络（Deep Convolutional Generative Adversarial Networks，DCGAN），基于它来生成图像就是图像风格转换（参照图 10-18）。

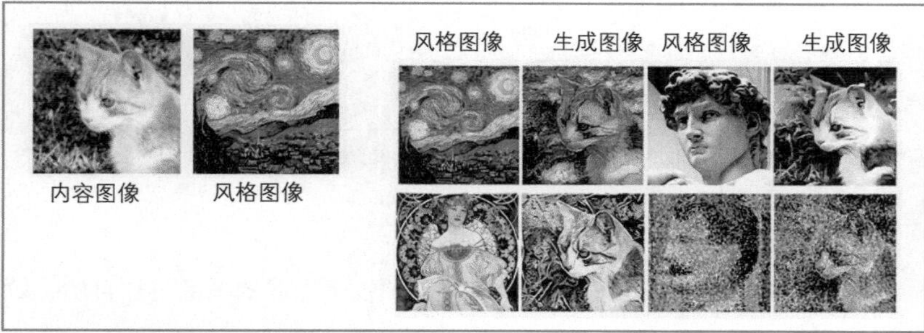

图 10-18　**图像风格转换的例子**

摘自博客《图像风格转换算法》[①]

① 原博客名为「画風を変換するアルゴリズム」。——译者注

关于图像风格转换的研究，日本早稻田大学的石川教授及其团队基于深度神经网络对图像识别和图像理解进行了研究，公布了黑白图像自动着色以及将图像自动转换为素描线稿等技术（图 10-19、图 10-20）。

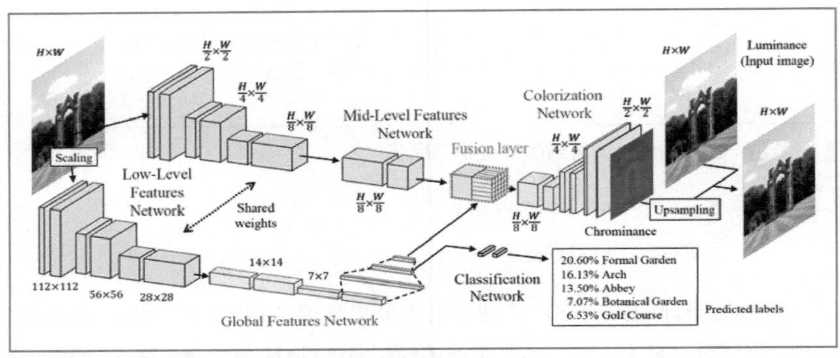

图 10-19 **给黑白图像着色的深度神经网络**

摘自《利用深度网络进行全局特征和局部特征学习，为黑白图像自动着色》①

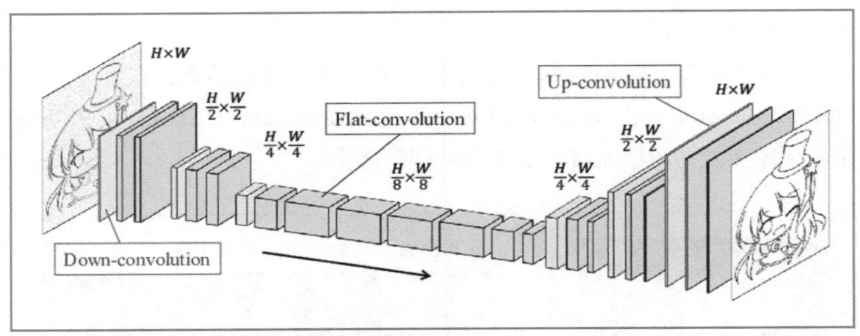

图 10-20 **利用深度神经网络将图像转换为素描线稿**

摘自《草稿自动变线稿》②

和现有的线稿生成软件相比，应用这项技术生成的图像更加自然，效

① 原文名为“Let there be Color!: Joint End-to-end Learning of Global and Local Image Priors for Automatic Image Colorization with Simultaneous Classification”。——译者注

② 原文名为“Sketch Simplification”。——译者注

果更胜一筹（图 10-21）。

图 10-21　**线稿的生成结果对比**

摘自《草稿自动变线稿》[①]

---

① 原文名为“Sketch Simplification”。——译者注

04 语音识别

下面来介绍语音识别。

要点
- 声音的信息表达
- 语音识别系统
- 语音合成

声音的信息表达

声音是靠空气振动传播的。传统的声音记录方式是将声音的振动刻在唱片表面，现在我们可以使用电子设备来保存振动的波形数据。所以，使用话筒收集声音就是把声音的振动以电子数据的形式保存起来的过程。

声音的振动可以视为随时间变化的波形数据。声音并不能通过一次振动就传到我们的耳中。把声音播放时间细化后，可以看到相同形状的波在连续反复地出现（图 10-22）。声音的大小取决于振幅，声音的高低取决于振动频率。

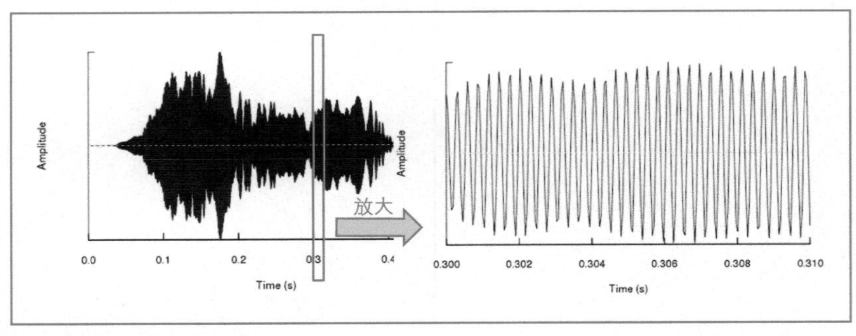

图 10-22 **声音数据**

为了读取、写入和分析声音数据，我们需要一个能够处理波形数据的程序。除了使用专门的创作工具或分析软件，我们还可以使用 R 语言来读取声音数据。

语音识别的方法

我们每个人发出的声音都有自己独特的频率。傅里叶变换可以让我们了解到声音的振幅频率特性。从时域中截取一段振幅并将其转化为频域后，会出现多个峰值，这些峰值称为共振峰。从低频到高频依次称为第一共振峰、第二共振峰……在日语中，将第一共振峰和第二共振峰的频率结合到一起就能得到元音[①]音素（图 10-23）。

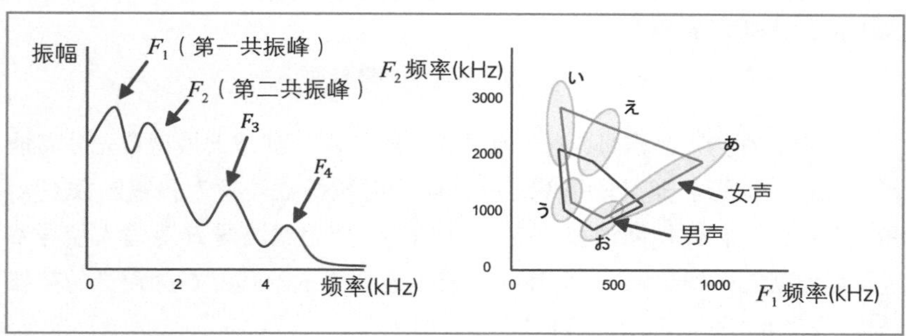

图 10-23　**共振峰和音素**

摘自《Interface》2016 年 6 月刊第 34 页

声带振动产生的声音在通过声道（喉咙、口腔等）时会被过滤，并引起附近空气的振动，直至传入我们的耳中。

我们把能够发出声音的声带称为声源，声源与滤波器结合后形成声音，这种发声机理也叫作源 - 滤波器模型（图 10-24）。

① 图 10-23 中的あ（a）、い（i）、う（u）、え（e）、お（o）。汉语元音的共振峰图可参考人民邮电出版社出版的《图解语音识别》第 2 章图 2.15。——译者注

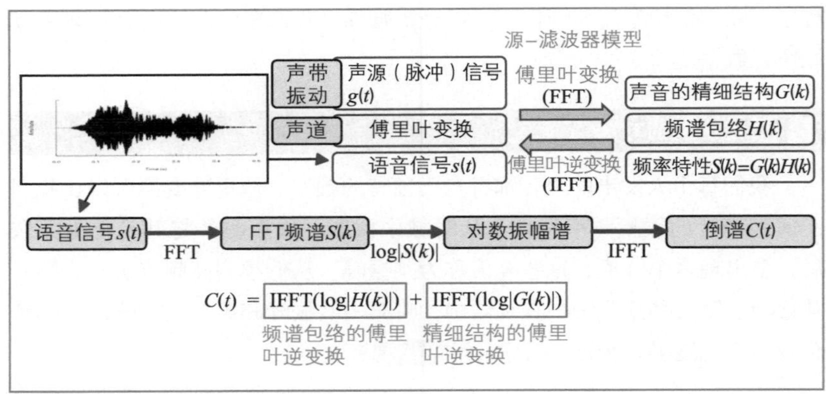

图 10-24 **基础声学模型**

摘自《Interface》2016 年 6 月刊第 33 页和第 35 页

图中 $g(t)$ 为声源信号，$s(t)$ 为语音信号，源 – 滤波器模型首先分离辅音和元音的波形。通过傅里叶变换，两个时域函数转换为频域函数 $G(k)$ 和 $S(k)$，假设在此期间的振动变化为 $H(k)$，使用滤波器 H 对输入信号 G 进行滤波就能得到结果 S。S 用 G 和 H 的卷积表示。其中 G 为声音的精细结构，H 为频谱包络，S 为频率特性，即频谱。

S 经过对数运算后得到对数振幅谱，再进行傅里叶逆变换可得到倒谱 $C(t)$，这称为倒谱特性。再进一步提取低频域信号进行傅里叶变换就可以得到共振峰。

通过这种方法我们确定了共振峰和音素。由于高阶倒谱的峰值对应声带振动的基本频率，所以高阶倒谱可用于确定音调（声音的高低）（图 10-25）。

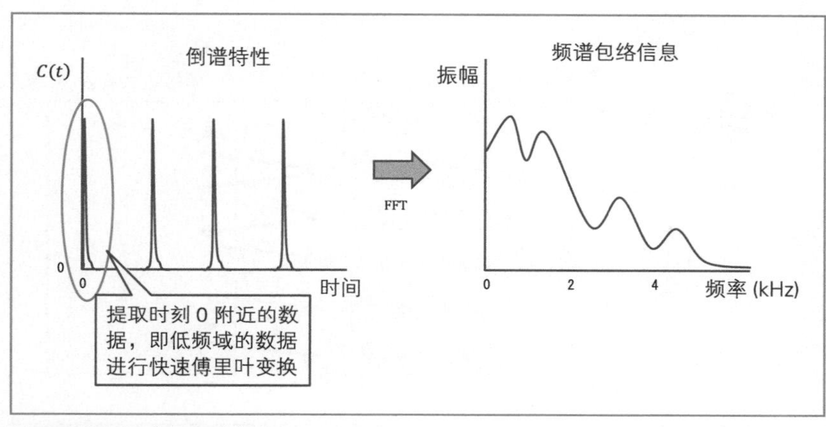

图 10-25　**倒谱和频谱包络**

摘自《Interface》2016 年 6 月刊第 35 页

语音识别系统

在美国国防部高级研究计划局（简称 DARPA）的支持下，从 1875 年至 1980 年，研发人员[①]开发并推出了语音识别系统 Hearsay-Ⅱ。

输入语音后，语音识别系统能够从语音波形中提取音节和单词，最终生成问题语句发给数据库。

Hearsay-Ⅱ采用了黑板模型，每个音节和单词的提取器都是一个智能体，它们会交换共享内存上的数据。在提取音节、单词和单词串时，对于不能唯一确定的内容，可以保留其不确定性并作为一个假说留给下一个智能体来处理（图 10-26）。

通过设计检验智能体（check agent），用于组成短语结构的单词可以作为假设写入共享内存中。我们为每个假设设定阈值（或置信水平），这样一来，在假说数量增多的情况下也能根据阈值设置智能体的启动优先级，提高处理效率。

① 由卡内基梅隆大学的研发人员开发。——译者注

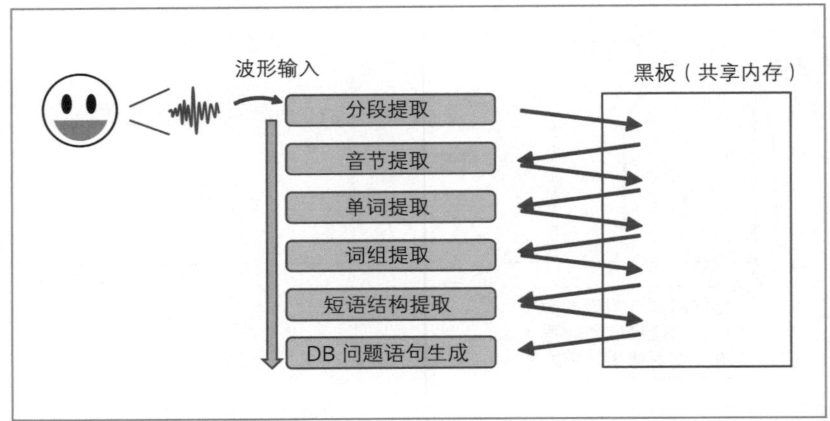

图 10-26 Hearsay-Ⅱ的流程

当前语音识别系统的模型通常由声学模型和语言模型两部分组成。

声学模型用于进行音素的分割及估计。具体可使用 HMM（隐马尔可夫模型）和多层神经网络的方法。

HMM 根据时序的状态转移概率及其输出概率分布来估计音素，使用了 HMM 的声学模型是通过 GMM（Gaussian Mixture Model，高斯混合模型）来确定音素的，也就是使用多个高斯概率分布的加权组合来表示 HMM 的输出概率分布。另外，基于决策树的三音素模型也可以用来确定音素，该模型会根据当前音素的左音素和右音素信息区别对待该音素。还有通过波形聚类分析得到自组织特征映射并以此来确定音素等方法。

我们可以用由多个受限玻尔兹曼机堆成的多层神经网络或深度学习替代 GMM。HMM 和多层神经网络结合的混合模型也是一种可以替代 GMM 的语音模型。另外，研究人员还开发了基于循环神经网络的语音识别系统（图 10-27）。

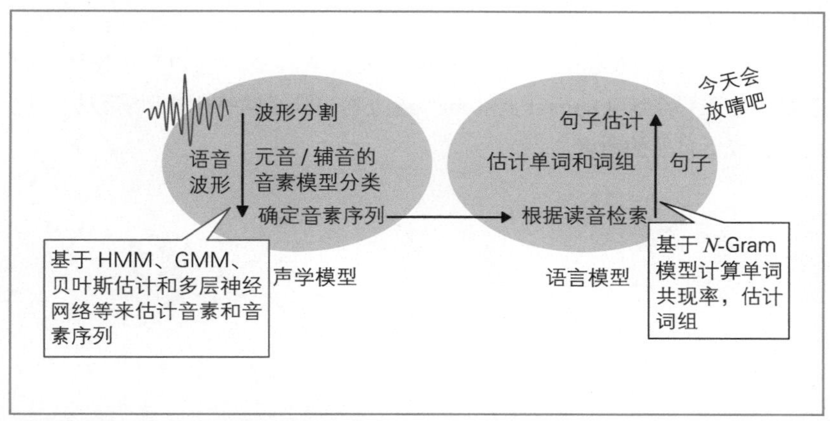

图 10-27　**声学模型和语言模型的组合**

在语言模型中，通过 *N*-Gram 分析分解日语句子，把连续出现的共现概率数据保存起来。然后使用语言模型，从概率角度评估声学模型提取的单词序列在语言模型中排序的准确性，并组成句子。

存储语音数据和文本组合的数据库称为语料库（参照小贴士）。20 世纪 90 年代构筑的 SWITCHBOARD 就是一个电话通话录音及文字转录的语料库，其中包含了 500 多位通话者的语音和 300 多万个单词。日语的语料库中涵盖了语音资源联盟提供的各种数据。

小贴士　语料库

为了进行自然语言处理（natural language processing）研究，研究人员大规模收集词语和表达数据，并把语法等的注释一起存储到数据库中，这就形成了语料库。

语音合成

语音合成（Text To Speech，TTS）是人工合成的自然语言，最初的语音合成只能将单字语音生硬地拼接起来生成句子。现在的语音合成系统经过改进后，能够将波形数据更加平滑地拼接到一起。除了声音质量和音调方面的改进，一些新开发的语音合成系统还能像配音演员一样表达情绪，例如 HOYA 服务。

2016 年 DeepMind 公司发布的研究成果 WaveNet 可以基于连续时间系统中的因果系统（causal system）通过卷积神经网络生成语音数据，以此来合成更自然的语音。

第11章 自然语言处理和机器学习

我们日常使用的词语和阅读的句子都称为自然语言，使用计算机对自然语言进行的处理称为自然语言处理。自然语言处理和图像识别、语音识别一样都是机器学习的主要应用领域。本章，笔者会先介绍分词和词素分析等自然语言处理的基本概念，然后对机器翻译和文本自动摘要等文本生成相关的内容进行说明。另外，笔者也举例说明了利用深度学习进行创作的可能性。

句子的结构和理解

下面来介绍自然语言处理中涉及的预处理的相关知识。

要点
- 自然语言处理
- 分词和词素分析
- Bag-of-words 模型

自然语言处理

人们在日常交流中所使用的单词以及由单词组成的句子统称为自然语言。自然语言随着历史进程演化而来，存在一些晦涩难懂或结构模糊的句子。

人造语言是与自然语言相对的语言。它是一种为了应对不同国家纷繁复杂的自然语言，或为了在影视剧中使用而创造的通用语言（参照小贴士）。除此之外，还有计算机语言，其中包括以控制机器为目的而创建的编程语言以及使机器能够识别文档文件的标记语言。人们为这些计算机语言制定了严格的语法规范，以此来消除歧义。

自然语言处理使用机器对自然语言进行分析和理解，并把结果反馈给人类或为人类提供帮助，以此实现机器与机器之间或人与机器之间的自然语言通信。自然语言处理能够将句子分解为单词并进行特征提取，还能将一种语言翻译成另一种语言。此外，文本挖掘是一种从大量的句子中抽取特征词或句子，或者使用图形等使这些特征词和句子可视化，从而呈现结果的分析处理方法，可以说它是自然语言处理的一部分（图 11-1）。

小贴士 人造语言

人造语言中，国际辅助语 Esperanto（也叫世界语）非常有名。

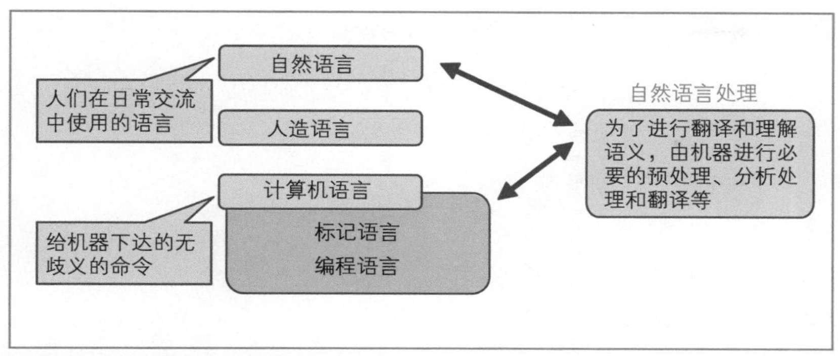

图 11-1　**自然语言和自然语言处理**

分词和词素分析

计算机很难直接分析由自然语言组成的句子，将句子分解成单词后，计算机才能进行分析。在将一个句子分解成单词时非常重要的一点就是分词。英语和拉丁语分别属于印欧语系中的日耳曼语族和罗曼语族。这些起源于欧洲的语言，单词间用空格划分，相当于存在天然分隔符，所以除了由多个词构成复合词的德语，其他语言的句子很容易分解成单词。再来看日语、汉语和朝鲜语等语言，这些语言没有使用空格分隔单词的习惯，所以必须进行分词处理。

与分词类似的处理还有词素分析，单词分割也属于词素分析。词素分析旨在对单词进行分割以及对分割后的单词标注词性。由于日语的词性标注对单词分割很有帮助，所以词组标注和词性标注会同时进行。词素分析程序主要有 MeCab、Kuromoji 和 JUMAN（JUMAN++）等（参照代码清单 11-1 和图 11-2）。

代码清单 11-1 MeCab[①] 的执行示例

```
$ mecab
他爱画画画画画一下午很常见
他          r,r,S,1,他,ta,他
爱          v,v,S,1,爱,ai,愛
画画        v,v,BE,2,画画,hua_hua,畫畫
画画        v,v,BE,2,画画,hua_hua,畫畫
画          v,v,S,1,画,hua,畫
一          m,m,S,1,一,yi,一
下午        t,t,BE,2,下午,xia_wu,下午
很          d,d,S,1,很,hen,很
常见        a,a,BE,2,常见,chang_jian,常見
EOS
```

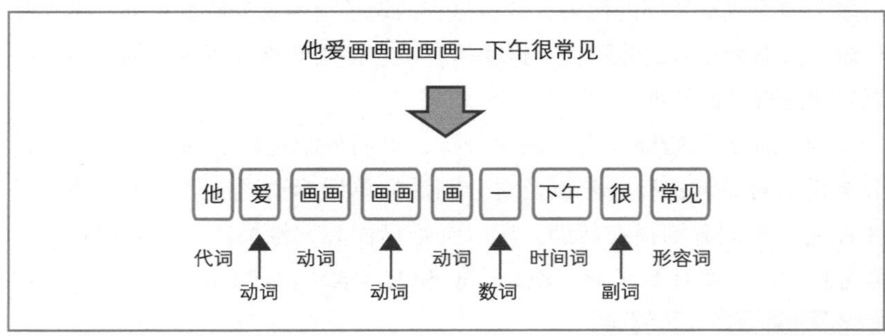

图 11-2 词素分析的例子

N-Gram 是一种不同于词素分析的分词方法。其实严格来讲，*N*-Gram 并不算一种分词方法。假设有一个字符串，*N*-Gram 会按长度 *N* 逐字滑过该字符串进行切分，得到单词。*N*-Gram 也适用于经过词素分析得到的单

① MeCab 是一款日文词素分析程序，它本身并不支持中文。这里是使用 Pan Yang 在 GitHub 上发布的 MeCab-Chinese 进行分词得出的结果。——译者注

词，这时 *N*-Gram 称为字符级 *N*-Gram 或单词级 *N*-Gram。当 N=1 时，*N*-Gram 模型称为一元模型（unigram）；当 N=2 时，*N*-Gram 模型称为二元模型（bigram）；当 N=3 时，*N*-Gram 模型称为三元模型（trigram）①。

把经过词素分析或 *N*-Gram 分解的词段按照单词顺序或出现频率聚集到一起的方法称为 Bag-of-Words（BoW）模型（图 11-3）。

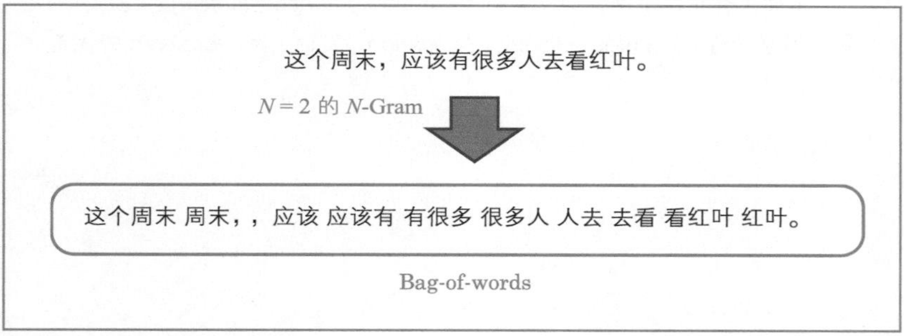

这个周末，应该有很多人去看红叶。

这个周末 周末，，应该 应该有 有很多 很多人 人去 去看 看红叶 红叶。

Bag-of-words

图 11-3　*N*-Gram 的示例

除上述方法之外，还有一种基于贝叶斯方法的分词方法。该方法名为基于非参数贝叶斯模型的无监督分词，其最大的特点是没有分词表也能进行分词。《岩波数据科学 Vol.2》② 对该方法做过介绍。

简单来说，这个方法就是对 Pitman-Yor 过程进行扩展。Pitman-Yor 过程是将基于狄利克雷过程的 N-Gram 模型进行扩展的方法。在狄利克雷过程中，出现的单词种类越多就越容易确定单词的概率分布。除此之外还有多层结构的层次 Pitman-Yor 过程（Hierarchical Pitman-Yor Language Model，HPYLM），以及使用 HPYLM 的嵌套 Pitman-Yor 过程（Nested Pitman-Yor Language Model，NPYLM）。这些方法不仅能对没有空格的英语单词进行分词，还可以用于文言文或其他未知语言。

---

① 当 $N \geqslant 4$ 时直接用数字指称，如 4-Gram、5-Gram。——译者注

② 原书名为『岩波データサイエンス　Vol.2』，暂无中文版。——编者注

知识获取和统计语义学

下面来介绍基于潜在语义索引（Latent Semantic Indexing，LSI）、潜在狄利克雷分布（Latent Dirichlet Allocation，LDA）和 word2vec 的词汇语义理解。

要点
- 知识获取
- TF-IDF
- 潜在语义索引
- 潜在狄利克雷分布
- 主题模型
- word2vec

知识获取

知识获取是指从包含自然语言数据的专家系统等计算机系统中汲取知识和特征，并把有关信息存入知识库的过程。收集及整理单词之间的相关性在知识获取的过程中起着十分重要的作用。

在对文档进行检索或比较时，一般会计算特征值（参照小贴士）。不过，当有意同字不同的单词时，单词相似度计算的准确性就可能会受到影响。例如，汽车也称为车，在比较含有“汽车”的文档和含有“车”的文档时，虽然两个词的意思相同，但是两个文档的相似度会降低。

为了避免这个问题出现，我们可以使用潜在语义索引。该索引会利用奇异值分解进行降维，去除重要程度较低的单词，从而提高相对词频的相似度。

此外，潜在语义索引是一种矩阵分解方法，在其中引入概率后形成的模型称为概率潜在语义索引（Probabilistic Latent Semantic Indexing，PLSI）。对于句子中的单词，该模型能够根据话题的概率分布生成与话题相对应的单词的概率分布。

小贴士　文档的特征值

TF-IDF 作为文档特征值的指标之一，普遍应用于文档检索。TF 是词频（Term Frequency），指文档中某个单词出现的频率。IDF 是逆文本频率指数（Inverse Document Frequency）。将总文档数目除以包含该单词的文档数目，对得到的商取对数，然后加 1，就可以得到 IDF 值了。

我们根据 TF × IDF 能够得到某个单词在文件集合中的特征值。TF × IDF 值是一个权重系数，能够削减那些在整个文档集合中经常出现的助词等词的权重，相应增加那些不经常出现的单词的权重（图 11-4）。

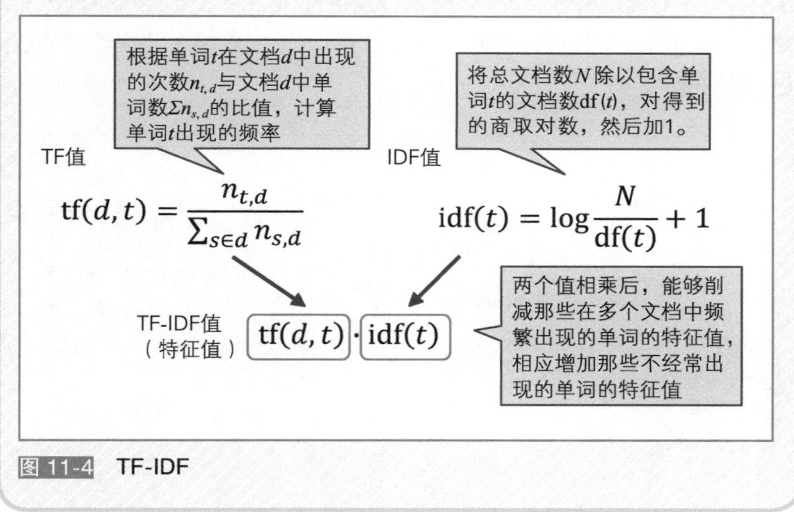

图 11-4　TF-IDF

概率潜在语义索引完善后得到的潜在狄利克雷分布是目前最常用的一种模型。对于文档中的多个主题，使用该模型能够根据主题的概率分布进一步生成新的主题。

主题模型是使用数学模型来研究如何根据文档或主题生成特定单词的模型，可用于预测一个单词的使用环境及其含义。

单词共现和分布相似性可通过阅读大量文章得知；基于 Harris 的分布假设，即语义相似的词也会出现在相似的语境中，能了解单词之间的关系。我们把基于这些方法的语义理解称为统计语义学。

构建语义网络，即利用词与词之间的关系来表示语义关系，对知识获取有着重要的作用。再加上一些补充信息，比如词语的不同表达形式、同义词、近义词、上下义关系、部分整体关系、语义范畴关系和属性关系后，通过机器处理即可理解词语之间的关系。WordNet 是一个英语词汇数据库，作为一个本体库，它包含了同义词集合，以及词汇和概念之间的语义关系。

除此之外，还有 word2vec 模型，它会基于双层神经网络来估计单词之间的关系并将其映射到向量空间中。例如，我们使用 word2vec 模型就可以用向量和或向量差来表示首都名称与对应国家名称之间的关系。这个方法有一个有趣的特性，即具有相似关系的数据在特征空间中也处于相似的位置。利用这个特性，我们还可以将 word2vec 应用在其他类型的数据上（图 11-5）。

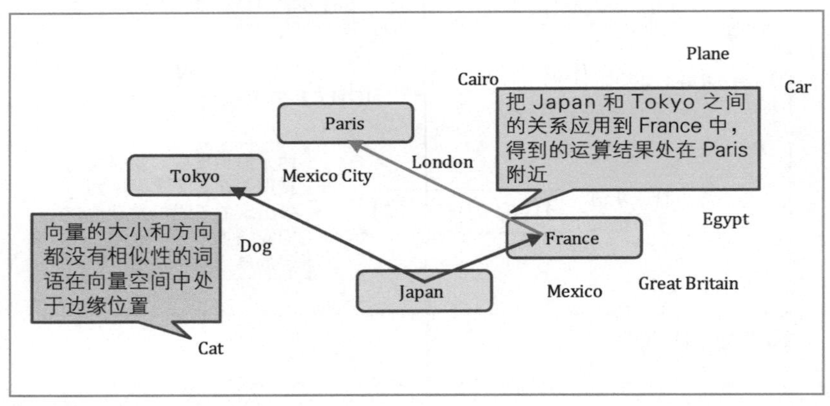

图 11-5　word2vec 示例

另外，我们还可以在 word2vec 的基础上组合使用单词与其他类型的数据，这样 word2vec 就能在更多的场景下使用，例如根据图片注释与图片的关系推荐由相似的单词联想到的图片。

研究人员也在积极地将前述的语言和情感的关系存储到数据库或本体（ontology）中。例如，出现了 Negaposi（消极 – 积极）API 和情感分析 API 等开放的 Web 服务 API。自 2012 年以来，开发者使用这些 Web 服务 API 开发的应用程序逐渐在 Mashup Award 等开发竞赛中亮相。在调用这些 Web 服务 API 构建日语形容词表达词典时，使用了 3 层或 7 层自动标注的数据集来表达情感和情感表达方式，这些数据集对于评价分析尤为重要。与此相关的还有基于语音的情感分析 API。

我们可以使用维基百科数据集来训练 word2vec，分析词语之间的相关性。这个数据集中还包含由从小说中提取的特征值组成的数据集。根据用户的使用目的选择要分析的数据类型，可能需要学习数千兆字节（GB）的句子才能得到理想的模型。

03 结构分析

下面来介绍结构分析。

要点
- 句法分析
- 谓词性结构分析
- 短语结构分析

句法分析

文章中有一种结构称为句法结构。我们会使用这个结构来表示句子中单词之间的关系，所以只要把握好它就可以理解句子的含义了。下面以“蓝色翅膀的可爱的小鸟”为例来介绍一下句法结构。

通过机器处理掌握句法结构的行为称为句法分析。句法分析主要有两种方法，一种是移进 - 归约（shift-reduce）分析方法，另一种是基于最小生成树（Minimum Spanning Tree，MST）的分析方法（图 11-6）。

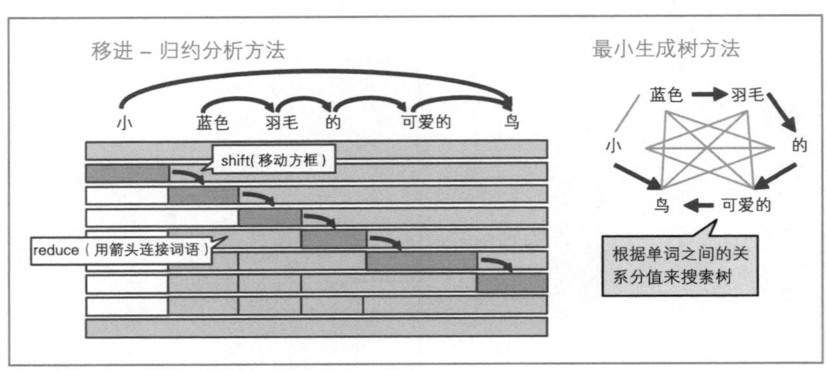

图 11-6 句法结构和句法分析

移进 - 归约分析方法通过执行移进和归约两个处理，生成一个树状结构。移进处理是把未分析的词段左端（第一个）插入树中，归约处理是把树中右侧的两个单词用箭头连接起来。反复执行移进和归约处理，就能生成一个大的树状结构。日语只使用从右向左归约（reduce-right），而英语还会使用从左向右归约（reduce-left）。

在最小生成树方法中，我们以单词为节点生成图，并为单词之间的关系设置分值，然后通过保留高分的单词组合来创建树状结构。不同于逐个处理单词的移进 - 归约分析方法，最小生成树方法会一次性处理所有单词，准确度更高，但是它的处理时间较长，效率不如移进 - 归约分析方法高（图 11-6）。

谓词性结构分析

日语用格助词来标识名词所充当的语法角色。例如有表示主语的主格助词、表示所属的领格助词，还有补格助词。我们把格助词与动词和形容词等谓语之间的关系称为格助词结构。由于可以用谓语和表示对象的名词性词组（短语）来表示句子的含义，所以我们也把识别句子成分的操作称为谓语性结构分析。日语的句子成分是通过格助词描述的，所以谓语性结构分析也可以称为格助词分析。日本京都大学文本语料库（Version 4.0）以及奈良先端科学技术大学院大学（NAIST）的文本语料库中也包含了格助词关系的信息注释。

短语结构分析

除了表示单词之间关系的句法结构，我们还可以使用短语结构分析。短语结构分析具体来说就是通过分析词段组成的短语结构来掌握句子的结构（图 11-7），生成动词短语、名词短语、形容词短语、助词短语等短语之间的树状结构。例如，我们用 N、ADJ 和 P 分别表示名词、形容词和助词，在它们后面分别加上 P 后，用 NP、ADJP 和 PP 分别表示名词短语、形容词短语和助词短语（后置短语），这样就可以用树状结构来表示短语结构了。这里的树状结构相当于句法结构。但有时树状结构并非唯一确定的，有些（语意不明的）短语可以同时表示多种含义。英语中主要通过短语结构分析来确定句子结构。排列在树状结构底层的单词称为叶节点或终端节点。

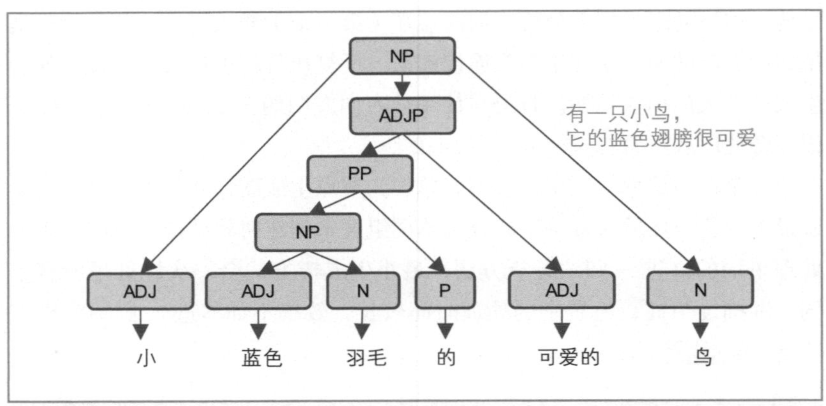

图 11-7 **短语结构分析**

深度学习

基于深度学习的自然语言处理通常使用循环神经网络和长短期记忆网络进行结构分析（参照小贴士）。循环神经网络着重于把输入词段处理为时序数据，而长短期记忆网络是循环神经网络的增强版，它比循环神经网络更稳定。相反，如果把词段看作一个包含短语结构的树状结构，我们还可以采用基于递归神经网络（Recursive Neural Network，RNN）的方法。需要注意，递归神经网络的缩写和循环神经网络一样都是 RNN，但它们是两种不同的神经网络。

小贴士 基于深度学习的句法分析程序

Google 开发的 SyntaxNet 和 Facebook 开发的 DeepText 都是基于深度学习的句法分析程序。

04 文本生成

下面来介绍文本生成。

要点
- 汉字转换
- 机器翻译
- 文本自动摘要
- 图像自动标注

汉字转换

在生成日语的句子时，把假名[①]转换为汉字是一个非常重要的处理。以往是根据字典中两个相邻单词之间的关系来进行汉字转换的，21 世纪初期以来，N-Gram 模型中的三元模型逐渐被 IME 输入法程序采用。自从出现基于统计的转换方法后，预测转换也得以实现。2010 年之后，人们开始通过互联网把大量网络词语作为网络字典来使用，以便根据实际情况进行汉字转换。

在进行假名汉字转换时，可以使用连句节[②]转换。这种转换方法适用于多个句节相连的情况，但由于在这种情况下存在同音异义词和多种句节切分方法，所以要求汉字转换的速度要快。

连句节的汉字转换候选项采用了网格存储结构。因句节横向排列，汉字转换候选项的同音异义词纵向排列，形成网格结构，所以才叫网格存储结构。为网格结构中汉字之间的连接关系设置分值，得分最高的汉字转换候选项组合就是最后输出的结果。这种方法称为维特比算法，它也是一种动态规划算法（参照图 11-8）。

① 假名是日语的表音文字，分为平假名和片假名。——译者注

② 句节表示一个独立的日语词或词组及其附属部分——译者注

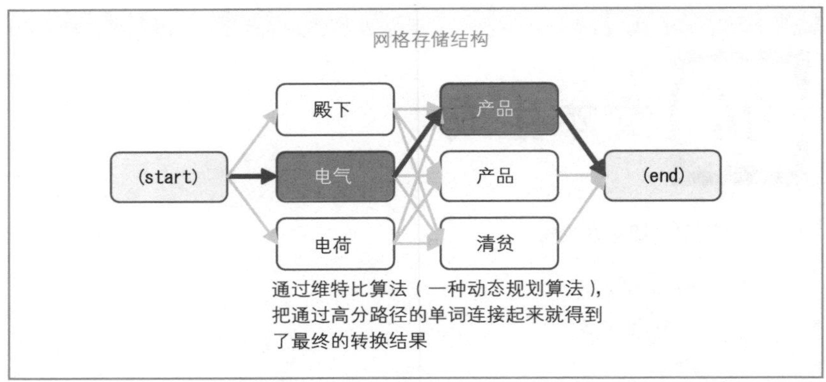

图 11-8　汉字转换示例（连句节转换）

机器翻译

噪声信道模型会通过加密、转换语言或添加噪声等操作来让原本可以理解的句子变得难以理解。而机器翻译就是用机器将这些难以理解的句子复原的过程（图 11-9）。

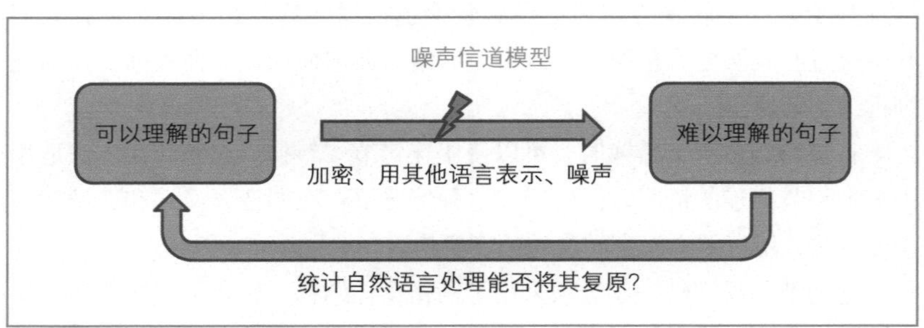

图 11-9　机器翻译示意图

在机器翻译中，输入的语言称为源语言，输出的语言称为目标语言。机器翻译由两个问题组成：一个是译文选择问题，指如何把源语言的单词映射到译文相对应的单词上；另一个是调序问题，指根据目标语言决定这些单词的顺序。机器翻译是一个非常难的研究课题，词序差异更是机器翻译所面临的技术壁垒。

基于短语的统计机器翻译是最简单、最常用的机器翻译方法之一，它由翻译模型、调序模型、语言模型三部分组合而成。生成译文的过程称为解码，翻译机称为解码器，解码器从译文候选项中选择高分的候选项进行组合，然后将其作为最终的翻译结果输出。在使用该方法的情况下，源语言单词段中的单词会被逐个翻译并输出，其中的单词都只能被选择一次。

翻译模型中包含大量的短语对词典，每个短语对由源语言短语和目标语言短语组成，并且包含分值。调序模型按照概率分布来估计编码时的词序是否恰当，并根据需要调整单词顺序。语言模型和假名汉字转换一样，会确保输出句子的流畅性。使用 *N*-Gram 模型时通常会将 *N* 设为 4 或 5（图 11-10）。

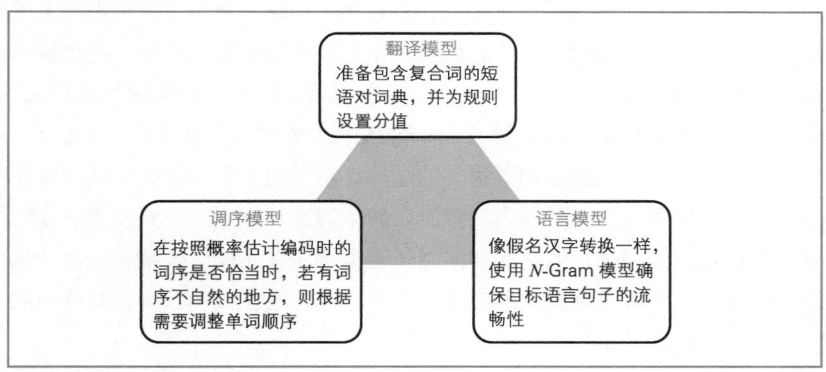

图 11-10　**基于短语的统计机器翻译**

基于短语的统计机器翻译输出的是源语言单词的译文，还有一种基于句子结构特征的机器翻译。这是一种考虑了句子结构的翻译方法，该方法包括基于目标语言句子结构的 string-to-tree 翻译、基于源语言句子结构的 tree-to-string 翻译，以及基于两种语言句子结构的 tree-to-tree 翻译。这些方法各有利弊（图 11-11）。

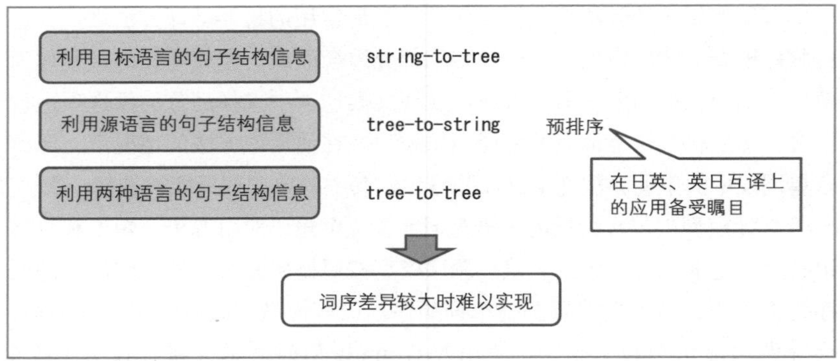

图 11-11 **基于句子结构特征的机器翻译**

string-to-tree 翻译的特点是依赖目标语言的结构分析以及处理成本较高。对 tree-to-string 翻译来说，依赖源语言的结构分析准确度，避免输入的句子有多种含义非常重要。tree-to-string 翻译虽然能够快速生成译文，但其性能取决于输入句子的结构，不同的结构在性能上可能会有较大差异。

预排序方法利用的也是源语言的结构。跟字面意思一样，所谓预排序就是按照目标语言的顺序预先对源语言的单词进行排序。虽然该方法要求具备两种语言的知识，但它能够抑制长距离调序，还能引入基于短语的统计机器翻译，所以在翻译的准确度上较高。该方法在日英、英日翻译中的应用受到人们的关注。

为了使翻译结果更贴近自然语言，Google 开发了基于神经网络的翻译系统 GNMT（Google Neural Machine Translation），并将其用于中英互译。GNMT 在长短期记忆网络的基础上进行了改进，从 2016 年 11 月开始应用于日英互译。

文本自动摘要

机器翻译是把一种语言转换为另一种语言，而摘要是同一种语言内句子的转换。根据输入文本的数量，文本自动摘要可分为单文档摘要和多文档摘要；根据摘要方法，文本自动摘要可分为抽取式摘要和抽象式摘要。一定程度的提取式摘要已经能够通过自动化实现，但是生成式摘要的技术发展水平还有待提高（图 11-12）

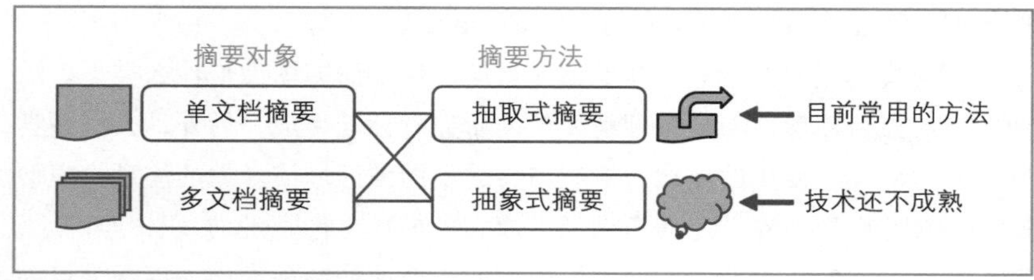

图 11-12　**文本自动摘要的类型图**

在抽取式单文档摘要中，最简单有效的方法就是 Lead Baseline。该方法会抽取一篇文档中的前几句话作为摘要，对于习惯将重要内容放在开头的新闻报道等文档，Lead Baseline 能够很好地实现摘要功能。

如果有多个文档，我们就需要使用多文档摘要方法，例如 MMR（Maximal Marginal Relevance，最大边缘相关）算法。MMR 首先从多个文档中选取相似度最高的句子作为摘要句，然后使摘要句之间的相似度最小化，消除句间冗余，生成摘要。对于相似度，我们可以使用余弦相似度等既有方法进行计算。另外，也可以任意设置句子的选择次数。

在使用文本自动摘要这项技术时，我们需要手动完成一部分工作，比如删除不必要的句子、组合句子、转换句法结构、词汇释义、抽象化与具体化以及调序等。对于这些工作，人们讨论了多种自动化方法来完成。例如，单文档摘要是抽取特定长度的词段来生成句子的，所以可归结为背包问题。多文档摘要可归结为最大覆盖问题和设施选址问题来实现自动化。

希望未来能出现无须人工干涉的文档摘要评价方法和抽象式自动摘要系统，以及越来越多的深度学习模型等技术。

图像自动标注和句子创作

注意力机制

机器翻译中可以使用编码 - 解码（encoder-decoder）结构来像自动编码器一样训练源语言和目标语言的翻译数据。输入端（encoder）和输出端（decoder）分别采用循环神经网络模型，在输入到输出的过程中，将数据压缩到一个叫作上下文向量的中间节点上，以此来提高翻译的准确度，这种机制称为注意力机制（attention mechanism）。

图像理解是对图像和视频的语义理解，例如研究图像是什么类型，图像中有什么目标等。与图像理解相关的研究有标题生成。另外，人们还尝试将机器翻译中使用的注意力机制与着眼于图像区域或对象的注意力模型进行融合并应用。除了为静态图像生成句子描述（标题），卷积神经网络、循环神经网络、长短期记忆网络等模型的组合还能为视频添加标题。目前已出现了此类应用示例。

利用长短期记忆网络生成音乐，利用循环神经网络生成电影剧本

以深度学习为主的机器学习模型的应用领域包括但不限于图像、信号和自然语言。2016 年发布的 deepjazz 是在黑客马拉松（Hackathon）中创作出来的爵士乐作曲程序。它把开启、关闭乐器声音（音符）的数据文件 MIDI 作为输入来生成音乐。有一个相似的模型叫 jazzML，它也能基于机器学习算法来生成音乐，而 deepjazz 在 jazzML 的基础上，使用 Keras 和 Theano 来生成爵士乐，构建了一个两层的长短期记忆网络。使用 deepjazz，我们可以听到以派特 · 麦席尼（Pat Metheny）的歌曲作为输入生成的爵士乐。

另外，由人工智能担任编剧的科幻短片《阳春》（*Sunspring*）也曾在电影节上亮相。这是人类有史以来第一部由人工智能担任编剧的影片。该影片还参加了伦敦科幻电影节的 48 小时电影挑战。该竞赛要求影片必须在 48 小时内制作完成。编写《阳春》剧本的人工智能算法叫本杰明（Benjamin）。值得一提的是，这部影片的背景音乐的歌词也是本杰明自己创作的。

通过机器学习生成自然的歌词和曲谱可能只是时间问题而已。

此外，日本国内开设了“星新一奖”，鼓励人们利用人工智能创作小说。在 2016 年第三届“星新一奖”比赛中，有一件由人工智能创作的作品通过初审。当前，长篇小说中句子不一致、写作风格不自然等是使用人工智能创作小说主要面临的问题。另外，由人工智能创作的句子还需要经过人类的修改，而且修改的比例超过了 80%。希望这些问题今后都能得到解决。

预计今后除了研究团队，企业也会自主推进文本自动生成系统的开发。通过语音输入来交互式创作小说的应用程序可能会面世。

微软小冰和对话即平台

目前处于领先地位并为消费者所熟知的语句自动生成程序包括苹果公司的 Siri 和微软小冰（参照小贴士）。微软小冰是一款聊天机器人，其特点是可以设置性格并进行对话。微软公司重点投入开发的小冰和 Windows 10 上的微软小娜（Cortana）等人机对话系统被定位为对话即平台（Conversation as a Platform，CaaP）。

小贴士　微软小冰

关于微软小冰的相关内容，大家可参考百度百科等网站。

根据在语言处理学会[①]上发表的研究成果显示，除了 TF-IDF 和 word2vec 的概念，微软小冰还使用了基于循环神经网络的深度学习。

提起深度学习在自然语言处理中的应用，我们很容易想到基于循环神经网络的句法分析，而微软小冰在选择短语和构建回答语句时也使用了深度学习模型。同时它还使用了深度结构化语义模型（Deep Structured Semantic Models，DSSM）和循环神经网络，这里的循环神经网络是一种 RNN-GRU（Gated Recurrent Unit）网络，而非单纯的循环神经网络。把过去学习和积累的单词及短语用作文档，把输入短语用作查询，计算二者的相似度，关于这方面内容，深度结构化语义模型和 GRU 能够起到非常大的作用。

GRU 也是一种网络模块，它是长短期记忆网络的一种变体。它将 LSTM 重复模块中的遗忘门和输入门合成一个更新门，并混合了存储单元的状态和隐藏状态。最终的模型比标准的长短期记忆网络模型要简单（图 11-13）。

① 语言处理学会是日本专门用于发表语言处理研究成果的平台。——译者注

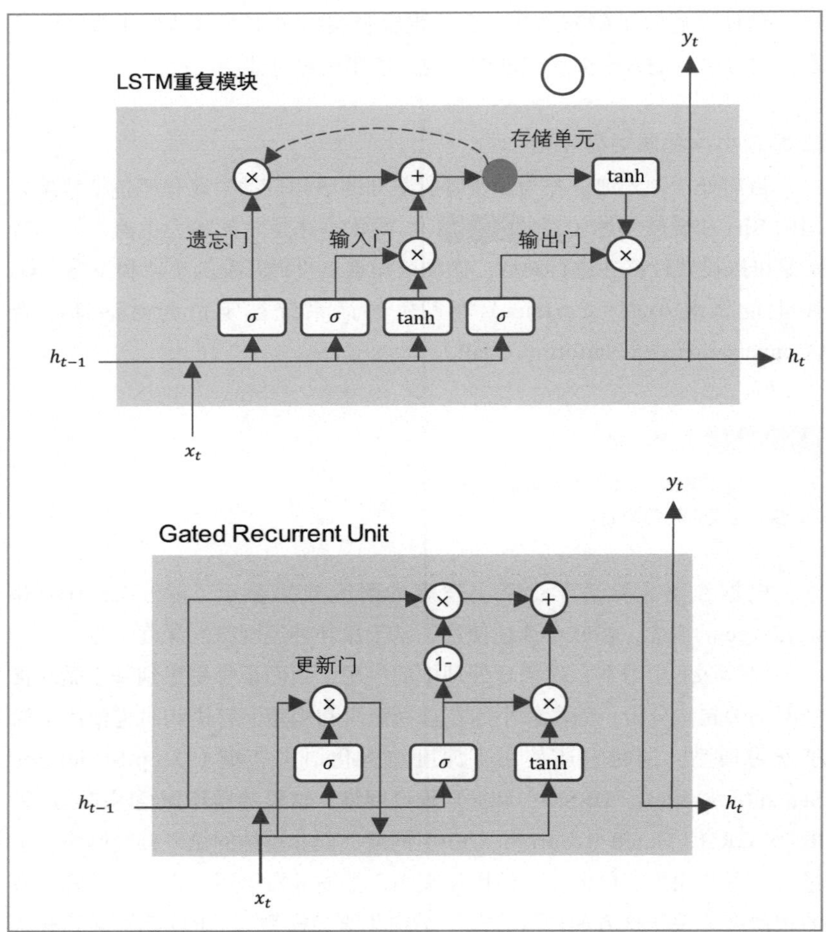
LSTM重复模块
存储单元
tanh
遗忘门
输入门
输出门
σ
σ
tanh
σ
h_{t-1}
h_t
x_t
y_t
Gated Recurrent Unit
更新门
1-
σ
σ
tanh
h_{t-1}
h_t
x_t
y_t

图 11-13 GRU

第 12 章

知识表示和数据结构

为了长期使用知识库系统的数据和基于机器学习得到的分类器的特征值等状态数据，我们需要将这些数据存储到外部存储器上。本章，笔者会介绍用来存储数据的数据库管理系统（Database Management System，DBMS）以及它的类型和检索方法，还会介绍一些数据结构，这些数据结构可以用来描述本体和链接数据（linked data）等 RDF 概念间的相关性。

数据库

下面来介绍数据库。

要点
- 数据库及其类型
- SQL
- NoSQL

数据库及其类型

专家系统等模型在根据用户输入的数据进行预测时，必须有预测依据。因此，这些可以作为预测依据的信息需要事先存储在某个位置，这个位置就是数据库。

严格来说，数据库的名称应该是数据库管理系统。根据数据的管理方法，数据库可分为以下几种类型（图 12-1）。

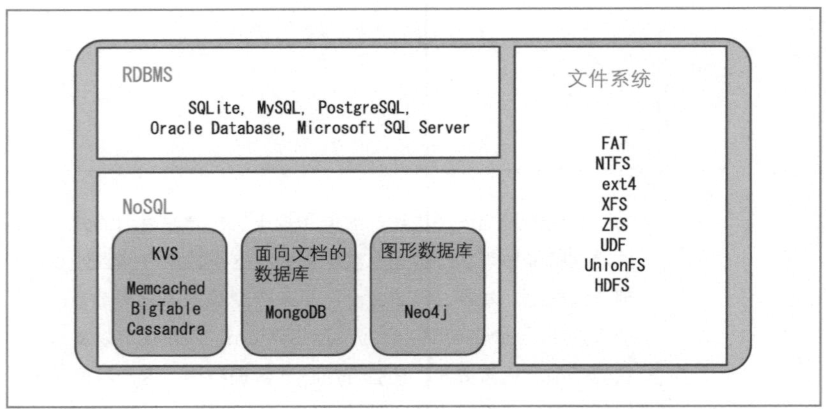

图 12-1 **数据库的类型**

文件系统

数据管理离不开计算机操作系统级别的文件管理系统，常见的系统包括 FAT（File Allocation Tables，文件配置表）和 NTFS（NT File System，NT 文件系统）。

FAT 在磁盘的起始扇区存储目录项（文件夹），目录项中记录了文件名和地址编号等信息。数据区是数据在硬盘中的具体位置，FAT 表中的地址编号与数据区的簇号相同（NTFS 的详细规格并未公开）。Linux 文件系统中使用索引节点 inode（Unix 的文件系统中使用的文件格式）来记录文件的属性并关联文件名和文件数据。

关系型数据库

除了在一个文件中存储一个或多个数据的方法，我们还经常使用关系型数据库管理系统（Relational DataBase Management System，RDBMS）来管理数据。

数据表是关系型数据库的基本结构。它是关于特定主题的数据集合，由行和列组成，表中的每一行数据就是一条记录。在定义数据表时，需要定义一个或多个字段的属性（列属性），每条记录由多个字段的值组成（参照小贴士）。

主键（primary key）（参照小贴士）能够唯一标识数据表中的每条记录。在数据库中设置主键和索引（index）能够极大地提高数据检索的效率。

我们把结构很少发生变动的表称为主表（master table），结构频繁发生变动的表称为事务表（transaction table）。最好根据数据属性来对数据表进行分类。

我们可以对多个表创建索引，即通过外键（foreign key）为相关的表建立关联。

例如，当我们使用数据库管理用户购买的商品时，就可以把用户信息管理表中的一条记录与购买商品管理表中的多条记录关联起来。相比于在一个表中管理多种物品信息，这种方式更能节省存储空间，搜索效率也更高。

小贴士 数据表

在表格计算软件上，数据表可以用电子表格表示，所以有些系统把记录称为行。另外，有些数据库软件会将列称为字段。

小贴士 主键

在以往的数据表设计中，具有自然主键含义的字段通常会被设为主键。如果一个主键不能唯一标识所有记录，我们可以使用多个字段组成复合主键。

使用代理主键作为主键再加上唯一约束，从而得到唯一识别记录的字段组合，这种数据表结构自 Ruby on Rails 框架出现以后便成为主流。

SQL

将多个字段分散到多个表中，每个表中包含一部分数据承担相应的功能，这种规则称为范式。跨多个表进行查询称为联结查询（图 12-2）。

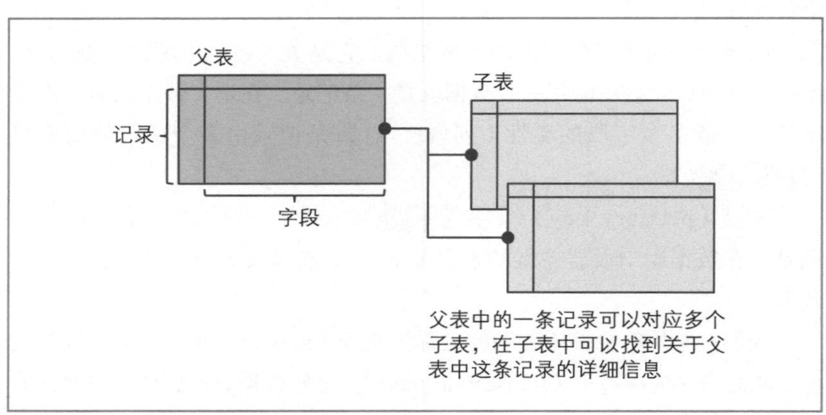

图 12-2 **关系型数据库管理系统**

在关系型数据库中，我们使用 SQL 语句（参照小贴士）（代码清单 12-1）来查询和更新数据。

小贴士 SQL

结构化查询语言（Structured Query Language）简称 SQL，是一种数据库查询和程序设计语言。

代码清单 12-1　SQL 语句的示例

```
SELECT * FROM table_customers WHERE age < 40;
```

NoSQL

关系型数据库擅长处理预定义的结构化数据字段。

与结构化数据相对，结构可变、字段长度可变的数据称为非结构化数据。SQL 不擅长处理非结构化数据，而关系型数据库的固定式结构不够灵活，这时我们可以使用名为 NoSQL 的数据库。该数据库主要有以下几种类型。

XML

XML（Extensive Markup Language，可扩展标记语言）是一种类似于 HTML（Hyper Text Markup Language，超文本标记语言）的标记语言，它用来描述数据。另外，XML 文件可以作为程序的配置文件使用，也可以作为数据库来存储数据，查询时使用 XPath 方式。

BaseX 是一个 XML 数据库引擎。在数据量过大的情况下，查询速度会减慢。

- 参考：BaseX 官网

KVS

KVS 是 Key-Value Store（键值对存储）的简称。它是一种按照键值对的形式存储数据的数据库。（图 12-3）。

KVS 类似于编程语言中的 Hash（Perl）、Dictionary（Python）、Map（Java）等数据类型或接口，Google Cloud Bigtable 和 Memcached 可以处理这些数据类型。我们可以把 Memcached 当成缓存使用，应用程序从关系型数据库管理系统中取出数据后将其保存到 Memcached 中，客户端再进行访问时，应用程序直接从缓存中获取数据，从而提高响应速度。

除此之外，Cassandra 和 HBase（参照小贴士）等分布式 KVS 数据库还可以与 Apache Hadoop 中的分布式数据处理系统组合使用。

图 12-3 KVS

小贴士 Cassandra 和 HBase 等 KVS

关于 Cassandra 和 HBase 等 KVS 数据库，大家可以参考以下网站。

- Memcached 官网
- Apache Cassandra 官网
- Apache HBase 官网

面向文档的数据库

与关系型数据库管理系统和 KVS 不同，MongoDB 等面向文档的数据库会将数据和数据结构同时存储在数据库中。MongoDB 能够以 JSON 格式存储数据[①]。

- 参考：MongoDB 官网。

① 在 MongoDB 中，数据都以文档形式存储。文档都是以 JSON 格式存在的，但 JSON 字符串不能直接写入 MongoDB，需要转换。物理盘上实际是以 BSON 格式存储的。——译者注

HDF 5

HDF 5 是分层数据格式（Hierarchical Data Format）的第 5 版。它是一种在文件内嵌套文件系统的数据格式，可以像电子表格软件那样，在一个文件中存储多个电子表格。

HDF 5 文件可以存储任意类型的数据，因此它可以保存基于机器学习得到的分类器的状态。除 C 语言和 Java 以外，Python 和 R 语言也能通过 HDF 5 库访问文件。

- 参考：The HDF Group 官网

图形数据库

我们前面介绍的数据库管理系统主要用来存储数据和数据状态，而有些数据库管理系统在进行数据管理时更关注对象之间的图形网络关系，例如 Neo4j 就是一个擅长管理和分析图形的数据库。

Neo4j 使用的数据库查询语言 Cypher QL（代码清单 12-2）与 SQL 类似。此外，MariaDB 和 Oracle Database 等关系型数据库管理系统中也增加了此类数据访问功能（图 12-4）。

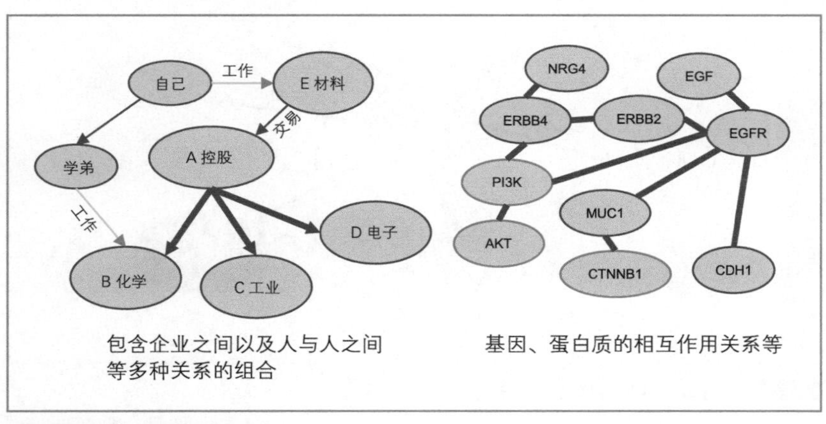

图 12-4　**图形数据库示例**

代码清单 12-2 Cypher QL 的示例

```
CREATE (you:Person {name:"You"})

CREATE (you)-[like:LIKE]->(neo:Database {name:"Neo4j" })

FOREACH (name in ["Johan","Rajesh","Anna","Julia","Andrew"] |
CREATE (you)-[:FRIEND]->(:Person {name:name}))

MATCH (neo:Database {name:"Neo4j"})
MATCH (anna:Person {name:"Anna"})
CREATE (anna)-[:FRIEND]->(:Person:Expert {name:"Amanda"})-[:WORKED_
WITH]->(neo)
```

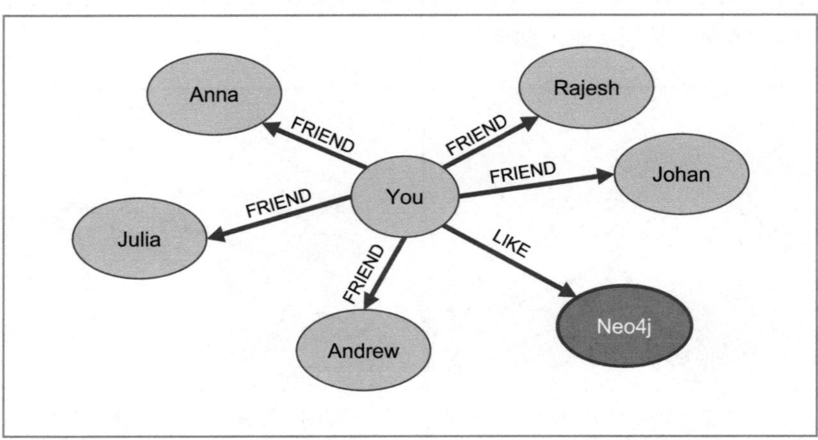

图 12-5 Cypher QL 的运行示例

检索

下面来介绍检索。

要点
- 文本检索的方法
- 全文检索
- 小波矩阵
- 数据库检索
- 倒排索引
- BWT

文本检索的方法

检索文本数据的过程称为模式匹配。在数据库或文档中检索文本时，在模式匹配的基础上，还可以使用 AND 和 OR 等布尔检索和向量空间模型的参数来缩小检索范围。

使用向量空间模型还能一并检索相似文档或相关文档。

典型的模式匹配方式包括完全一致、前方一致、后方一致和部分一致等。在进行部分一致检索时可以采用逐次逼近检索的方式（图 12-6）。

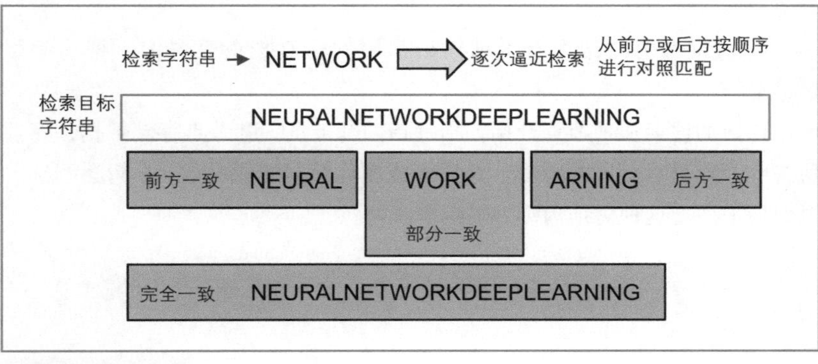

图 12-6 **文本检索**

我们可以使用 Boyer-Moore 算法（参照小贴士）作为字符串搜索算

法，它会根据搜索结果跳过某些匹配的起始位置，提高逐次逼近检索的效率。另外，正则表达式等语法描述也可以用来进行复杂匹配。

例如，在 grep 命令中使用 Bitap 算法，可以像正则表达式一样进行模糊检索。此外还有多种检索算法。

小贴士 Boyer-Moore 算法

关于 Boyer-Moore 算法和 Bitap 算法，大家可以参考以下网站的内容。

- 维基百科 Boyer-Moore 算法
- 维基百科 Bitap 算法

数据库检索

在检索数据库中存储的数据时，我们通常会使用逐次逼近检索或分块检索的方法。分块检索是把数据分成 *m* 块，在每一个小块内进行逐次逼近检索，再对整体进行逐次逼近检索，以此来判断数据与检索条件是否匹配的方法。所以，采用二分法插入排序能够提高检索效率。

在 MySQL 和 Oracle Database 等主要的数据库管理系统中，创建索引能够提高检索效率。

B 树和 B+ 树

在创建索引时作为索引结构最常用的是 B 树的变种 B+ 树（参照图 12-7）。

B 树的搜索从根节点开始，指针指向叶节点。叶节点存储数据，而且所有叶节点具有相同的深度。在插入或删除数据的情况下，B 树会调整自身保持平衡。这种树结构称为平衡多叉树。

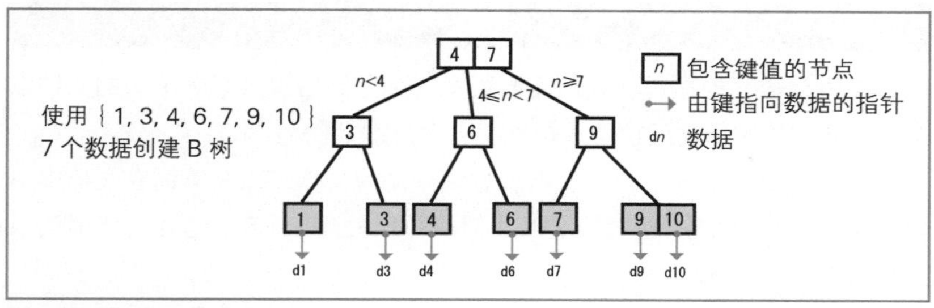

图 12-7 **B+ 树的结构**

摘自杂志《WEB+DB PRESS Vol.51》中的连载《SQL 大脑学院》① 第 7 回第 163 页图 2

全文检索

在数据库检索中，如果字段类型为数值型或较小的数据类型，创建索引能够提高检索效率。

但是，如果在文本缺乏一致性的情况下强制使用索引，就会出现数据量增大等问题。这时就需要使用全文搜索引擎。全文搜索引擎有很多种，具体如表 12-1 所示。

表 12-1 **全文搜索引擎**

全文搜索引擎	说　明
Senna	Senna 是一个可嵌入式的全文搜索引擎（源自日本），将其嵌入数据库管理系统或脚本语言处理系统中能够增强全文搜索功能。除 MySQL 和 PostgreSQL 以外，Senna 也适用于 Perl、Java、Python 等语言
Apache Lucene、Apache Solr	Apache Lucene 是一个用 Java 构建的全文搜索引擎，Apache Solr 是一个基于 Lucene 的搜索平台
Elasticsearch	Elasticsearch 是一个基于 Lucene 的全文搜索引擎。我们可以在 AWS 服务上轻松部署和使用 Elasticsearch
Groona	Groona 是日本开发的一个全文搜索引擎。它能够快速添加或删除文档，在文档更新时也能进行搜索，还可以使用 Fluentd 对 Groona 进行扩展

① 原文名为「SQL アタマアカデミー」。——译者注

倒排索引

在进行全文检索时，我们需要用索引来存储出现过某个单词的文档以及单词在文档中出现的位置等信息（参照图 12-8）。

由于需要保存的是单词、出现过该单词的文档，以及单词在文档中出现的位置等信息的键值对，所以我们既可以使用 KVS，也可以使用关系型数据库管理系统。

可以使用分词器（tokenizer）将句子分割成单词或指定长度的字符串。分词器在分割句子时，可以将词素分析的结果、*N*-Gram、空格和标点符号等作为分隔符。

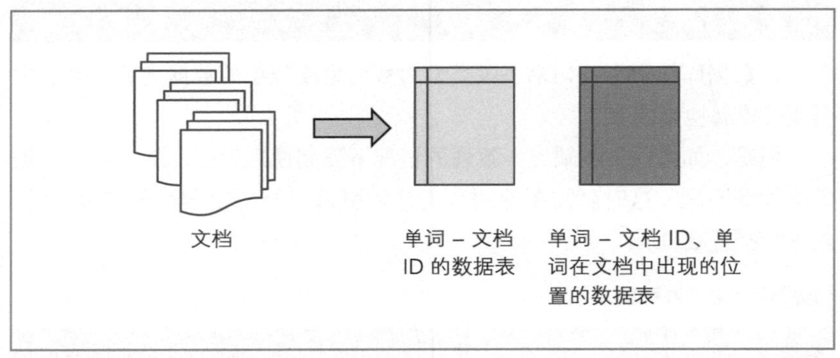

图 12-8 **倒排索引**

小波矩阵

在进行文本检索或在数组中检索元素时，使用小波矩阵数据结构能够加快检索速度（图 12-9）。

小波矩阵与小波变换是两个不同的概念。小波矩阵是把数据分成两部分来构建一棵二叉小波树。把数值数组中大于或等于某个数值的元素设为 1，小于该数值的元素设为 0，于是数组元素就被分成了两个数组。然后对这两个数组进行同样的操作，如此迭代之后就得到了一个由 0 和 1 组成的二叉树，这个二叉树既可以作为二进制文件处理，也可以作为文本文件处理。

表示上述数值的矩阵就称为小波矩阵。小波树和小波矩阵既可以用于创建索引，也可以用于图形网络分析，应用范围很广。

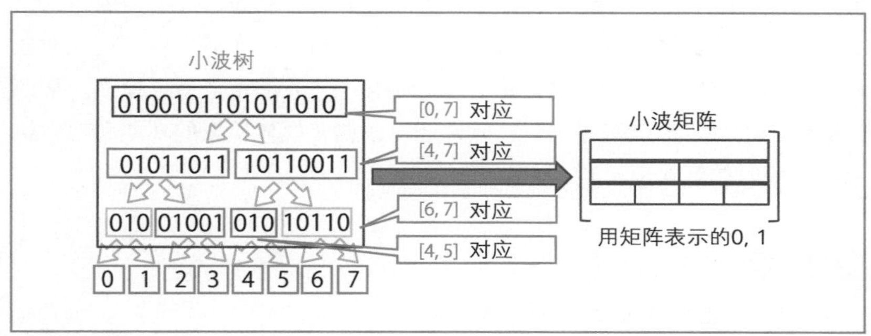

图 12-9　**小波树和小波矩阵**

摘自《小波树的世界》[①] 第 26 页

BWT

在大型文本文档中检索字符串时，使用 BWT（Burrows-Wheeler Transform，块排序压缩）（参照小贴士）和 FM-Index 压缩查询算法进行检索有助于提高检索效率。

BWT 对需要转换的字符串进行循环移位，每次循环 1 位，生成与字符数目相同的循环字符串，然后它会将所有循环字符串按照字典序进行排序，记录排序后每个循环字符串的最后一个字符。这些字符组成的字符串就是 BWT 的输出。

在块排序算法的日文维基百科中，有 cacao 变换后得到 ccoaa 的例子。重复循环排序的过程还能得到原始的字符串。由于变换后相似的字符位置连续，所以 BWT 可作为压缩算法的预处理器使用，而且它已经整合到了 bzip2 命令中。如果使用普通方法进行变换，变换后文本所需要的内存容量就会远大于原始文本，所以算法中有提高内存使用效率的设计。

字符串经过 BWT 变换后可用于检索，这时原字符串中会添加一个结束符号。

① 原资料名为「ウェーブレット木の世界」。——译者注

使用 FM-Index 来检索字符串能够提高检索速度。特别是在 DNA 序列等文本文档中，由于字符种类少[①]，存在大量的相同字符串，所以使用 FM-Index 能提高检索效率。用 1 个字符表示 1 个碱基，人类基因组大约有 3 GB 的数据量。BWA（Burrows-Wheeler Aligner）是一款序列比对软件，它通过 BWT 建立索引，并结合 FM-Index 进行完全一致检索，从而迅速识别出特定的碱基序列。该软件还可以调整模糊检索的功能和检索结果不匹配时的惩罚项。

小贴士 BWT

关于 BWT，大家可以参考维基百科中有关块排序的介绍。

① 人类基因组由 A、G、C、T 四个字符组成，大约有 3 GB 的数据量。——译者注

03 语义网络和语义网

下面来介绍语义网络和语义网。

要点
- 语义网络
- 本体
- 链接数据
- RDF
- SPARQL

语义网络

在构建人工智能的过程中，让机器理解人类的自然语言是一项非常重要的工作。但是，机器不可能完全掌握词语的含义，就连我们人类也是在成长的过程中根据词语的相对关系来逐渐理解其含义的。

如果把语言看作一种符号，机器在理解符号指称的概念时所发生的问题就称为符号接地问题。为了解决这个问题，语义网络应运而生（图 12-10）。

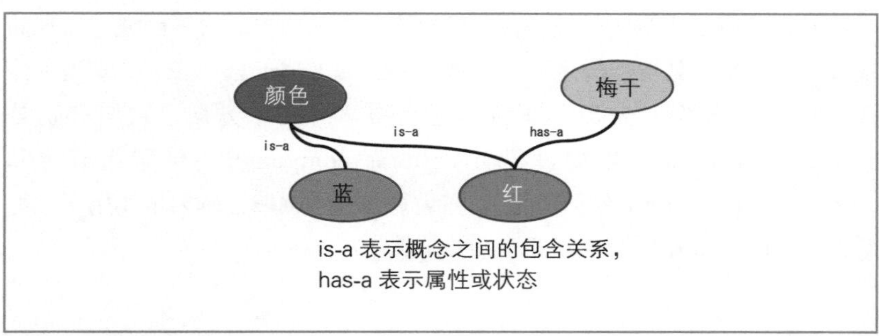

图 12-10 **语义网络**

语义网络是一个有向图或无向图，其顶点表示概念，边表示概念之间的语义关系。

is-a 和 has-a 是两个比较重要的语义关系，其中 is-a 表示概念之间的包含关系，has-a 表示属性或状态。例如 A is-a B 表示 A 是 B 的下位概念，B 是 A 的上位概念，也就是说 B 包含 A。A has-a B 表示 A 处于状态 B。

本体

自 20 世纪 70 年代中期以来，为了让机器自主获得概念，人们对概念体系，即“构建本体”的需求越来越大。

如果说语义网络表示概念之间的语义关系，那么本体就是在语义网络的基础上加上元数据的数据描述模型。被构建的不同领域（参照小贴士）的本体会描述个体（实例）、概念（类）、属性和关系。

> **小贴士 领域**
>
> 领域指某个概念所属的特定领域。例如业务所需要的知识和经验就称为领域知识。

本体概念之间的语义相关性描述方便我们检索网页数据。例如在使用某个单词进行检索时，该单词的同义词或反义词也会出现在检索结果中。我们把这种基于概念及其语义进行网页信息检索和自动处理的技术称为语义网。

本体在分子生物学领域的应用已有十几年的历史，对于研究中发现的基因，人们基于其特性构建了基因本体（Gene Ontology，GO）。基因本体涉及的基因分为三大类，分别涵盖生物学的三个方面。它们分别是 biological_process（生物过程）、cellular_component（细胞组分）和 molecular_function（分子功能）。在生物信息学领域，基因本体用于进行基因的功能分析和相似性分析等（图 12-11）。

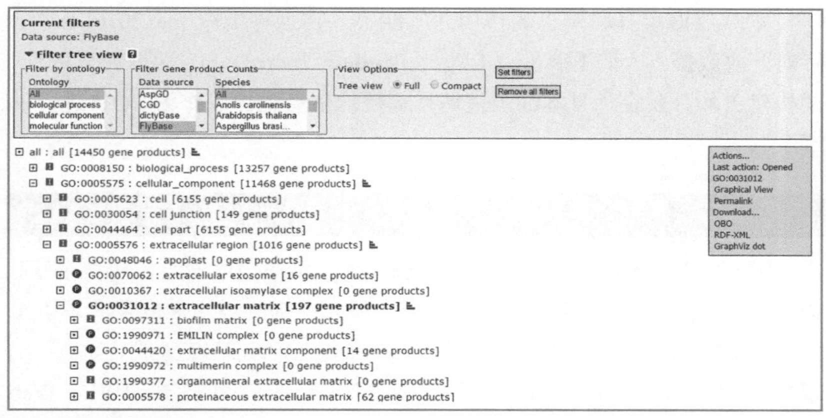

图 12-11　**基因本体**

2005 年之后，本体表达模型开始用于表达情感和颜色等接近于自然语言的信息，计算机开始通过本体来理解单词和术语之间的概念关系。构建本体就是把因人、因行业、因领域和场景而异的词语概念进行共享和通用化。

为了让本体在未来得到充分的应用，我们要构建并开放庞大的本体知识库来整合这些本体，这一点非常重要。这样一来，当前以人为主要使用者的本体就能供计算机使用。

链接数据

进入 21 世纪后，语义网领域中开始使用 HTML 标签来创建网页间、网站间、文档间的连接关系数据库，检索结果的质量进一步得到提升。

在这个过程中人们逐渐完善了 SEO（Search Engine Optimization，搜索引擎优化）和 OGP（Open Graph Protocol，开放内容协议）等优化搜索引擎的方法。这些方法在让机器读取信息和解释信息方面是目前最为先进的技术。

通过“让机器读取信息并分享信息”的方法和技术来表示的数据称为链接数据。

通过使用 SEO 技术，网页逐渐可以包含数量庞大的元数据，但是这项技术对数据本身和概念的作用并不明显。在这种情况下，2010 年之后针对开放数据，人们不断推进 LOD（Linded Open Data，关联开放数据）的构建工作。现在，日本的国情调查等统计信息也可以作为 LOD 进行处理了。

RDF

RDF（Resource Description Framework，资源描述框架）是一种用于描述 Web 资源的标记语言。它是一个处理元数据的应用，也是实现语义网的重要技术之一。RSS（RDF Site Summary，RDF 站点摘要）就是一个很好的 RDF 的应用示例。另外，将 RDF 扩展后可得到 OWL（Web Ontology Language，网络本体语言）。它是一种本体描述语言，可用于交换网站上的本体数据。

RDF 采用三元组的结构来描述资源（图 12-12）。

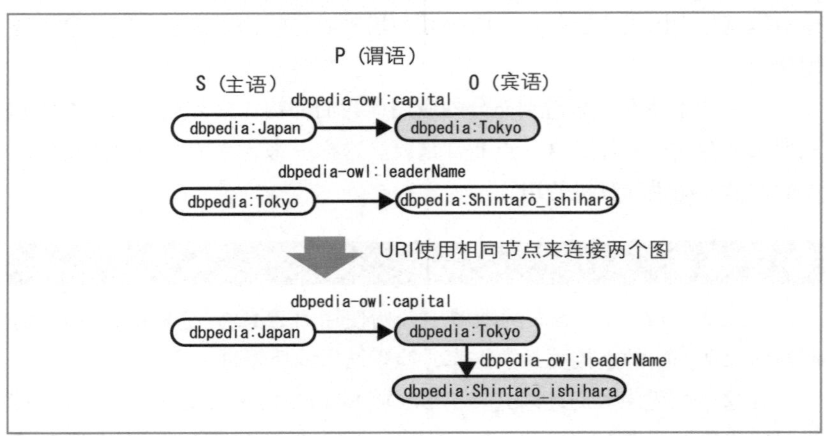

图 12-12 三元组

摘自幻灯片《什么是 Linded Open Data》[①]

三元组由主语（S）、谓语（P）和宾语（O）三部分组成，这三个部分可任意对应 URI、字面量（literal）和空白节点中的某一项。我们可以

① 原幻灯片名为「Linded Open Data とは」。——译者注

用 <> 表示 URI，用 "" 表示字面量，以此来加以限制区别。如果按照 SPO 的顺序进行排列，多个三元组相连时就很难分清哪个是主语，所以可在 SPO 的结尾用句点（.）来分隔每一个三元组。某个 SPO 中的 O 可能对应其他三元组中的 S，将它们连接到一起就得到了链接数据。

我们把三元组称为 *N*-Triples（代码清单 12-3）。假设构成 *N*-Triples 的节点是 33.8℃这样带单位的数字，我们可以将该节点进一步细分为 33.8 和℃。不过细分时会产生空白节点，我们可以在空白节点 ID 中使用 _: 作为开头，添加任意名称（代码清单 12-4 中的 _:degree）。

代码清单 12-3　*N*-Triples 的语法示例

```
<http://example.org/tokyo/survey/temperature/A00101>
<http://example.org/tokyo/terms/气温> _:degree .
_:degree <http://www.w3.org/1999/02/22-rdf-syntax-ns#value> "33.8" .
_:degree <http://example.org/tokyo/terms/unit> <http://example.org/
tokyo/terms/degree> .
```

代码清单 12-4　Turtle 的语法示例

```
@base <http://example.org/tokyo/survey/temperature/> .
@prefix rdf: <http://www.w3.org/1999/02/22-rdf-syntax-ns#> .
@prefix ex: <http://example.org/tokyo/terms/> .
<A00101> ex:气温 _:degree .
_:degree rdf:value "33.8" .
_:degree ex:unit ex:degree .
```

我们可以使用关系型数据库管理系统或 SPARQL（后述）的服务器来存储 RDF 数据。

SPARQL

在对使用 RDF 描述的信息进行检索、添加或更新时，我们可以使用

SPARQL（SPARQL Protocol and RDF Query Language）查询语言。

SPARQL 可以越过 HTTP 进行查询。向 SPARQL 端点的 URL 中添加查询参数并发送查询请求后，我们会得到 XML 或 JSON 格式的查询结果。

SPARQL 的查询和响应示例如代码清单 12-5 至代码清单 12-7 所示。

代码清单 12-5 查询

```
PREFIX dc: <http://purl.org/dc/elements/1.1/>
SELECT ?book ?who
WHERE { ?book dc:creator ?who }
```

代码清单 12-6 请求

```
GET /sparql/?query=PREFIX%20dc%3A%20%3Chttp%3A%2F%2Fpurl.or
g%2Fdc%2Felements%2F1.1%2F%3E%20%0ASELECT%20%3Fbook%20%3Fwho
%20%0AWHERE%20%7B%20%3Fbook%20dc%3Acreator%20%3Fwho%20%7D%0A HTTP/1.1
Host: www.example
User-agent: my-sparql-client/0.1
```

代码清单 12-7 响应

```
HTTP/1.1 200 OK
Date: Fri, 06 May 2005 20:55:12 GMT
Server: Apache/1.3.29 (Unix) PHP/4.3.4 DAV/1.0.3
Connection: close
Content-Type: application/sparql-results+xml

<?xml version="1.0"?>
<sparql xmlns="http://www.w3.org/2005/sparql-results#">

```

```
 <head>
   <variable name="book"/>
   <variable name="who"/>
 </head>
 <results>
   <result>
     <binding name="book"><uri>http://www.example/book/book5</uri></
binding>
     <binding name="who"><bnode>r29392923r2922</bnode></binding>
   </result>
...
</sparql>
```

可用于构建 SPARQL 端点的服务器软件有 Apache Jena Fuseki、Sesame、Virtuoso 等开源程序。此外，对 RDF 提供官方支持的 Oracle Database 也支持在 Apache Jena Fuseki 上使用 RDF（表 12-2）。

表 12-2 构建 SPARQL 端点的服务器软件

服务器软件
Apache Jena Fuseki
RDF4J
Virtuoso
7 RDF Semantic Graph support for Apache Jena

第13章 分布式计算

近年来，以机器学习和深度学习为首的数据分析中需要处理的数据量越来越大，对处理速度的要求也越来越高，所以人们对计算机性能的要求也变高了。尽管使用个人计算机或 GPU 扩展板也可以执行一些处理，但在某些情况下还是需要用到规模更大的分布式处理器。本章，笔者会先介绍分布式计算环境，然后对分布式机器学习和深度学习平台进行说明。

分布式计算和并行计算

下面来介绍分布式计算和并行计算。

要点 ✔ 分布式计算 ✔ 并行计算

分布式计算和并行计算

以前的计算机性能远低于现在，那时人们就在思考如何快速完成耗时较长的处理，而分布式计算（图 13-1）和并行计算就是解决该问题的方法之一。

分布式计算和并行计算需要配置多台计算机来完成耗时较长的处理或进行大规模的计算，所以实现分布式计算和并行计算的系统称为大规模计算机系统或大型计算机系统。

分布式处理有多种实现方式，比如通过网络连接多台计算机来实现大规模处理、在单个计算机中进行并行处理等。

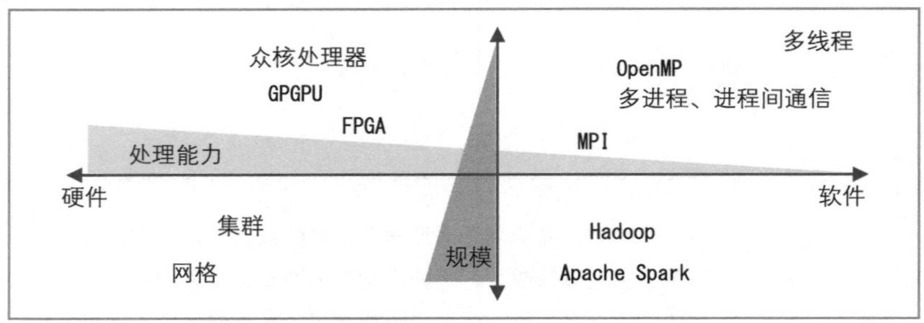

图 13-1 分布式计算的方法和分布式架构

小贴士 大型计算机系统

20 世纪末，在同等处理能力下，曾经的大型计算机体积已经缩小到了台式机大小，从体积上来说已经不能称为“大型”了，但它的名称被保留了下来。

02 硬件配置

下面来介绍硬件配置。

要点
- 网格计算
- 众核处理器
- GPGPU
- FPGA

网格计算

一些国家或高校的研究机构会把多台计算机互相连接起来执行计算处理。我们称这些计算机为超级计算机，把使用超级计算机等进行的超大规模计算称为高性能计算（High Performance Computing，HPC）。

日本最知名的超级计算机有“京”（日本理化学研究所）、“TSUBAME”（东京工业大学）和地球模拟器（日本海洋研究开发机构）等，这些超级计算机的节点数在 100～80 000 以上，并且每个节点至少包含 1 个 CPU。

有些超级计算机是每个节点上都有超高速内存（RAM），也有一些超级计算机是所有节点共享内存。为了确保所有节点都可以访问存储器，我们通常会使用 Lustre 文件系统（参照小贴士）等共享存储系统。为了进行计算处理，多台计算机相互连接组成分布式计算系统的各个节点，这些计算机称为网格计算机。由于网格中的各个节点之间通过高速网络进行通信，网络必须具备较好的耐故障能力，所以我们通常使用 Infiniband 来建立连接，而不使用 LAN（图 13-2）。

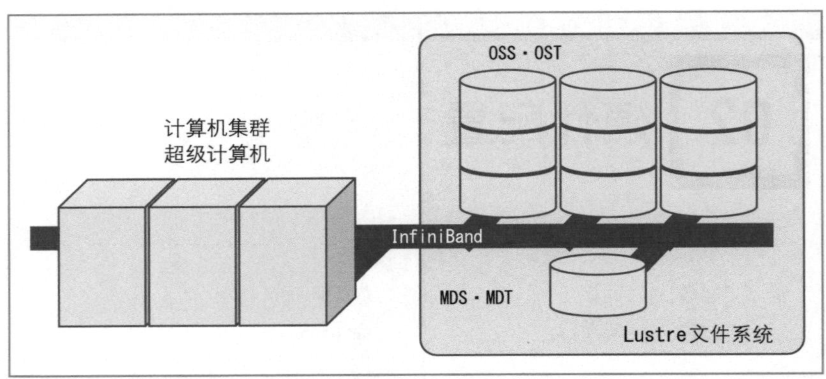

图 13-2 **共享存储系统**

摘自《Lustre 文件系统的概要和导入指引》[①]

小贴士 Lustre文件系统

Lustre 文件系统有一个 MDS（MetaData Server，元数据服务器），MDS 上有一个 MDT（MetaData Target，元数据存储节点）来存储 Lustre 的元数据信息。系统中使用 OSS（Object Storage Server，对象存储服务器）来管理为文件对象数据提供存储的 OST（Object Storage Target，目标存储对象）。Lustre 文件系统就是通过磁盘阵列（RAID）等方式将 MDS 和 OSS 连接起来构建的一个具有冗余能力的大型存储器。

另外，与网格计算机和超级计算机一样，由多个节点组成的计算机系统之间相互通信并进行计算处理的还有计算机集群（简称集群）。

网格计算机也是一种集群形式，但是我们可以把网格计算机看作一种能够使多个集群作为通用基础设施使用的中间件。网格计算机会尽量使用相同体系结构的计算机，通过提升每台计算机的性能（纵向扩展）来提升整体的性能，而集群仅通过增加计算机的数量来提升整体性能（横向扩展）。组成集群系统的计算机可以在型号或操作系统方面有所不同（参照小贴士）。

① 原资料名为「Lustreファイルシステムの概要と導入手順について」。——译者注

小贴士 **组成集群系统的计算机**

寻找外星智慧生命计划 SETI 中的“SETI@home”是一个分布式计算项目，参与的机器中包括个人计算机，用户安装分析程序后即可加入这个分布式计算项目中。

随着与上述网格计算机不同的集群技术以及虚拟化技术的迅猛发展，目前常用的 AWS（Amazon Web Services）、GCP（Google Cloud Platform）、Microsoft Azure 等的 PaaS（Platform as a Service，平台即服务）和 IaaS（Infrastructure as a Service，基础设施即服务）逐渐得到发展。

GPGPU

除了完成运算处理，CPU 还有其他功能，比如与其他芯片进行数据交换、控制计算机等。单 CPU 无力完成的运算可以由采用独立运算单元的协处理器（co-processor，也叫辅助处理器）辅助处理。FPU（Floating Point Unit，浮点运算单元）是专门用于处理浮点运算的协处理器。以前的 FPU 是一种单独芯片，但随着大规模集成电路（LSI）集成度的提高以及 CPU 性能的提升，FPU 与 CPU 之间的距离逐渐缩小，最后厂家把 FPU 集成到了 CPU 内。

另一方面，图形协处理器因为对运算速度没有过高的要求，所以逐渐发展成独立显卡，专门面向从事 3DCAD 和视频剪辑等工作的用户。

进入 21 世纪后，不仅仅是 2D 图像，图形加速器（graphics accelerator）还能对纹理图像等 3D 图像进行高速运算，并将其转换为图像数据进行传输。图形加速器的核心就是 GPU（Graphics Processing Unit，图形处理器）（图 13-3）。

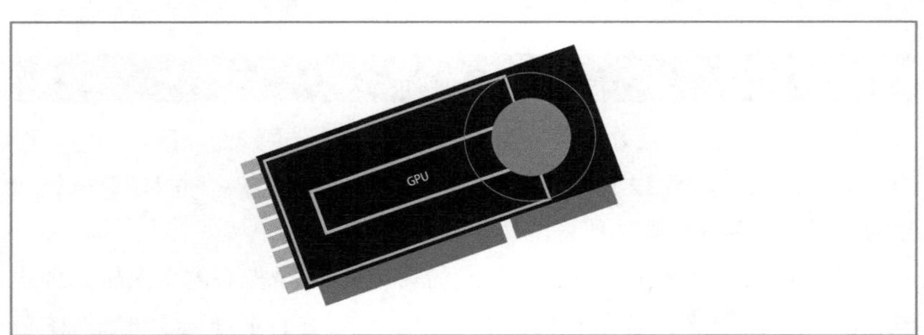

图 13-3　GPU 的产品示意图

通过使用 DirectX（参照小贴士）提供的接口，开发者能够在 Windows 平台直接访问硬件。曾经推出支持 DirectX 的芯片的 NVIDIA 公司于 2006 年又推出了集成开发环境 CUDA（Compute Unified Device Architecture，统一计算架构）。从此以后，C 和 Fortran 等程序通过调用 CUDA 就能够将 GPU 用于图像以外的领域的计算，属于通用图形处理器（General-Purpose computing on GPU，GPGPU）和基于 GPU 的通用计算的时代正式拉开帷幕。

小贴士 DirectX

在 Windows 操作系统下显示图像时，系统的开销较大，例如为了能够在游戏中持续快速地绘制图形，程序需要直接访问显存。但是，Windows 系统最初只提供 GDI（Graphics Device Interface，图形设备接口），这引发了人们的诸多抱怨。于是出现了 DirectX（特别是 DirectDraw 和 Direct3D）和 OpenGL 等库来让用户直接访问显卡硬件，快速绘图。

GPU 专门用来处理图形计算任务，所以很擅长矩阵运算等计算。但 CPU 支持多种不同类型的运算，所以它在简单计算方面的表现就没有那么突出了。另外，由于每个 CPU 芯片都承担着大量的处理任务，所以增加内核数量又会在密度和发热量方面产生问题。截至 2016 年，通用 CPU 的内核数量仅为 8 个。而 GPU 的内核数量是以 1000 或 2000 为单位进行计数的。GPU 能够执行并行处理，并且具备专用内存，即显存（VRAM）。所以，我们还可以把基于 CUDA 平台的 GPU 作为运算处理板使用，以此来加快图像识别、语音识别等机器学习和深度学习的处理过程。

众核处理器

2010 年以来，8 核处理器成为面向大众市场的主流处理器。一些高性能服务器上也会使用 12 核处理器或 16 核处理器。还有一种叫作众核处理器的处理器，其内核数达数百个，远超普通 CPU。

日本 PEZY Computing 公司开发的具有 1024 个核心的微内核处理器 PEZY-SC（图 13-4）非常有名，从 2015 年开始在日本理化学研究所的超级计算机 Shoubu（菖蒲）、日本高能加速器研究机构的超级计算机 Suiren

（睡莲）和 Suiren Blue（蓝睡莲）上投入使用（图 13-5）。

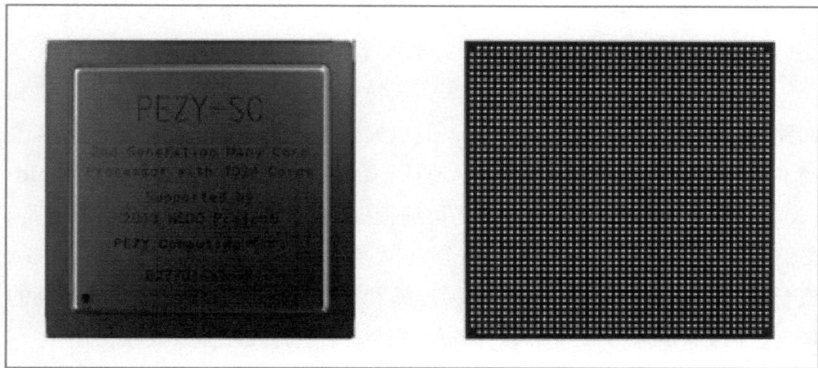

图 13-4　PEZY-SC 众核处理器（2014）

摘自 PEZY Computing 官网

图 13-5　Suiren 在 4 个冷却水槽中进行液泡式冷却的全景照片（左），Suiren Blue 的正面照和侧面照（右）

摘自《KEK 小型超级计算机"Suiren Blue"和"Suiren"分别获得 Green500 绿色超级计算机排行榜的第二名和第三名》①

© 高能加速器研究机构（KEK）

① 原文章名为「KEK 小型スーパーコンピュータ『Suiren Blue(青睡蓮)』と『Suiren(睡蓮)』がスパコン消費電力性能ランキング『Green500』でそれぞれ世界第二位、第三位を獲得」。——译者注

FPGA

如果需要加快处理速度，从硬件方面加速的效率通常比软件算法的高，包含 GPU 的显卡就是一个很好的例子。

如果量身定制一个通过硬件来完成特定处理任务的大规模集成电路和回路，虽然能够很好地完成任务，但也失去了通用性，我们很难频繁修改硬件。为了解决这个问题，人们开始使用开发环境 FPGA（Field-Programmable Gate Array，现场可编程门阵列）来替代大规模集成电路。虽然速度会有所下降，回路规模也会变小，但我们可以任意修改回路。FPGA 擅长处理高速数据流，可用于视频压缩和视频转换等对实时性要求较高的场合。FPGA 兼具了硬件和软件的便捷性，很适合在原型开发中使用。

另外，FPGA 的功耗远小于 GPU 的功耗，所以在精度要求不太高的情况下，我们可以采用 FPGA 进行浮点运算等计算处理。在对 CPU 和 GPU 要求较高的处理中，使用 FPGA 是实现节能的第一步。

Microsoft 通过大规模部署 FPGA 来搭建服务器进行特征提取和机器学习，并将其应用于 Bing。一些大学的研究将 FPGA 用在卷积神经网络和循环神经网络等深度学习模型中进行图像识别等模式识别。

有报告比较了基于 Xilinx Virtex-5 SX240T 和基于 NVIDIA Tesla C870 的卷积神经网络的性能，前者是后者的 1.4 倍。此外，在 Xilinx Zynq 上并行连接卷积神经网络的回路后，能源效率约是 GPU 和 CPU 的 10 倍。

03 软件配置

下面来介绍软件配置。

要点

- 多进程
- 多线程
- Apache Hadoop（MapReduce）
- HDFS
- MapReduce
- YARN
- Apache Spark
- RDD

多进程

程序在运行时，操作系统会为其创建一个进程并分配内存空间。每个进程所能访问的内存是互相独立的。

现代操作系统基本可同时运行多个进程。进程间通信就是在不同进程之间传播或交换信息。

为了提高系统的数据处理效率，每个进程会被分配一个任务或任务中的一部分数据来处理。第一个被执行的进程称为父进程，由父进程创建的新进程称为子进程或从进程。

父进程能够被挂起等待直到子进程结束。父进程可以在各个子进程完成任务后进行汇总（图 13-6）。

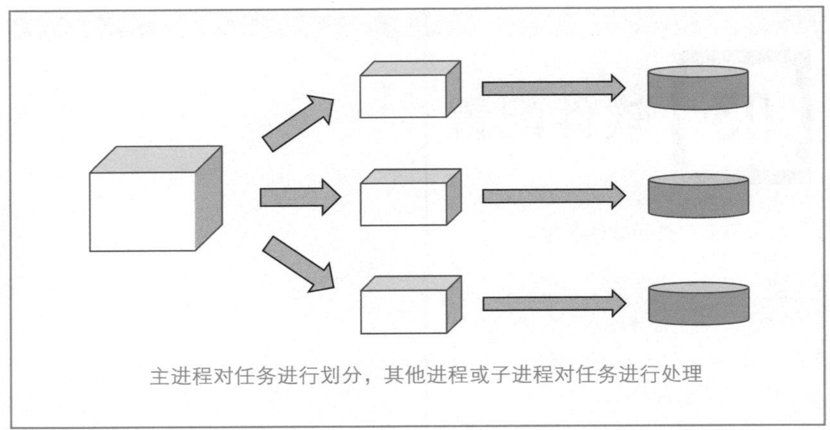

主进程对任务进行划分，其他进程或子进程对任务进行处理

图 13-6 **多进程**

在多个 CPU 同时运行进程时使用的信息传递协议是 MPI（Message Passing Interface，信息传递接口）。MPI 是一个库，可以被 C 和 Fortran 77 调用。它支持 Socket（套接字）通信方式，既可以在同一台计算机的多进程中使用，也可以在组成集群系统的计算机之间的并行处理中使用。

多线程

一个进程至少包括一个线程（主线程），系统分配给一个进程的内存空间和处理时间通常被主线程独占。在使用多个进程进行并行处理时，每个进程所能访问的内存空间是互相独立的，这不仅导致内存使用效率低下，还增加了构建程序的复杂度。

使用多线程能够缓解这些问题。多线程可以共享进程的内存空间。进程的主线程相当于父线程，可以创建并运行子线程（从线程），然后回收子线程获取的数据并继续进行处理（图 13-7）。

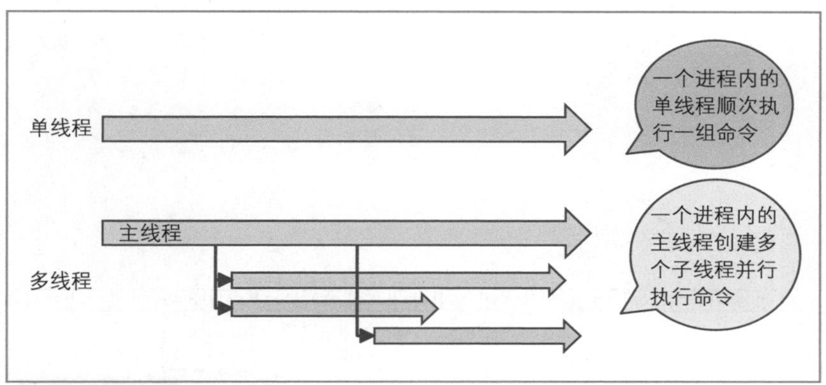

图 13-7　**单线程和多线程**

为了避免在主线程中进行耗时的操作使主线程阻塞，我们通常会启动子线程来进行并行处理。在 Windows 等的图形用户界面（Graphical User Interface，GUI）程序中，主线程会创建并运行 UI 线程或工作线程等子线程。

使用 OpenMP 可以在源代码中把单线程程序改写成多线程程序。与 MPI 不同，OpenMP 不是一个可被程序调用的库，它是一种可扩展的框架语言（参照小贴士），能够向编译器发出指令。

小贴士　可扩展的框架语言

就像 JavaScript 中的 AltJS 和 AngularJS。

Apache Hadoop（MapReduce）

Apache Hadoop（Hadoop）是 Apache 软件基金会主导开发的开源项目，是由原雅虎研究院（Yahoo Research）的道·卡廷（Doug Cutting）[①] 使用 Java 实现的大规模分布式计算框架（图 13-8）。

① Hadoop 创始人，人称 Hadoop 之父。——译者注

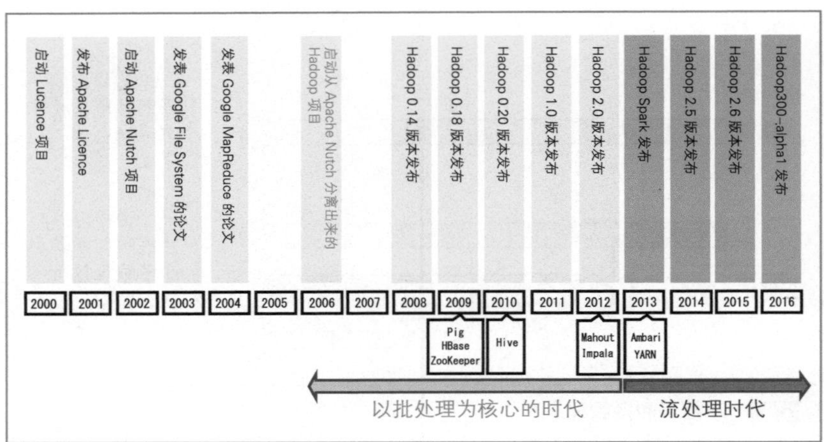

图 13-8 **Hadoop 的历史**

摘自 Apach Hadoop 官网

Hadoop 受到 Google 开发的 Google File System 和 MapReduce 的启发，现已成为一款克隆软件。

Hadoop 最初由 Apache 软件基金会作为开源项目全文搜索引擎 Lucene 的子项目 Nutch（参照小贴士）的一部分被正式引入，2006 年开始成为一个独立的子项目。

小贴士 Apache Nutch

Apache Nutch 是基于网络爬虫的网络搜索系统。

Hadoop 主要由 Hadoop 分布式文件系统 HDFS（Hadoop Distributed File System）和 MapReduce 框架以及其他多种程序组成。这些组成 Hadoop 的程序集统称为 Hadoop 生态系统（图 13-9、表 13-1）。

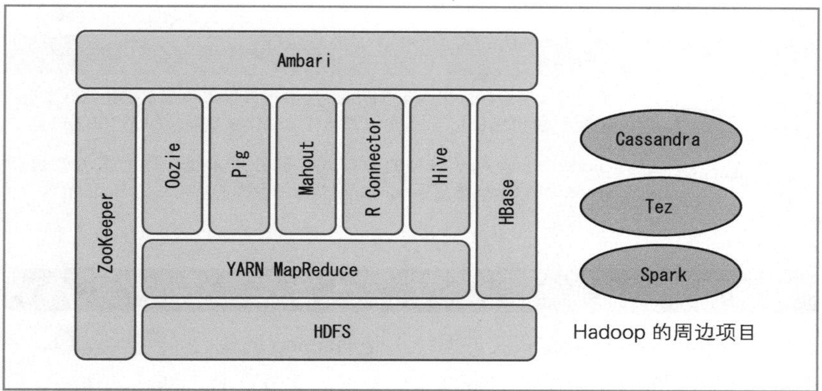

图 13-9　Hadoop 生态系统

表 13-1　Hadoop 生态系统的说明

Hadoop 生态系统	说　明
Oozie	Oozie 能够创建工作流并管理工作流的作业调度
Pig	Hadoop 通常使用 Java 等来创建和执行程序。使用 Pig 脚本能够指示 Hadoop 要处理的内容
Mahout	Mahout 提供一些机器学习算法的实现。聚类和推荐系统等算法是用 MapReduce 方式写的，支持百万级别的大规模数据处理
R connector	R connector 包括 RHadoop 和 Oracle 出售的 Oracle R Connector for Hadoop。使用它们可以从 R 数据库接口访问 HDFS 和数据库系统，以及描述和执行 MapReduce 程序
Hive	Hive 由 Facebook 开发，支持类似 SQL 的结构化查询功能。Hive 的功能和 Pig 类似，不过它的使用方式更接近关系型数据库
Hbase	Hbase 是 Hadoop 中使用的数据库，是一种键值存储数据库系统
ZooKeeper	ZooKeeper 是一个应用程序的协调服务，管理着 Hadoop 集群中计算机和系统正在处理的程序。当需要增加集群存储容量时，ZooKeeper 可以完成增加计算机的操作，除此之外，它还能更新配置文件
Ambari	Ambari 是一款基于浏览器的 Web 程序，能够监视 Hadoop 集群并修改集群配置
YARN	YARN 即 Yet-Another-Resource-Negotiator，意思为另一种资源协调者，是一种全新的框架，能够轻松创建任意的分布式处理框架和应用程序
Cassandra	Cassandra 和 Hbase 一样，是一种键值存储数据库系统

（续）

Hadoop 生态系统	说　明
Tez	用户可以使用 Tez 将 MapReduce 的并行处理（作业）描述成一个有向无环图（DAG），从而有效管理多阶段作业等复杂的工作流程
Spark	Spark 是一个基于内存的分布式数据处理系统，适用于流处理。Spark 是由 Scala 语言实现的，可处理的数据的规模超过 Hadoop

HDFS

HDFS（Hadoop 分布式文件系统）是 Hadoop 的核心（图 13-10）。一个 HDFS 集群由一个主节点 NameNode 和多个从节点 DataNode 组成。

NameNode 中存储了文件名和权限等文件属性，数据被分割为多个特定大小的数据块，每个数据块都会以冗余的方式在多个 DataNode 上存储多份副本（默认是 3 份）。这样一来，当 DataNode 节点发生硬件错误等故障导致系统无法访问时，数据的可靠性依旧能得到保障。

需要注意，HDFS 适合处理大文件，在处理小文件时很容易造成资源浪费。

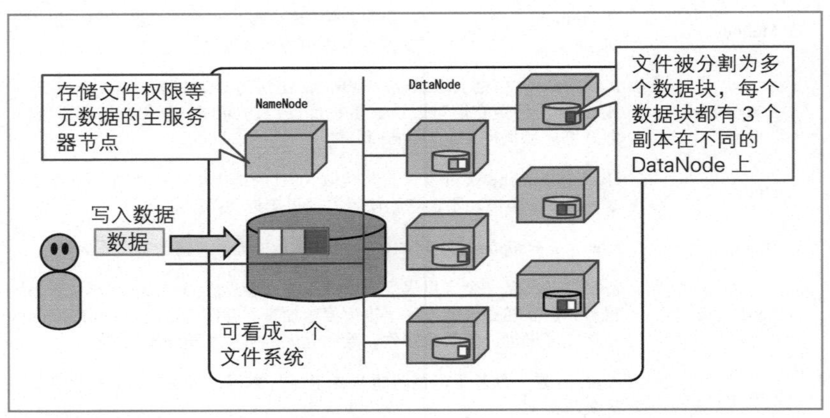

图 13-10　HDFS 的结构

MapReduce

MapReduce 是一种可用于处理数据的编程模型。它的处理过程分为 3 个阶段，即将数据分配到多个进程中进行并行处理的 Map 阶段，对 Map 的输出结果进行整理和汇总的 Shuffle 阶段和 Reduce 阶段。每个阶段的输入输出都是键值的形式。

如果在 Map 阶段将数据分配到 *M* 个进程中进行处理，该阶段的处理时间则降至 1/*M*，如果在 Reduce 阶段使用 *N* 个相互独立的进程进行处理，该阶段的处理时间会降至 1/*N*（图 13-11）。

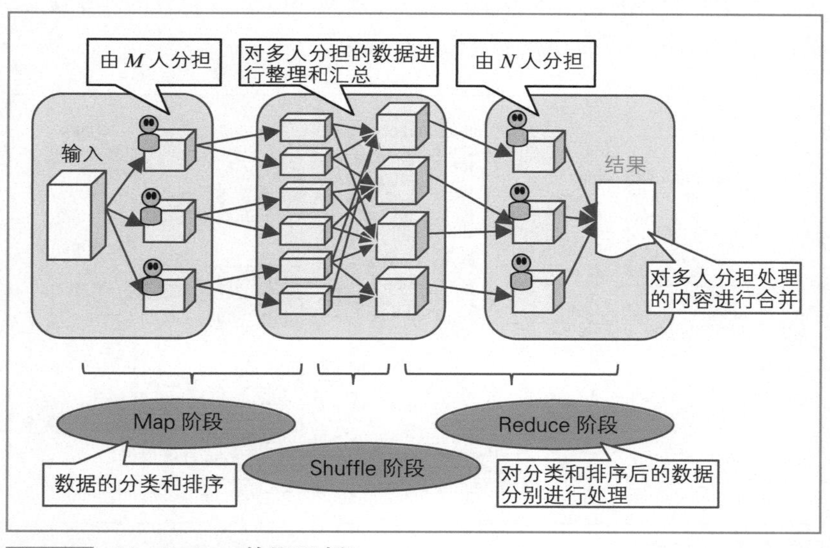

图 13-11　**MapReduce 的处理过程**

最初的 Hadoop 由主节点 JobTracker 和从节点 TaskTracker 组成。

JobTracker 是主线程，负责 MapReduce 的作业管理。它会将作业中的处理任务分配给 TaskTracker 的进程，并监控 TaskTracker 是否存活。如果检测到任务失败，JobTracker 会重新把这些任务分配到其他 TaskTracker 上运行，所以在任务失败时 MapReduce 的处理也能继续。TaskTracker 进程会创建子进程来执行任务并获取 HDFS 的信息。

YARN

Hadoop 2.0 版本对 MapReduce 框架做了设计重构，我们称 Hadoop 2.0 中的 MapReduce 为 YARN（图 13-12）。YARN 由主节点 ResourceManager 和从节点 NodeManager 组成，在 NodeManager 中运行的 ApplicationMaster 通过启动 Container 来运行任务。

NodeManager 会监视节点的资源状态，当 ApplicationMaster 需要启动 Container 时，它首先向 ResourceManager 发出任务请求，获取节点的空闲资源，然后在空闲的节点上启动 Container。

通过使用 YARN，Container 可以支持 MapReduce 以外的计算框架，例如后来开发的 Apache Tez 和 Apache Spark。

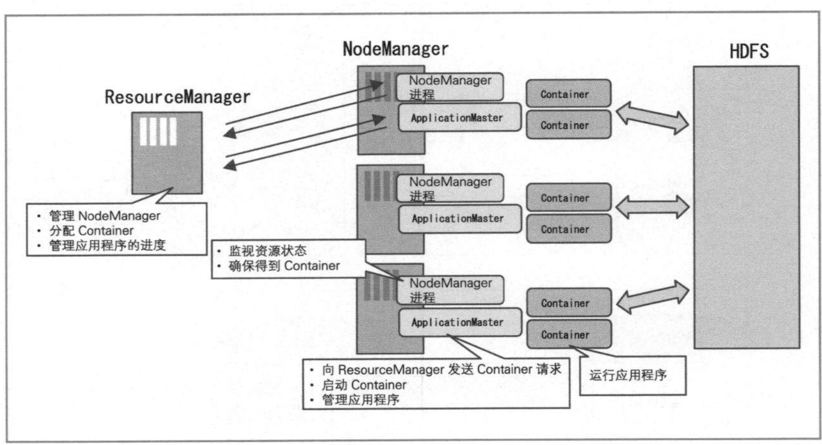

图 13-12　YARN

Hadoop 的使用方法

Hadoop 主要用于批处理。例如，Hadoop 可用于 ETL 这样的数据预处理。ETL 是对关键业务系统的数据进行抽取（extrack）、清洗转换（transform）、继承，然后加载（load）至数据库的过程。此外，我们还可以使用 Hadoop 生成月度任务等的汇总报告，或基于 Hadoop 和 Mahout 进行大规模机器学习并输出结果。

除此之外，Hadoop 还可以作为业务数据分析平台或专门的数据分析平台，必要时在云平台上构建集群对数据进行分析处理。

2007 年左右，日本出现了一个名为 blogeye 的服务，该服务主要使用 Hadoop 和 HBase，根据博客等来推断日本流行语排行榜。

该服务利用爬虫技术实时采集和分析数据，更新数据库中的作者属性和关键字并创建了流行语数据库。目前 blogeye 已经与 AWS 的 Amazon EC2/S3 服务实现了集成。

Apache Spark

Hadoop 是一个大规模数据处理分布式系统，主要用于批处理，但是随着时间的推移，人们对数据流处理和在线机器学习等实时数据处理的需求变得越来越大。

这时，大规模数据处理分布式系统 Apache Spark（以下称为 Spark）应运而生。Spark 是一个基于内存的分布式计算系统，它可以将数据扩展在内存中，实现低延迟并加快作业速度。加州大学伯克利分校的 AMPLab 于 2009 年开始开发 Spark，于 2013 年将 Spark 捐赠给了 Apache。

Spark 是用 Scala 语言实现的，也可以用 Java、Python 和 R 运行。整个 Spark 主要由五个模块组成。一个是 Spark 的核心模块 Spark Core，其中包含了 Spark 的数据存储机制（RDD）。在 Spark Core 的基础上还有四个模块，即可以通过 SQL 读取数据的 Spark SQL、可以处理实时数据流的 Spark Streaming、机器学习库 MLLib 和可以处理图数据的 GraphX。

Spark 没有使用 Hadoop 的 MapReduce，而是使用了 YARN 等集群管理器来进行分布式计算。它能够轻松访问 Hadoop 中的 HDFS、Amazon S3，还有 GCP 的 Google Cloud Storage 等多种数据源，易用性越来越好（图 13-13）。

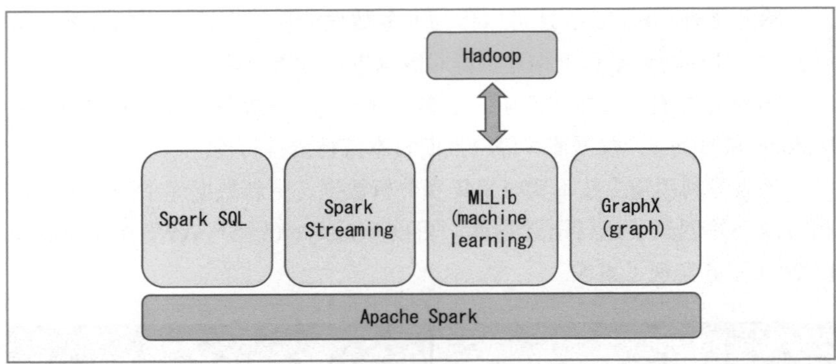

图 13-13 Apache Spark 的模块

摘自 Apache Spark 官网

RDD

Spark 是以 RDD（Resilient Distributed Dataset，弹性分布式数据集）为单位从数据源读取数据进行计算的。我们可以将 RDD 看成一个由多个分区（partition）组成的数组，对它进行转化操作（transformation）和行动操作（action）（图 13-14）。

转化操作是针对 RDD 中的元素实施的操作（如 map、filter 等），行动操作是针对 RDD 实施的聚合操作（如 count、collect、reduce 等）。

使用持久化技术使 RDD 状态不可变（immutable），就可以在多个操作中重复使用同一个 RDD 进行高速计算，无须再次读取输入数据。

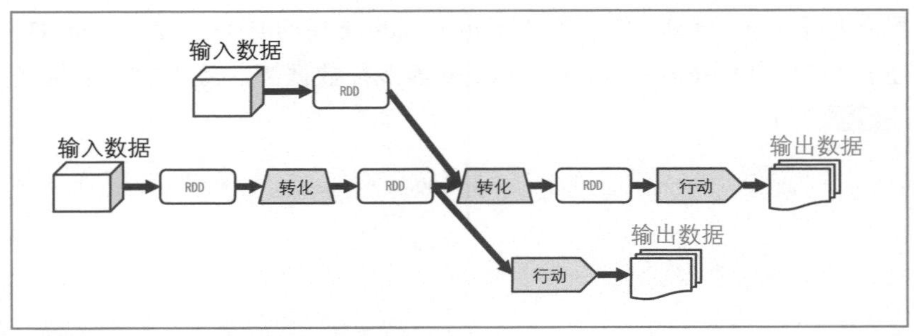

图 13-14 Apache Spark 的数据处理概要

分区

在 Spark 中，对数据进行分区后才会进行分布式数据处理。分区个数的多少会影响处理时间，如果分区数太少，在执行 Shuffle 处理时，处理就会偏向部分工作节点，即 NodeManager，在严重的情况下甚至导致处理失败。

相反，如果分区数太多，在进行转化操作和行动操作时就会增加系统的开销，因此调整分区数最好位于 100～10 000。

分布在全国各地的零售商、电子商务网站、社交游戏运营公司等能够获取实时数据流的企业都会用到 Spark。具体应用示例有 Spark 机器学习库 MLLib、基于图数据分析库 Spark GraphX 的推荐引擎开发等。在开发过程中，有时还可以把基于 Hadoop 的 Hive 用于 Spark，以此来提高效率。

04 机器学习平台和深度学习平台

下面来介绍图 13-15 所示的各种平台。

要点
- 主要的机器学习平台（图 13-15 左）
- 主要的深度学习平台（图 13-15 右）
- 编程语言

主要的机器学习平台	主要的深度学习平台
Google Cloud Platform	Caffe
Microsoft Azure Machine Learning	Theano
Amazon Machine Learning	Chainer
Bluemix・IBM 沃森	TensorFlow
	MXNet
	Keras

图 13-15 **主要的机器学习平台和深度学习平台**

主要的机器学习平台

Google Cloud Platform

从 Google Prediction API 开始，Google 向全球用户提供机器学习的基础架构。Prediction API 是有监督学习，通过录入有标记的训练数据，Prediction API 能够对输入数据进行预测和分类。

该 API 能够输入多种连续或离散的数据，可用于垃圾邮件判定、文本分类、情感分析和销售预测等。

当前，Google 宣布开放机器学习云平台 Google Cloud Machine Learning

Platform，其中集成了 Colud Storage 和数据分析基础架构 Cloud Dataflow 等云服务。

与用于图像识别的 Google Cloud Vision API、用于语音识别的 Google Speech API、用于文本处理的 Google Natural Language API，以及用于翻译的 Google Cloud Translate API 等水平较低的 Prediction API 相比，Gloud Machine Learning Platform 上会提供一些高水平的 API。

Microsoft Azure Machine Learning

在 Google 推出 Google Prediction API 五年后的 2015 年，Google 又正式推出了其大规模数据处理基础架构 Cloud Dataflow。而在这一年里，Microsoft 发布了 AzureML（Azure Machine Learning），Amazon 发布了 AmazonML（Amazon Machine Learning）。

AzureML 支持二分类、多分类以及基于回归分析的预测，它还可以基于 Web 界面的集成环境 Azure Machine Learning Studio 进行数据分析。

Azure 从很早开始就致力于在云平台上进行物联网（Internet of Things，IoT）设备的数据采集和分析协作，并提供 Web 部署功能等服务。因此，不管是从具有 RESTful API 的设备获取数据，还是 Web 服务可视化，整个过程均可做到无缝对接，Azure 甚至还能将这些内容传输到外部服务器以便在其他服务开发中使用。

此外，Azure 从一开始就提供了相当于 Google Cloud Vision API 的图像识别引擎和语音识别引擎。它现在可以通过 Cognitive Services 提供多种 API。

Amazon Machine Learning

在 Microsoft 推出 AzureML 的同一时期，Amazon 推出了它的机器学习平台 AmazonML（参照小贴士）。基于 Amazon 迄今为止提供的云服务基础架构的兼容性，AmazonML 可以从 S3 或 RedShift 等中读取数据并进行数据分析。它具备与 Google Prediction API、AzureML 同样的分类和预测功能。

在 Amazon 的服务中，用户可以在 Amazon Elastic MapReduce（EMR）中使用 Hadoop 和 Spark。

小贴士 Amazon Machine Learning

关于 Amazon Machine Learning 和 Amazon EMR，大家可以参考以下网站内容。

- Amazon Machine Learning 官网
- Amazon EMR 官网

Bluemix/IBM 沃森

IBM 的 Bluemix 云平台与 Google GCP、AmazonML 以及 AzureML 等云平台略有不同。例如，Bluemix 重点使用 PaaS 来提供服务。

Bluemix 是一个解决方案服务云平台，用户可以在它的基础架构上组合部署机器学习服务、Web 服务器服务和数据库服务器服务等各种服务来构建系统。

通过使用 Node-RED 构建系统框架，我们能够从 Bluemix 服务中选择组件来创建流。

现在使用 Bluemix 和 Node-RED 可以更轻松地创建使用了 WebSocket 的 Web 服务，也很容易构建数据流式处理，从而便于处理来自物联网设备的数据。此外，我们还可以在 Bluemix 上使用 IBM 沃森（参照小贴士）来实现自然语言处理和问答系统，以及人脸检测和识别系统。

小贴士 IBM沃森

2011 年，IBM 沃森在智力竞赛节目《危险边缘》中击败人类选手获得冠军。2015 年，IBM 沃森已经能依托现有食谱数据库来创建全新的食谱了。我们还可以利用在沃森上构建的应用程序来开发自然语言的分类和对话、检索和排名、文档转换、语音识别、语音合成等先进的功能。这些功能也称为认知计算。认知计算能够基于庞大的自然语言数据进行推理，辅助人类去做决策。

对于认知计算与人工智能的区别，美国 IBM 研究院的奥・吉尔（Dario Gil）表示，人工智能是科学领域的技术，旨在模仿人类的思维和行动，而认知计算以人为中心，旨在辅助人类更好地完成工作。

2016 年初，IBM 联手日本软银通信，让沃森为日语的自然语言处理提供辅助。使用规范格式累积大量日文文档并将这些文档用于分析成为可能。

例如，医疗从业人员需要一个半月才能完成的医疗领域相关论文，沃森只需 20 分钟即可完成处理。通过累积大量的专业文档，2016 年 8 月，沃森根据患者的临床信息给出了不同于医生的诊断和治疗方案。在实际采用了沃森提供的治疗方案后，患者得到了很好的治疗效果。

医疗信息日新月异，而一个人能够掌握的信息是有限的。预计今后人工智能、机器学习系统和认知计算提供的诊断和治疗方法会越来越准确。

IBM 沃森能够存储大量信息并从中提取最佳信息，人们期望它能够给医疗最前线带来颠覆性的变化。

本专栏在写作过程中参考了以下文章。

- 人工智能（AI）改变医疗！

10 分钟确诊出白血病挽救患者——见证 IBM 沃森的实力！①

主要的深度学习平台

2010 年以后发展起来的深度学习平台是与机器学习平台并驾齐驱的有力工具。深度学习投入使用后，处理的模块化推动了相应平台软件的开发。得益于这些开源平台，用户可以更加专注于构建想要的神经网络。

最先使用 Caffe 和 Theano 的是主要用于图像处理的卷积神经网络。Caffe 和 Theano 也适用于主要用来处理时间序列数据的循环神经网络。

截至 2016 年，那些巨头公司开发的 IaaS 并未像提供机器学习平台那样提供深度学习平台，用户需要自行部署深度学习服务器。但预计未来会出现一些服务能够支持人们轻松实现深度学习。

Caffe

Caffe 是由美国加州大学伯克利分校视觉与学习中心（Berkeley Vision and Learning Center，BVLC）开发的一套深度学习平台。Caffe 源自计算机视觉领域的研究，卷积神经网络训练中经常用到 Caffe 库。另外，Caffe 库也可以通过 Python 和 MATLAB 调用。

- 参考：Caffe 官网

① 原文章名为「人工知能（AI）が医療を変える！ わずか 10 分で白血病を見抜き患者を救った『IBM Watson』の底力」。——译者注

Theano

深度学习平台 Theano 是一个 Python 库。与其他专注于图像识别等特定处理的库相比，Theano 作为数值计算工具的色彩更浓厚一些。

- 参考：Theano 官网

Chainer

Chainer 是日本 Preferred Networks 公司开发的开源深度学习平台，可提供丰富的日语信息。其便捷的日语支持广受用户欢迎。Chainer 也可以通过 Python 使用。

- 参考：Chainer 官网

TensorFlow

TensorFlow 是 Google 发布的深度学习库，其中包含数值计算机制。战胜了世界围棋冠军的 AlphoGo 系统就是在 TensorFlow 上运行的。

Google 开源了 TensorFlow，它的用户遍布世界各地。关于 TensorFlow 实战经验和教程的图书也不断出版。Google 还在 Udacity 等 e-learning 平台上开设了基于 TensorFlow 的深度学习课程，降低了学习难度。另外，TensorFlow 也可以通过 Python 使用。

- 参考：TensorFlow 官网

MXNet

MXNet 是一个深度学习库，从 2016 年开始受到越来越多的关注。它兼容 Python、C++、R、Julia 甚至 JavaScript 等多种编程语言。此外，MXNet 已经有文档齐全的教程，方便我们上手尝试。

- 参考：MXNet 官网

Keras

随着各种类型的深度学习平台不断问世，为了确认再现性或测定处理所需时间等信息，有时我们希望在多个深度学习平台上执行同一个处理，而 Keras 库能帮助我们实现这个愿望。

Keras 能够吸收多个平台的差异。截至 2016 年 10 月，Keras 支持的有 TensorFlow 和 Theano。另有 Keras.js 支持 JavaScript。

编程语言

今后应该也会被持续使用的 Chainer 和 TensorFlow 等深度学习平台将主要使用 Python 进行开发，所以自 2015 年以来日本国内的 Python 需求量持续上升。

Web 编程从十多年前开始繁荣至今，Java、PHP（超文本预处理器）和 Ruby on Rails 中使用的 Ruby 在日本国内广受欢迎。但是，常用于科学技术计算的 Python，其人气在日本远不如在其他国家高。

然而，基于深度学习和机器学习的人工智能开发热度不减。现在，Python 试图成为 Web 编程语言中的 PHP，可以说 Python 是未来必须掌握的语言之一（表 13-2）。

表 13-2 编程语言排行榜（2016）

排名	语言	排名	语言	排名	语言
1	JavaScript	8	CSS	15	Go
2	Java	9	C	15	Haskell
3	PHP	10	Objective-C	17	Swift
4	Python	11	Shell	18	Matlab
5	C#	12	Perl	19	Clojure
5	C++	13	R	19	Groovy
5	Ruby	14	Scala	19	Visual Basic

摘自《2016 年 1 月 RedMonk 编程语言排行榜》①

① 原文章名为“The RedMonk Programming Language Rankings: January 2016”。——译者注

第14章 人工智能与海量数据和物联网

使用价格低廉的小型计算机和传感器芯片可以轻松组装出特定用途的物联网设备。随着物联网设备的逐渐增多，检测结果和测量数据的存储管理成为新的课题。有些敏感的存储内容还需要慎重对待。本章，笔者将简单地介绍这些内容，同时对物联网设备与人工智能的协同工作、人工智能与脑科学研究的相关性，以及政府对人工智能的方针等相关内容进行介绍。

数据膨胀

下面来介绍逐年猛增的数据和相应的数据存储。

要点
- 存储分配
- 对象存储
- 关注个人信息

存储分配

在使用深度学习等方法解决课题时需要用到大量数据，这一点对于人工智能和机器学习今后的发展非常重要。

企业在收集数据时，必须先思考“如何利用数据”，然后讨论“需要收集哪些数据”。

当然，如果仅以收集数据为目的，那么不考虑数据的种类，随意收集数据也没什么大问题。因为在进行数据分析时，这种做法虽然会导致多重共线性问题发生，但是增加解释变量（自变量）后，能够反映特征的信息也会相应地增加。实际上，在一些数据分析大赛或基于深度学习的图像识别训练中，人们会特意通过创建新的解释变量或增加噪声来获得新的数据，并将其作为标记数据使用。

但是，在需要收集和累积海量数据的情况下，数据存储就变得尤为重要了。例如，图像识别数据库 ImageNet 是将图像和关键字关联起来保存的库。截至 2016 年 10 月，ImageNet 内包含了超过 1419 万张的图像和超过 2 万个的图像标签。如需下载使用，数据量将会非常庞大。

关于数据存储方式，企业可以自行配置存储服务器，也可以使用 VPS（Virtual Private Server，虚拟专用服务器）或 IaaS 等云平台提供的存储服务。在自行配置存储服务器时，需要考虑数据备份以及数据冗余的设计和设置等，所以在实际应用中最好使用云存储平台（表 14-1）。

表 14-1　各种云存储平台和超级计算机等的存储价格（2016 年 10 月）

平　台	价　格
Amazon S3	0.0330USD/1 GB/ 月
GCP Cloud Storage	0.026USD/1 GB/ 月
Microsoft Azure	（P10）2312.34 日元 /128 GB/ 月 （标准）5.10 日元 /1 GB/ 月
IBM Bluemix	（2 IOP）3072 日元 /100 GB/ 月
Sakura Internet 樱花云	（标准）2160 日元 /100 GB/ 月 （SSD）3780 日元 /100 GB/ 月
GMOCloud ALTUS	15 日元 /1 GB/ 月
GMO Internet ConoHa	（SSD）2500 日元 /200 GB/ 月 （对象存储）450 日元 /100 GB/ 月
IIJ GIO 存储和分析服务	（对象存储）7 日元 /1 GB/ 月
东京大学 FX10 超级计算机系统	5400 日元 /500 GB/ 年
东京大学 Reedbush-U 系统	6480 日元 /1 TB/ 年
东京大学医科学研究所超级计算机	120000 日元 /1 TB/ 年
京	300 日元 /10 GB/ 月

对象存储

近年来，VPS 和云存储平台也开始使用对象存储服务。Amazon 推出对象存储服务 S3 后，这种存储服务就变得越来越普及，它颠覆了以往基于块设备文件系统的数据存储方式。在对象存储中，文件称为对象，文件的写入和读取需要使用 HTTP REST（参照小贴士）API。

小贴士 REST

在使用 REST（REpresentational State Transfer，表达性状态转移）读取和写入数据时，可以通过 HTTP 请求方法 GET、POST、HEAD、PUT、DELETE 来获取和更新数据。REST 响应输出 XML 格式和 JSON 格式的数据，多在 Web 服务 API 中使用。REST 的结构与 SOAP（Simple Object Access Protocol，简单对象访问协议）和 WebDAV（Web-based Distributed Authoring and Versioning，基于 Web 的分布式创作和版本控制）类似。如果一个系统架构符合 REST 原则，这个系统架构就称为 RESTful 架构。

对象存储为每一个对象分配了 URI（Uniform Resource Identifier，统一资源标识符）（参照小贴士）。目前 Amazon S3 云存储协议已成为对象存储的事实标准，与 Amason S3 API 兼容的服务可以通过网络挂载文件（对象）组，或通过访问 Web 服务等后端数据库来读写数据。

与传统的文件存储相比，对象存储的单位容量成本较低，不过对象存储多以流量计费（图 14-1）。

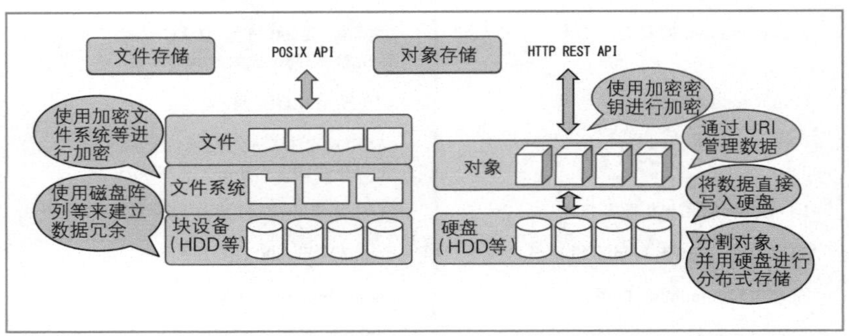

图 14-1 **对象存储**

> **小贴士 URI**
>
> URI 也称为 URL（Uniform Resource Locator，统一资源定位符）。

文件存储

在文件存储中，通常利用 RAID（Redundant Arrays of Inexpensive Disks，独立冗余磁盘阵列）组合多个物理磁盘块设备来实现数据冗余，或利用 DRBD（Distributed Replicated Block Device，分布式块设备复制）、同步系统和各种备份程序，在不同的物理设备上实现数据冗余。

对象存储

在对象存储中，将对象写入多个对象存储中（同一网络中的其他机器节点或远程网络）可以得到数据冗余。

和冗余相比，纠删码（Erasure Coding，EC）是一种更有效的数据保护技术。它将对象数据分割成片段进行编码，并将其存储在不同的磁盘位置，所以纠删码能在丢失部分数据的情况下，根据剩余数据重建对象。

文件存储和对象存储

在文件存储中，我们可以通过单独加密文件或加密文件系统的方式来确保数据的安全性。而在对象存储中，我们可以在上传数据的同时指定加密密钥，以此来存储加密数据。

由于在下载数据时只能下载用指定加密密钥解密后的数据，所以我们不用太过担心没有持有加密密钥的外部人员会非法盗用数据。

关注个人信息

不难想象，随着收集的数据越来越多，通过机器学习得到的分类器的准确度也会越来越高。

通常人们认为，使用个人信息进行数据分析便能面向个人提供更好的服务。但是，我们在使用能够特定到个人的信息进行开发时要格外谨慎。除了与目标用户进行交流，不要忘记此类服务是受到监控的。

个人信息保护法

2015 年，日本修订了《个人信息保护法》，并于 2017 年春季开始全面实施。修订以前，个人数据量只有达到一定规模才会受到法律保护，而修订后将不再有这方面的限制。

有一点与修订前一样，那就是需要基于使用目的获得使用许可，只能在授权范围内使用数据（不含身份证信息）。

信仰和病史等隐私信息在获取和使用方面有一定的限制。如果是事先已定义的敏感信息，在收集或向外提供时，必须得到个人的明确同意。

个人信息包括姓名、电话号码、驾驶证号等。另外，一些与行踪轨迹等结合使用后就能特定到个人的信息也属于个人信息。其中新增了身份识别标识，比如更详细的驾驶证档案编号或身份证号，还有揭示行走习惯的数据、指纹、虹膜、基因组上的碱基变异等代表身体特征的信息。

匿名处理信息

现在，有的公司会采用匿名化技术对个人信息进行处理，以免定位到个人。这些匿名处理信息可供其他公司在相关产业中使用（图 14-2）。比如，我们收集大量其他公司旗下电车的乘坐历史信息，然后结合自己公司的商品销售数据，就能制定出对商品流通更好的计划。这些优势与大数据的使用方法息息相关。

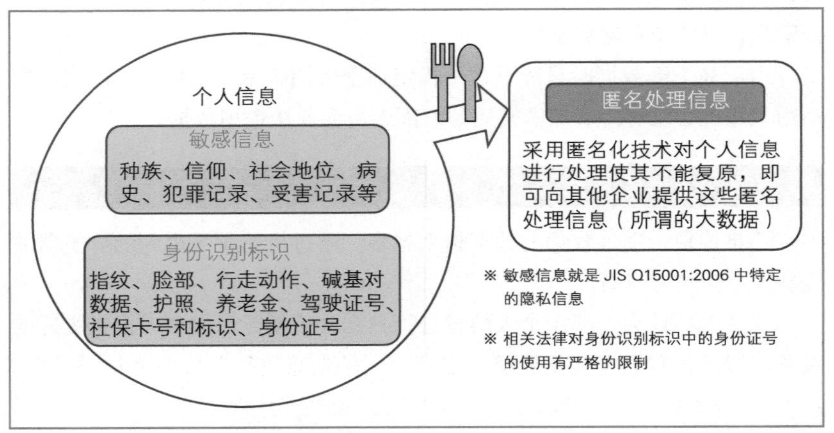

图 14-2 **个人信息保护法**

本次修订的另一个重大变化是新增了“非法提供公民个人信息罪”（为谋求非法利益，对外提供个人信息数据库）。以往的法律中没有任何针对个人犯罪的惩罚规定。如果违反了主管大臣[①]的劝告或命令，企业将受到惩罚，如果个体在个人信息泄露过程中的参与程度较高，将会以盗窃罪或违反《反不正当竞争法》的罪名进行惩罚。

能够直接接触公民个人信息的工作人员如果为了谋求非法利益，窃取和非法提供个人信息数据库（全部或部分复制，包含匿名数据），根据修订后的《个人信息保护法》第 83 条，将被处以 1 年以下有期徒刑或 50 万日元以下的罚款。

① 日本掌管某行政事物的大臣，如教育方面的主管大臣是文部科学大臣，经济方面的是经济产业大臣。——译者注

物联网和分布式人工智能

下面来介绍物联网和分布式人工智能。

要点
- 物联网带来的测量数据规模膨胀
- 物联网和机器人

物联网带来的测量数据规模膨胀

IoT 是 Internet of Things 的缩写，称为物联网。在物联网风潮来袭之前，通过计算机进行互联网连接的核心主体是人类，即使手机普及之后也是如此，直到 Google 发布了 Android 操作系统和 Android 终端，情况才开始发生变化。

Android 在移动通信环境掀起了划时代的革命，再加上后来云计算的影响，用于实现多个 Android 终端同步和通信的基础架构由 C2DM（Cloud to Device Messaging，云端至设备信息传递）转变为 GCM（Google Cloud Messaging，谷歌云消息）和 FCM（Firebase Cloud Messaging，Firebase 云消息传递）。

在当前的时代潮流下，M2M（Machine to Machine，机器对机器）这种通信方式应运而生。M2M 通信是指在没有人为干预的情况下，实现机器与机器之间的信息交互。而 M2M 的实现终端就是物联网或者叫作物联网设备的机器（参照小贴士）。

小贴士 物联网设备

物联网设备也包含手持移动电话。

2015 年版的《信息通信白皮书》中指出，截至 2013 年，物联网设备约有 158 亿个，到 2020 年估计会增加到 530 亿个。

汽车和医疗领域的物联网设备在 2014 年时数量还很少，但最近与医疗保健相关的物联网设备数量呈上升趋势，所以我们有理由认为在这些领域将有更多的系统开始使用物联网。不仅如此，在 2014 年内大量使用物联网设备的行业和面向消费者的设备预计在今后也会持续稳步增长（图 14-3）。

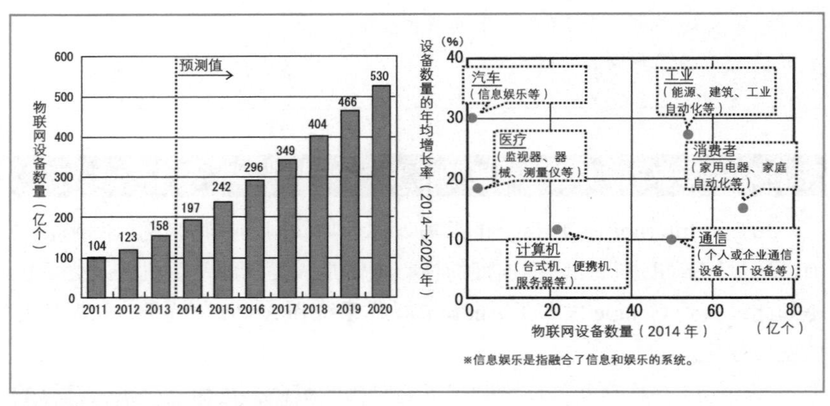

图 14-3 **物联网设备数量预测**

摘自日本总务省官方网站

物联网最早用在嵌入式系统的组件中，所以它作为电子元器件的色彩比较浓重。在搭载了 ARM 公司生产的 CPU 微控制器板的基础上连接各种传感器模块，物联网设备就会开始运转。

Raspberry Pi 和 Arduino 是两款比较有名的微控制器，我们可以从电子元器件贸易公司那里获取这些设备。

不过，基于微控制器生产的设备主要面向个人或原型产品，如果产品的运行周期长或需要满足特定使用环境的要求，可能需要重新使用其他工具进行设计（图 14-4）。

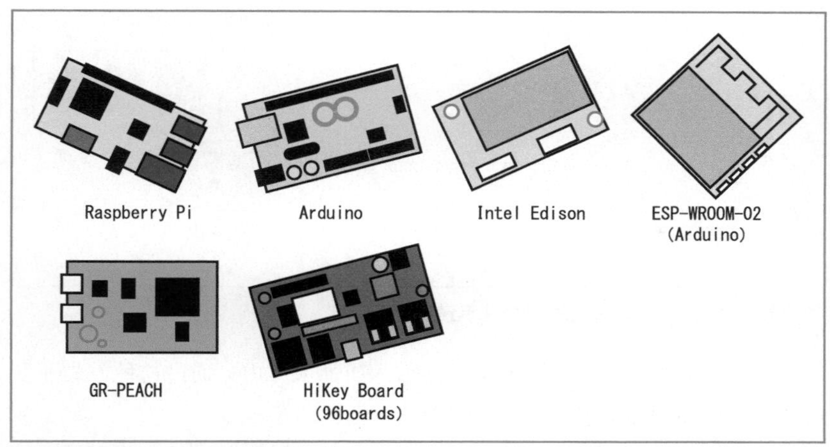

图 14-4　**物联网设备中用到的设备**

物联网设备会通过安装的传感器获取数据，并将数据直接传送给其他机器，或者处理后传送给其他机器。提高传感器的分辨率也会产生大量的数据，在采用无线数据传输方式时，必须注意传输是否存在遗漏。

与个人计算机和服务器相比，物联网设备中使用的 CPU 功耗较低，安装的超高速内存较少，所以在考虑使用物联网设备进行数据处理时，最好能够将物联网设备直接处理的数据和其他接收端处理的数据区分开。例如，在微控制器 mbed 上嵌入语音识别系统时，即使在云端设置了语音识别处理单元，也要注意波形提取的时机和波形质量，否则可能出现因规格不符而不能处理的情况。

物联网和机器人

通过物联网设备获得的传感器数据将通过网络传输到其他机器上接受处理。数据也可能在异地的云环境中处理，总之最后处理结果会传输给作为动作主体的人类或机器。

在信息传输对象是人类的情况下，由于信息无法操纵人类，所以只会显示出来。但是在传输对象是机器，也就是机器人的情况下，信息能够直接操纵其行动，机器人会做出对周围环境产生影响的行为，比如移动或发出声音等。这种能够与环境交互的机器人称为制动器（actuator）（图 14-5）

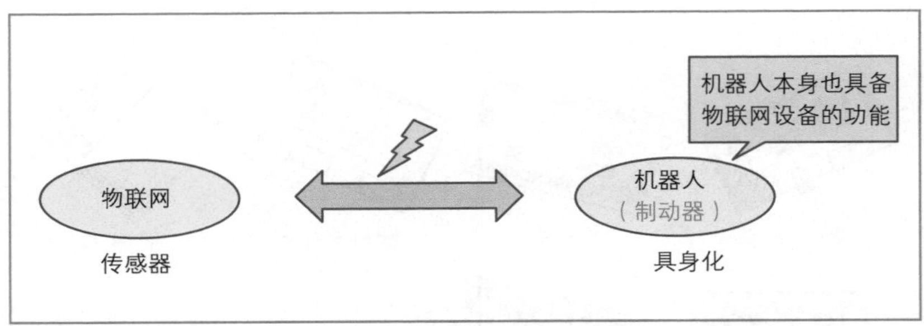

图 14-5 物联网和机器人的相关性示意图

以往的开发重点是将传感器直接嵌入机器人体内，通过这种方式开发的机器人无须网络也能具备图像识别和语音识别等功能。

然而，随着以深度学习为首的高性能分类器的出现，在一些对识别精度要求较高的系统中，人们对基于互联网等无线通信方式的系统也增加了资金投入。

特别是在包含图像识别的系统中，使用 Google Cloud Vision 等构建的物体识别系统既便宜又便捷（图 14-6）。

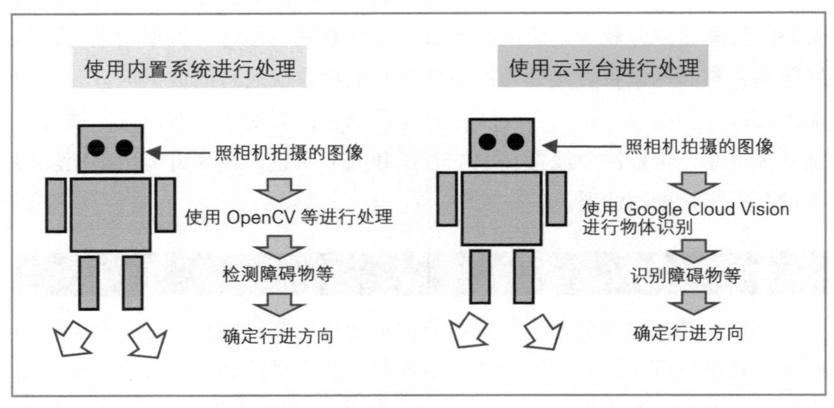

图 14-6 使用了照相机的简单机器人示例

与此同时，人们在机器人之外的位置也安装了多种传感器，机器人会将各种传感器收集的数据进行有效融合，然后决定下一步行动。今后这类机器人可能会得到越来越广泛的应用。

经过利用无线通信技术的高度分散式信息处理的时代之后，人工智能将发展为分布式人工智能。也就是说，物联网设备和机器人可以分别处理各自的数据，物联网设备作为传感器在机器人中得到充分利用，机器人之间能相互协调合作解决课题（图 14-7）。

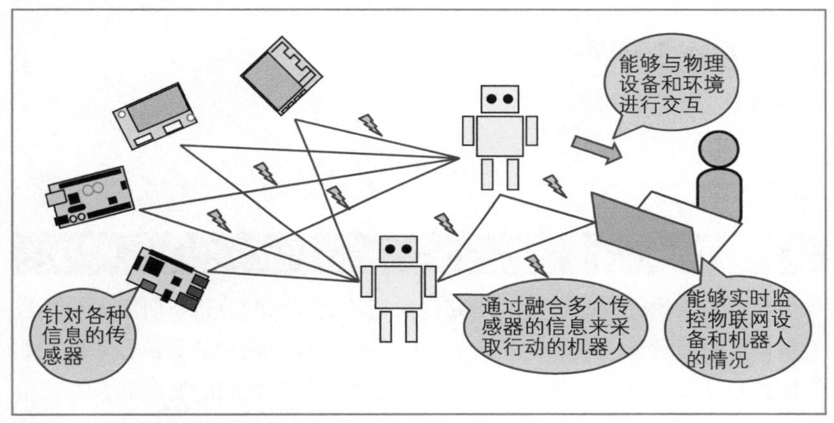

图 14-7　**多台物联网设备与机器人的合作**

03 脑功能分析和机器人

下面来介绍脑功能分析和机器人。

要点
- 探索脑功能
- 小脑模型

探索脑功能

与机器人研究同时进行的研究包括脑功能方面的分析。研究人员推进了新技术的开发和应用，这些新技术能够解析脑细胞和复杂神经回路是如何快速相互作用的。这对于我们了解脑功能与行为之间的复杂联系有很重要的作用。

2013 年，时任美国总统的奥巴马率先宣布启动“脑计划”（Brain Research through Advancing Innovative Neurotechnologies Initiative，推进创新神经技术脑研究计划）。该计划由 NIH（美国国立卫生研究院）带头实施。

2014 年，日本理化学研究所的脑科学综合研究中心也启动了日本大脑研究计划 Brain/MINDS（Brain Mapping by Integrated Neurotechnologies for Disease Studies，使用整合性神经技术绘制有助于脑疾病研究的大脑图谱）。

测量并调查分析生物体内部各要素的相互作用和功能后，将其应用到人造物中的做法由来已久。人类大脑只要消耗一枚灯泡的能量（30W），就能拥有匹敌超级计算机的运算速度，所以分析脑功能可以为开发节能的运算处理装置提供重要的线索（图 14-8）。

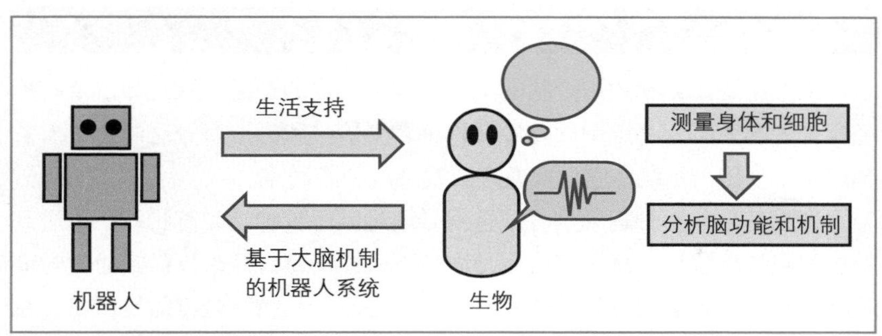

图 14-8　**机器人和脑神经研究**

最近，日本电气通信大学的山崎助理教授团队发表了基于小脑模型的计算机仿真的研究成果。

说到脑研究，也许很多人会从意识、记忆和思考等方面联想到大脑的研究。然而，人类对小脑的研究比对大脑的研究更深入。小脑损伤会导致运动失调，也会使人丧失运动技能学习的能力，由此可见，小脑承担着运动协调和运动技能学习等运动功能。在开始新的运动或做出细微的动作时，小脑会对大脑发出的指令进行校正，而在做简单任务时，比如反复运动等，小脑会自主控制身体。

关于上述小脑的机制，最有力的假设是小脑模型是一个关于身体的内部模型，该模型根据脑和外界输入，通过反馈机制来进行更新（图 14-9）。

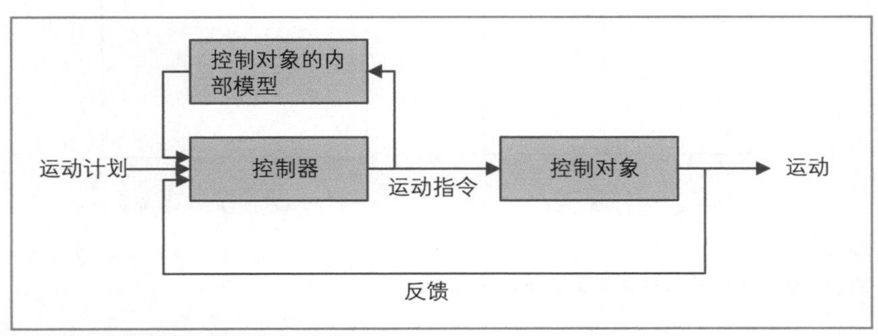

图 14-9　**小脑的内部模型假设**

摘自《人工智能》[①]（vol.30 No.5 2015/9）第 639 页

① 原杂志名为『人工知能』。——译者注

小脑模型

人类小脑总体积约占全脑的 10%，而其所含的神经元数量却占全脑神经元总数的 80%。小脑中的神经元包括背景信号和标记信号这两个传入系统以及一个传出系统，它们没有形成复杂的神经回路。

背景信号是一种运动信号，该信号通过脑桥核神经元苔状纤维传送到颗粒细胞和小脑核。而标记信号是通过下橄榄核爬行纤维投射到浦肯野细胞的，对浦肯野细胞有较强的兴奋作用。之后，小脑核会将信号传出。在计算机上模拟这种结构的网络可以重现动物的眼球运动（图 14-10 和图 14-11）。

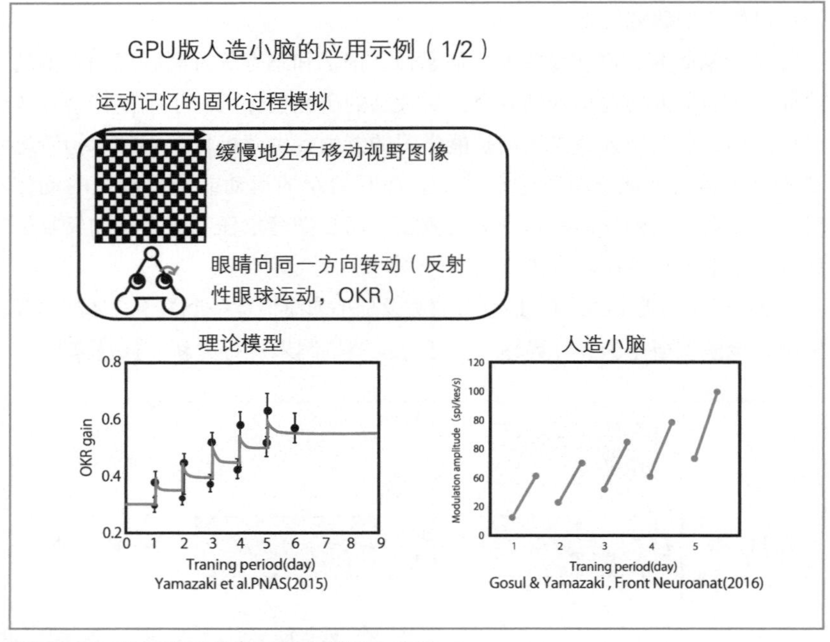

图 14-10 **使用超级计算机重现猫的小脑①**

摘自《使用 Shoubu 实现一只小猫的人造小脑》①

① 原资料名为「Shoubuで実現するネコ一匹分の人工小脳」。——译者注

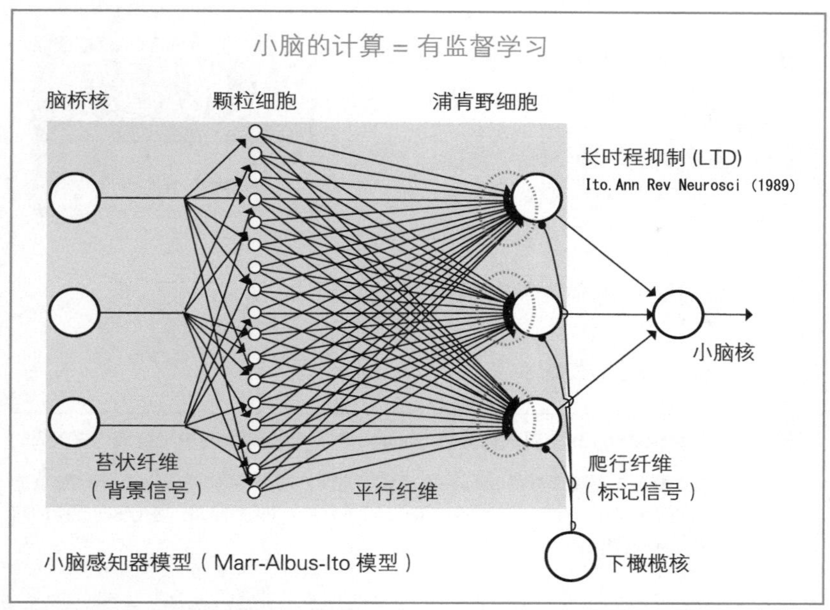

图 14-11　**使用超级计算机重现猫的小脑②**

摘自《使用 Shoubu 实现一只小猫的人造小脑》①

除了使用 GPU 进行模拟，在使用 PEZY-SC 系列众核处理器的超级计算机 Shoubu（菖蒲）进行模拟时，模拟的神经元数量达到了 10 亿个，这个数字相当于一只猫的神经元数量。

超级计算机在 1 秒内可以成功模拟 1 秒钟的小脑神经活动，实时检测到神经元的活动。或许在未来的某一天，当小脑损伤导致运动功能出现障碍时，我们可以使用人造神经回路装置来替代小脑的功能（图 14-12）。

① 原资料名为「Shoubu で実現するネコ一匹分の人工小脳」。——译者注

使用 1008 PEZY-SC 芯片（252/320 节点）

- 4 月上旬时的单精度峰值性能 2.6 PFlops
- 运行效率

实现了由 10 亿（$=10^9$）神经元组成的小脑回路

- 相当于一只猫的神经元数量
- 换算成面积为 62×64 mm²

实时模拟

- 在 1 秒内模拟 1 秒钟的小脑神经活动
- Δt=1 毫秒

最大、最快、最精细

图 14-12 ZettaScaler-1.6 的超级计算机 Shoubu 在 5 个冷却水槽中进行液泡式冷却

图片摘自《超级计算机 Shoubu（菖蒲）连续三届获得“Green500”高性能节能超级计算机排行榜第一名——“Satsuki”（皋月）获得第二名 理化学研究所的超级计算机获得排行榜前两名》[①]

① 原文名为「スーパーコンピュータ『Shoubu（菖蒲）』がスパコンの省エネランキング Green500 で 3 期連続の世界 1 位を獲得 —『Satsuki（皐月）』も 2 位を獲得 理研設置のスパコンが 1,2 位を占める—」。——译者注

创新系统

下面来介绍创新系统。

要点
- 通过自主学习来理解概念：元认知
- 日本国内的人工智能活动

通过自主学习来理解概念：元认知

小脑负责运动相关的功能，而大脑负责许多更高阶的复杂的功能，所以分析大脑的全貌需要更长的时间。

在迄今为止进行的人工智能研究中，人类一直在努力让机器理解词语的含义。通过开发本体和语义网等语义网络的表达和表达方法所获得的数据主要用来解决符号接地问题。

但是，在解释“石头”的含义时，不可避免地需要用到“石头”（参照小贴士）。让机器理解这种循环定义是非常困难的，所以机器通过自主学习掌握词语的含义就变得尤为重要。

> **小贴士 在解释“石头”的含义时，不可避免地需要用到“石头”**
>
> 按照体积的相对大小，石头还可以称为岩石或砂粒，但是没有对石头本身进行解释的表达方式。如果用“由矿物质组成的东西”来解释石头，那么这个概念同样适用于地球。

元认知

通过自主学习来理解概念是人类自然而然的行为。对自己的思考过程以及行为进行客观把握和认识就是元认知。

目前尚不清楚 2010 年之后机器能够获得多少元认知能力，不过在工业机器人等领域，PFN 等公司开发了一种基于深度学习的机器学习程序，可以让机器人自己学习如何有效地抓取装配零部件。在没有任何先验知识的情况下，学习 8 小时后机器人的抓取效率就能达到人类的水平。

随着通信系统的机器不断具备元认知能力，机器开始能够根据周围情境和上下文语境判断并学习词语的含义。它逐渐成为一种符号创新系统，具备与人类一样的沟通能力。

或许在遥远的未来，人类能够解析并在计算机上模拟更多的大脑功能。那时，机器萌生出智能和意识也并非不可能（参照图 14-13 和小贴士）。

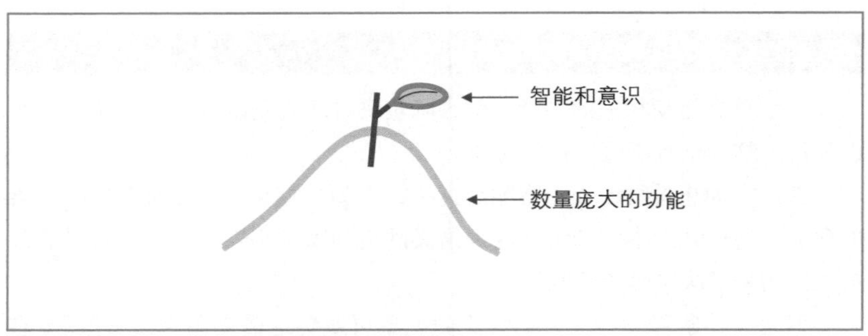

图 14-13 **由大量功能支撑的智能和意识**

> 小贴士 人工智能的智能和意识
>
> 即使人工智能萌生了智能和意识，也不知能否说它们“等同于人类”。

日本国内的人工智能活动

日本效仿世界上人工智能技术较先进的国家，不断对相关体制进行完善，致力于推进人工智能的研究开发。NEDO（新能源·产业技术综合开发机构）的 AI 门户网站发表了总务省下属情报通信研究机构、文部科学省理化学研究所旗下的革新智能统合研究中心、经济产业省旗下的产业技术综合研究所人工智能研究中心等机构在未来的人工智能研究计划（表 14-2）。

表 14-2　建立跨政府、民间和省厅部门的协作体制

	最新动向	经济产业省动向
讨论会	在首相官邸举行了“机器人革命实现会议”，日本总务省举行了“智能化加速与 ICT 未来发展的研究会”	日本“创收能力”创新研究会、产业结构审议会信息经济小组委员会、自动驾驶商业研讨会
人工智能相关的分析和报告	日本总务省《智能化加速与 ICT 未来发展的研究会报告书 2015》	《AI 的“创收能力”创新研究会汇总》《信息经济小组委员会中期汇总》、2015 年版《制造业白皮书》《自动驾驶商业指导方针会议中间整理报告书》
研究机构	DWANGO 人工智能研究所、Recruit 旗下的 Recruit Institute of Technology	AIST（产业技术综合研究所）旗下设置的人工智能研究中心
创建推进团体	机器人革命倡议协议会、日本工业价值链促进会（Industrial Value Chain Institute，IVI）	机器人革命倡议协议会、物联网推进实验室
研究开发支援、导入支援	综合科学技术创新会议、SIP（战略性创新创造项目）、自动驾驶系统推进委员会（多政府部门合作项目） · 总务省　通信技术开发等 · 经济产业省　驾驶影像数据库构建 · 内阁府　地图信息高精度化等	· 新一代机器人的核心技术开发（2015 年度，10 亿日元） · 机器人护理设备开发及导入促进事业（2010 年度，255 亿日元） · 机器人活用市场化适用技术开发项目（2015 年度，15 亿日元） · 新一代智能设备开发项目（2015 年度，18 亿日元）
人才培养	· 厚生劳动省及独立行政法人“高龄、残疾人雇用支援机构” · 大藏省（现财务省）雇用支援机构（JEED）和经济产业省合作	培养理工科人才的产学官圆桌会议（文部科学省与经济产业省合作）

摘自《人工智能与产业和社会》[①] 第 176 页图 26

① 原书名为『人工知能と産業・社会』，暂无中文版。——译者注

在基础研究方面，全球范围内都在推进脑神经系统的研究，日本也不例外。

在产业应用方面，日本将重点放在一些出口领域，如汽车工业、制造业、医疗护理、零售分销以及物流等。

其中，基于图像识别技术的应用受到人们的关注，如自动驾驶技术、医疗影像辅助诊断技术以及手术辅助系统等（图 14-14）。

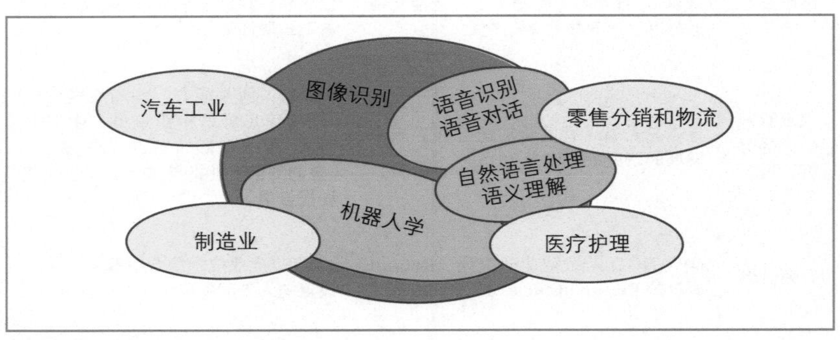

图 14-14 **产业应用形态**

未来或许能够按照在现实世界中的呈现程度，对人工智能技术的发展水平进行分级（表 14-3）。

表 14-3 人工智能分级

	特征	概要	具体示例
1 级	解决玩具问题	通过简单的处理和控制，为限定任务导出最优答案	计算机将棋（或黑白棋、象棋、围棋等）
知识壁垒			
2 级	信息的利用和活用	基于特定领域知识库的专家系统、根据各主体的生活和行动日志进行周到的应对、通过数据挖掘发现规律等	· IBM 沃森（医疗诊断等）
	· 专家		· 诉讼资料管理系统（UBIC）
	· 专家大规模定制 · 启发式学习等		· 设备故障征兆诊断
3 级	驱动（actuation）	根据设计者的信息处理模型，改变环境，改变现实世界的智能体	· CNC 设备、工厂自动化 · 清扫机器人 · Siri · 安全驾驶辅助功能
框架问题的壁垒			
4 级	智能的启发式进化	基于传感器信息的深度学习，智能体能够自主地理解环境并对环境加以概念化，进而达成目标	· 创新机器人 · 智能家居 · 通信机器人 · 自适应学习 · 网络广告的 AdTech、金融的 FinTech
5 级	智能的分布式自治协作	各种人工智能通过网络连接，相互作用，自主合作解决诸多问题	· 智能社区 · 工业 4.0 · 自动驾驶汽车和协作式智能交通系统

深度学习的影响

	阶段	主要功能	直接影响	间接影响
2 级	信息活用	· 启发式学习（统计机器学习） · 预测诊断 · 生物信息学 · 材料信息学 · 专业知识的知识库构建	· 辅助专家判断 · 缩短研究开发周期 · 继承和保存专业知识	· 标准化（词汇、工作单元等）
3 级	驱动	· 最优控制 · 智能住宅 · 智能家电 · 无人机 · 工厂自动化 · 工程辅助 · AIDAS · 医用机器人、护理机器人	· 把劳动者从重度劳动、危险作业中解放出来 · 消除人手不足的问题 · 提高操作准确性	· 融合信息系统和机械工程学的知识
4 级	智能的启发式进化	· 大规模定制 · 自适应通信机器人 · 自适应学习 · 完全自主行动 · 自动驾驶汽车	· L 型微笑曲线（制造型零售业） · 减少了把风险当成事业机会的产业 · 减少了设备管理人员和驾驶员的雇用机会	· 制造业服务化 · 硬件丧失个性 · 大型平台的出现 · 基于数据库化和深度学习的锁定效应 · 人工智能模块
5 级	智能的分布式自治协作	· 多智能体系统 · 智慧城市 · 智能工业	· 减少了经济活动中的低效（库存等） · 信息量和咨询业的脱媒 · 增多空闲时间	· 通过模块化加快系统整体性能提升的速度 · 各模块市场的寡头垄断

摘自《人工智能与产业和社会》[①] 第 74 页图 18、第 156 页图 24

① 原书名为『人工知能と産業・社会』，暂无中文版。——译者注

截至 2016 年，2 级技术和 3 级技术正在快速地渗透到我们日常生活的各个领域，当前的最新研究致力于实现 4 级技术。预计 4 级技术的应用场景中，除基于物联网的智能家居（home automation）和双向通信机器人外，还包括教育领域中能够基于自适应学习自动配置和推荐个性化教育课程的 e-learning 系统和部分自动驾驶的实现，以及融合了金融工程和人工智能技术的金融科技（financial technology）等。

3 级技术已经实现了所谓的智能（服务和系统名称）服务和系统，而达到 4 级以上的技术将会更有自主性，就像我们肉眼很难看见的透明人。

人工智能的研究开发和基于机器学习的服务也能出口到世界各地。但是一些带有日本特色的领域，如自然语言处理可能比较依赖日本国内的需求。不过换个角度来看，劣势也可以转化为优势，因为这些特色服务只有日本能向海外出售。

收集海量数据是今后基于人工智能技术开发产品和服务的重中之重，而它又分为两个方面，一个是最前端机器学习算法的开发，另一个是对使用海量数据集训练得到的机器学习算法的应用。

这种趋势已然存在，今后应该会更加显著。导入现实生活中的海量数据逐渐成为技术开发的一个必要前提，如果不能确保数据的存在，训练得到的机器学习和分析技术将无用武之地。

根据要处理的数据类型，使用的深度学习等机器学习方法也会有所不同，所以我们应该把自己置身于当下环境。除了 R 语言等标准数据集，我们还可以使用 WordNet 和 ImageNet 等数据集来获得各种数据（图 14-15）。

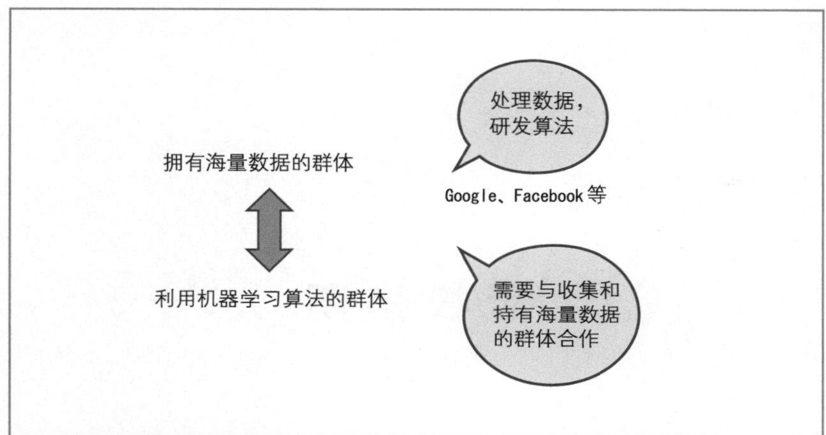

图 14-15　服务开发的趋势

版权声明